2022 年注册土木工程师(岩土)执业资格考试《专业基础考试》真题

单项选择题(共 60 题，每题 2 分。每题的备选项中只有一个最符合题意)

1．随着材料含水率的增加，材料密度的变化规律是(　　)。

A．增加　　B．不变　　C．降低　　D．不确定

2．硅酸盐水泥熟料后期强度增长较快的矿物组成是(　　)。

A．铝酸三钙　　B．铁铝酸四钙　　C．硅酸三钙　　D．硅酸二钙

3．砂子的粗细程度以细度模数表示，其值越大表明(　　)。

A．砂子越粗　　B．砂子越细　　C．级配越好　　D．级配越差

4．下列措施中，能够有效抑制混凝土碱 - 骨料反应破坏的技术措施是(　　)。

A．使用高碱水泥　　B．使用大掺量粉煤灰

C．使用较高的胶凝材料　　D．使用较大的水灰比

5．下列措施中，改善混凝土拌和物和易性合理可行的方法是(　　)。

A．采用最佳砂率　　B．增加用水量

C．掺早强剂　　D．改用较大粒径骨料

6．设计混凝土配合比时，确定水灰比的依据是(　　)。

A．强度要求　　B．和易性要求

C．保水性要求　　D．强度和耐久性要求

7．钢材的屈强比越小，则(　　)。

A．结构安全性高　　B．强度利用率高　　C．塑性差　　D．强度低

8．水准测量中，已知 A 点水准尺读数为 1.234m，B 点水准尺读数为 2.395m，则两点的高差 h_{BA} 为(　　)。

A．+1.161m　　B．-1.161m　　C．+3.629m　　D．-3.629m

9．1:500 地形图的比例尺精度为(　　)。

A．0.1m　　B．0.05m　　C．0.2m　　D．0.5m

10．计算求得某导线的纵、横坐标增量闭合差分别为：$f_x = 0.04$m、$f_y = -0.05$m，导线全长 490.34m，则导线全长相对闭合差为(　　)。

A．1/6400　　B．1/7600　　C．1/5600　　D．1/4000

11．若要求地形图能反映实地 0.2m 的长度，则所用地形图的比例尺不应小于(　　)。

A．1/500　　B．1/1000　　C．1/2000　　D．1/5000

12．已知直线 AB 的坐标方位角为 186°，则直线 BA 所在的象限为(　　)。

A．第一象限　　B．第二象限　　C．第三象限　　D．第四象限

13．在从事建筑活动中，建筑工程的发包单位与承包单位应当依法订立书面合同，明确双方的(　　)。

A．责任和义务　　B．责任和权利　　C．权利和义务　　D．归责和免责

14．根据《中华人民共和国城乡规划法》，直辖市的城市整体规划由直辖市人民政府报国务

院审批。省、自治区人民政府所在地的城市的整体规划，由省、自治区人民政府审核同意后，报(　　)。

A. 全国人大审批　　B. 国务院审批

C. 中央军委审批　　D. 住建部审批

15. 根据《中华人民共和国环境保护法》，生产、运输、销售、使用有毒化学物品和含有放射性物质的物品，必须遵守国家有关规定，防止(　　)。

A. 中毒事故　　B. 安全事故　　C. 污染环境　　D. 修复环境

16. 注册证书和执业印章是注册土木工程师(岩土)的(　　)。

A. 职业工具　　B. 执业象征　　C. 执业凭证　　D. 职业特点

17. 砌体砂浆应该随拌随用，施工期间湿度小于 30℃，水泥砂浆和混合砂浆必须在拌成后多少时间内使用完毕？(　　)

A. 3h 和 4h　　B. 2h 和 3h　　C. 1h 和 2h　　D. 4h 和 5h

18. 适用于开挖停机面以下的土方，挖土时后退向下，强制切土的施工机械是(　　)。

A. 正铲挖土机　　B. 反铲挖土机　　C. 拉铲挖土机　　D. 抓铲挖土机

19. 编制进度计划过程中，在确定施工班组人数时，不考虑(　　)。

A. 最小劳动组合人数　　B. 最小工作面

C. 可能安排的施工人数　　D. 施工流水步距

20. 钢筋混凝土预制桩构件起吊时，要求混凝土强度达到设计强度的(　　)。

A. 60%　　B. 70%　　C. 80%　　D. 100%

21. 全面质量管理的特点不包括(　　)。

A. 全面性　　B. 全过程　　C. 全员参与　　D. 质量第一

22. 图示体系的几何组成性质是(　　)。

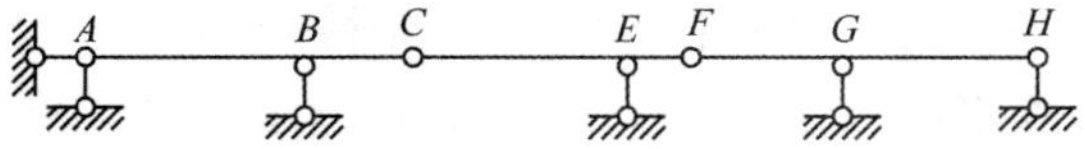

题 22 图

A. 几何不变，无多余约束　　B. 几何不变，有多余约束

C. 几何可变　　D. 瞬变

23. 图示桁架 c 杆的轴力为(　　)。

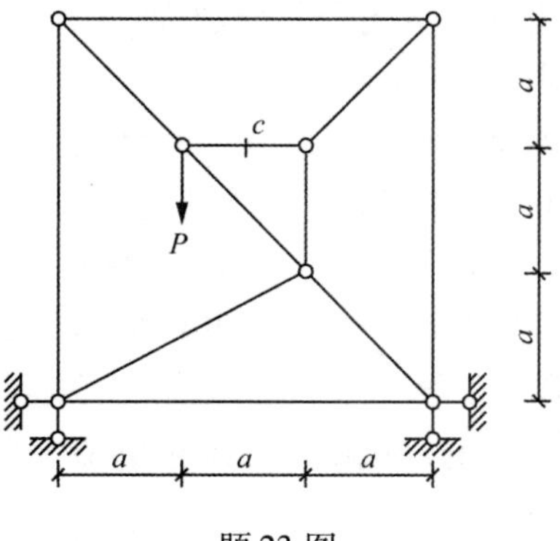

题 23 图

A. P　　B. $-P/2$　　C. $P/2$　　D. 0

24. 图示结构，求 AB 两点相对线位移时，虚力状态应在两点分别施加的单位力为(　　)。

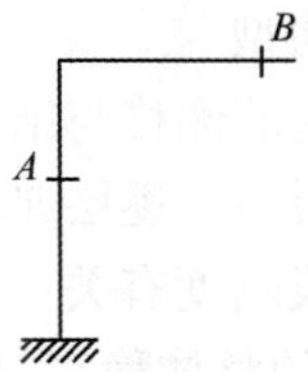

题 24 图

A. 竖向反向力　　B. 水平反向力

C. 连线方向反向力　　D. 反向力偶

25. 位移法典型方程中主系数 r_{ii} 一定(　　)。

A. 等于零　　B. 大于零　　C. 小于零　　D. 大于等于零

26. 图示体系在 $P(t)=P\sin(\theta t)$ 作用下，不考虑阻尼，当 $\theta=\sqrt{\dfrac{0.75EI}{ml^3}}$ 时，动力系数 μ 为(　　)。

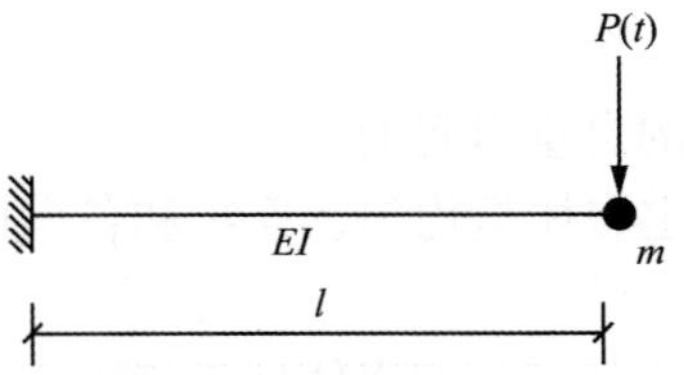

题 26 图

A. 0.75　　B. 1.33　　C. 1.50　　D. 1.80

27. 混凝土试件受到双向正应力时，何种情况下强度降低？(　　)

A. 双向受压　　B. 双向受拉

C. 一向受压，一向受拉　　D. 凡双向受力，强度都降低

28. 有一均布荷载作用下的钢筋混凝土简支梁，截面尺寸为 $b\times h=200\times500$，采用 C20 混凝土，作用有 $M=155\text{kN}\cdot\text{m}$，$V=250\text{kN}$。若梁内配置了单排 HRB335 纵向受拉钢筋，取 $a_s=35\text{mm}$，则该梁的截面尺寸(　　)。($f_c=9.6\text{N/mm}^2$，$f_t=1.1\text{N/mm}^2$，$\alpha_1=1$，$\beta_c=1$，$f_y=300\text{N/mm}^2$，$\xi_b=0.55$)

A. 受剪满足，受弯不满足　　B. 受弯满足，受剪不满足

C. 受弯受剪均满足　　D. 受弯受剪均不满足

29. 后张法预应力混凝土轴心受拉构件，当截面处于消压状态时，这时预应力钢筋的拉应力 σ_{p0} 的值为(　　)。

A. $\sigma_{con}-\sigma_l$　　B. $\sigma_{con}-\sigma_l+\alpha_E\sigma_{pcII}$

C. $\sigma_{con}-\sigma_l-\alpha_E\sigma_{pcII}$　　D. 0

30. 关于单层厂房的支撑，下列说法中不正确的是(　　)。

A. 柱间支撑可以将水平荷载传至基础

B. 柱间支撑可以保证厂房结构的纵向刚度和稳定

C. 屋架下弦横向水平支撑应设置在伸缩缝区段的两端

D. 下部柱间支撑应设置在伸缩缝区段的两端

31. 关于钢筋混凝土框架结构的变形，下列结论中正确的是(   )。

A. 框架结构的整体水平变形为弯曲型

B. 框架结构中，柱的轴向变形引起的侧移与结构高度无关

C. 框架结构的层间水平位移自顶层向下逐层递增

D. 框架结构的层间位移仅与柱的线刚度有关

32. 格构式轴心受压构件验算其绕虚轴的整体稳定时采用换算长细比，是因为(   )。

A. 格构式构件的整体稳定承载力高于同截面的实腹式构件

B. 考虑强度降低的影响

C. 考虑剪切变形的影响

D. 考虑单肢失稳对构件承载力的影响

33. 两块厚度分别为 10mm 和 12mm 的钢板，板宽为 300mm，采用对接焊缝连接，钢材为 Q235 钢，无引弧板，承受静态轴心拉力 400kN，则焊缝应力为(   )。

A. 119N/mm^2　B. 121N/mm^2　C. 133N/mm^2　D. 143N/mm^2

34. 自重应力场和构造应力场的叠加构成了岩体中初始应力场的主体，关于岩体的自重应力场，错误的选项是(   )。

A. 岩体自重应力是由岩体的自重引起的

B. 研究岩体自重力时，假定岩体是均匀、连续和各向同性的半无限弹性体，可以使用连续介质力学原理

C. 侧压力系数 λ 为 1 时，$\mu=0.5$，即岩体处于静水应力状态(即海姆假说)

D. 岩体的侧压力系数 λ 小于或等于 1

35. 关于岩石的常规主轴抗压强度，哪个说法是错误的？(   )

A. 围压越大，轴向压力越大

B. 孔隙水压力使有效压力(围压)减小

C. 围压越大，岩石抗压强度越小

D. 脆性岩石随围压增大具有延性

36. 当各土层中仅存在潜水而不存在毛细水和承压水时，在潜水位以下的土中自重应力为(   )。

A. 静水压力　B. 总应力

C. 有效应力，但不等于总应力　D. 有效应力，但等于总应力

37. 对某土样侧限压缩试验，测得在 0kPa、50kPa、100kPa、200kPa、300kPa 的竖向固结压力作用下，压缩稳定后土样孔隙比分别为 0.965、0.880、0.840、0.800、0.775。该土样压缩系数 a_{1-2} 为(   )。

A. 0.4MPa^{-1}　B. 0.5MPa^{-1}　C. 0.6MPa^{-1}　D. 0.7MPa^{-1}

38. 已知地基土的抗剪强度指标 $c=5\text{kPa}$，$\varphi=30°$，当地基中某点的大主应力 $\sigma_1=300\text{kPa}$，小主应力 σ_3 为多少时，该点刚好发生剪切破坏？(   )

A. 84kPa　B. 94kPa　C. 106kPa　D. 116kPa

39. 当挡土墙后的填土处于被动极限平衡状态时，挡土墙(   )。

A. 在外荷载作用下推挤墙背土体　B. 被土压力推动而偏离墙背土体

C. 被土地限制而处于原来位置　D. 受外力限制而处于原来位置

40. 某条形基础基底宽度 $b=4\text{m}$，埋深 $d=2\text{m}$，埋深范围内土的重度 $\gamma_m=17.0\text{kN/m}^3$，地基持力层土的重度 $\gamma=18.0\text{kN/m}^3$，内摩擦角 $\varphi=25°$，黏聚力 $c=8\text{kPa}$，试按太沙基理论求得地基发生整体剪切破坏时的地基极限承载力为(　　)。($\varphi=25°$，$N_\gamma=11.0$，$N_q=12.7$，$N_c=25.1$)

A. 768.0kPa　　B. 841.2kPa　　C. 932.7kPa　　D. 1028.6kPa

41. 沉积岩按其物质成分和结构构造，可分为(　　)。

A. 碎屑岩、黏土岩、化学及生物化学岩

B. 黏土岩、化学岩、生物化学岩

C. 黏土岩、化学及生物化学岩、生物化学岩

D. 碎屑岩、生物化学岩、黏土岩

42. 造成牛轭湖相沉积的地质作用为(　　)。

A. 河流　　B. 湖泊　　C. 海洋　　D. 风

43. 沉积岩中的沉积间断面属于(　　)。

A. 构造结构面　　B. 次生结构面　　C. 原生结构面　　D. 层间结构面

44. 下列全部属于变质岩构造类型的是(　　)。

A. 层理构造、千枚状、片状、片麻状

B. 层理构造、千枚状、块状、片麻状

C. 板状构造、千枚状、片状构造、片麻状

D. 块状、流纹状、气孔状、杏仁状

45. 近震是指距震中下列哪个数值的地震？(　　)

A. >1000km　　B. >100km　　C. <1000km　　D. <100km

46. 风蚀作用包括吹蚀和磨蚀两种方式，其中吹蚀作用的主要对象是(　　)。

A. 软岩　　B. 砾石

C. 细砂　　D. 干燥的粉砂级和黏土级碎屑

47. 达西定律适用于土中渗流的流态是(　　)。

A. 稳定流　　B. 非稳定流　　C. 层流　　D. 紊流

48. 矿化度是指每升地下水中下列哪种物质？(　　)

A. 所有离子

B. 所有阳离子

C. Ca^{2+}、Mg^{2+}

D. 各种离子、分子、化合物(不含气体)的总和

49. 应进行场地与地基地震效应评价的建筑物，其抗震设防烈度应等于或大于(　　)。

A. 5 度　　B. 6 度　　C. 7 度　　D. 8 度

50. 上盘下降，下盘上升的断层为(　　)。

A. 正断层　　B. 逆断层　　C. 平移断层　　D. 斜交断层

51. 岩基稳定性分析一般采用下面哪一种理论？(　　)

A. 弹性理论　　B. 塑性理论　　C. 弹塑性理论　　D. 弹塑黏性理论

52. 在工程上计算同倾角双滑面型岩坡滑动时，一般采用哪个方法？(　　)

A. 条分法　　B. 赤平投影法　　C. 传递系数法　　D. 极限平衡法

53. 计算地基土的短期承载力时，宜采用的抗剪强度指标是(　　)。

A. 不固结不排水试验　　B. 固结不排水试验

C. 固结排水试验　　D. 固结快剪试验

54. 已知某承载力砖墙作用在条形基础顶面的轴心荷载 $F_k=200\text{kN/m}$，基础埋深 $d=0.5\text{m}$，地基承载力特征值 $f_{ak}=165\text{kPa}$，最小底面宽度为(　　)。

A. 1.22m　　B. 1.29m　　C. 1.45m　　D. 1.57m

55. 对于框架结构，地基变形一般由哪一特征控制？(　　)

A. 沉降量　　B. 沉降差　　C. 倾斜　　D. 局部倾斜

56. 下列属于非挤土桩的是(　　)。

A. 实心的混凝土预制桩　　B. 下端封闭的管桩

C. 沉管灌注桩　　D. 钻孔桩

57. 某承台下设置 3 根直径为 500mm 的灌注桩，桩长 12m，桩侧土层自上而下依次为：淤泥，厚 8m、$q_{\text{sia}}=8\text{kPa}$；粉土，厚 2m，$q_{\text{sia}}=30\text{kPa}$；黏土，很厚(桩端伸入 2m)、$q_{\text{sia}}=36\text{kPa}$，$q_{pa}=1850\text{kPa}$。计算单桩竖向承载力特征值为(　　)。

A. 103.6kN　　B. 181.5kN　　C. 285.2kN　　D. 335.4kN

58. 某桩下承台埋深 1.5m，承台下设置 4 根灌注桩，桩中心距 1.8m，承台边长 2.5m。作用在承台顶面竖向荷载 $F_k=2500\text{kN}$，单桩竖向力为(　　)。

A. 625.0kN　　B. 656.3kN　　C. 671.9kN　　D. 673.8kN

59. 地基处理方法分类中的挤密、振密法不包括(　　)。

A. 振动压实法　　B. 振动水冲法　　C. 灰土桩挤密法　　D. 砂桩挤密法

60. 换填处理方法分类中，垫层的厚度(　　)。

A. $<2.0\text{m}$　　B. $<2.5\text{m}$　　C. $<3.0\text{m}$　　D. $<3.5\text{m}$

答案及详解

单项选择题(共60题，每题2分。每题的备选项中只有一个最符合题意)

1. B **【考点】**建筑材料的物理性质

【解析】密度是指材料在绝对密实状态下，单位体积的质量，与含水率无关。

2. D **【考点】**硅酸盐水泥熟料的矿物组成

【解析】硅酸二钙水化速度较慢，早期强度低，后期强度高，后期强度增长较快。A项，铝酸三钙水化和凝结硬化速度最快，早期强度和后期强度均低。B项，铁铝酸四钙水化速度快，早期强度和后期强度均低。C项，硅酸三钙相对含量最多，水化速度较快，早期强度和后期强度都高，后期强度增长不快。

3. A **【考点】**砂的粗细程度指标

【解析】砂的粗细程度用细度模数(M_x)表示，根据M_x的大小将砂分为粗、中、细、特细四级。M_x越大，砂越粗；M_x越小，砂越细。

4. B **【考点】**混凝土的耐久性

【解析】碱－骨料反应是指混凝土内水泥中的碱性氧化物(Na_2O、K_2O)与集料中的活性二氧化硅发生化学反应，生成碱硅酸凝胶。抑制混凝土碱－骨料反应破坏的技术措施有：①使用含碱小于0.6%的水泥，以降低混凝土总的含碱量。②混凝土所使用的碎石或卵石应进行碱活性检验。③使混凝土致密，或包覆混凝土表面，防止水分进入混凝土内部。④采用能抑制碱－骨料反应的掺合料，如粉煤灰(高钙高碱粉煤灰除外)、硅灰等。

5. A **【考点】**混凝土拌和物的和易性

【解析】和易性是指混凝土拌和物易于施工操作(拌和、运输、浇筑、捣实)并能获得质量均匀、密实的混凝土性能。在实际工作中，调整拌和物的和易性(需考虑对混凝土强度、耐久性等的影响)，可采取以下措施：①尽可能采用合理砂率，以提高混凝土质量和节约水泥。②改善砂、石级配。③尽量采用较粗的砂、石。④当混凝土的配合比初步确定后，如发现拌和物坍落度太小，可保持水灰比不变，增加适量的水泥浆，以提高混凝土坍落度，满足施工要求；当坍落度太大时，可增加适量砂、石，从而减小坍落度，达到施工要求，避免出现离析、泌水等不利现象。⑤掺用外加剂(减水剂、引气剂)可提高混凝土的流动性。

6. D **【考点】**混凝土配合比设计

【解析】混凝土配合比，是指为配制有一定性能要求的混凝土，单位体积的混凝土中各组成材料的用量或其之间的比例关系。进行混凝土配合比设计时，确定水灰比是采用混凝土强度公式，根据混凝土强度计算而初步确定，然后根据耐久性要求进行耐久性校核，最终确定水灰比的取值。

7. A **【考点】**建筑钢材主要力学性能及指标

【解析】屈强比是指钢材屈服点与抗拉强度的比值，可以反映钢材使用时的可靠性和安全性。屈强比越小，反映钢材受力超过屈服点工作时的安全可靠程度越大，但太小则反映钢材性能未能充分利用，造成浪费。

8. A 【考点】水准测量原理

【解析】水准测量原理高差法公式是：$h_{MN}=a-b$，$H_N=H_M+h_{MN}$。式中，a 为高程点 M 的水准尺读数，称为后视读数；b 为高程点 N 的水准尺读数，称为前视读数；h_{MN}为 N 点对 M 点的高差，H_M为已知高程点。故本题中，两点的高差为：$h_{BA}=2.395-1.234=1.161m$。

9. B 【考点】比例尺精度

【解析】地形图上一线段 d 与地面相应的水平线段 D 之比称为地形图比例尺，它可分为数字比例尺（以分子为 1 的分数形式，即 $1/M$ 表示）、图示比例尺和复式比例尺。图上 $0.1\text{mm}\times M$，称为地形图比例尺精度。根据题意，该地形图的比例尺精度为 $0.1\text{mm}\times 500=0.05\text{m}$。

10. B 【考点】导线全长相对闭合差计算

【解析】导线全长闭合差公式为：$f_D=\sqrt{f_x^2+f_y^2}$。

导线全长相对闭合差公式为：$K=\dfrac{f_D}{\sum D}=\dfrac{1}{M}$。

代入数据可得：$K=\dfrac{f_D}{\sum D}=\dfrac{\sqrt{0.04^2+0.05^2}}{490.34}\approx\dfrac{1}{7600}$。

11. C 【考点】地形图的测绘

【解析】地形图上一线段 d 与地面相应的水平线段 D 之比称为地形图比例尺，它可分为数字比例尺（以分子为 1 的分数形式，即 $1/M$ 表示）、图示比例尺和复式比例尺。图上 $0.1\text{mm}\times M$，称为地形图比例尺精度。题目中要求地形图能反映实地 0.2m 的长度，即 $0.1\text{mm}\times M=0.2\text{m}$，可以求出：$M=2000$。即所用地形图的比例尺不应小于 1/2000。

12. A 【考点】坐标方位角

【解析】在平面直角坐标系统内，以平行于 x 轴的方向为基准方向，于某边的一个端点，从基准方向顺时针转至该边的水平角（0°～360°）称为坐标方位角。直线 AB 与直线 BA 为正反坐标方位角关系，相差 180°，已知直线 AB 的坐标方位角为 186°，则直线 BA 的坐标方位角为 6°，为第一象限。

13. C 【考点】建筑工程发包与承包

【解析】根据《中华人民共和国建筑法》第十五条规定，建筑工程的发包单位与承包单位应当依法订立书面合同，明确双方的权利和义务。发包单位和承包单位应当全面履行合同约定的义务。不按照合同约定履行义务的，依法承担违约责任。

14. B 【考点】城乡规划的制定

【解析】根据《中华人民共和国城乡规划法》第十四条规定，城市人民政府组织编制城市总体规划。直辖市的城市总体规划由直辖市人民政府报国务院审批。省、自治区人民政府所在地的城市以及国务院确定的城市的总体规划，由省、自治区人民政府审查同意后，报国务院审批。其他城市的总体规划，由城市人民政府报省、自治区人民政府审批。

15. C 【考点】防治污染和其他公害

【解析】根据《中华人民共和国环境保护法》（1989 年版）第三十三条规定，生产、储存、运输、销售、使用有毒化学物品和含有放射性物质的物品，必须遵守国家有关规定，防止污染环境。

注：根据《中华人民共和国环境保护法》(2014 年修订版)第四十八条规定，生产、储存、运输、销售、使用、处置化学物品和含有放射性物质的物品，应当遵守国家有关规定，防止污染环境。

16. C 【考点】执业管理

【解析】根据《注册土木工程师(岩土)执业及管理工作暂行规定》，注册证书和执业印章是注册土木工程师(岩土)的执业凭证，由注册土木工程师(岩土)本人保管和使用，其聘用单位不得以统一管理等名义代为保管。

17. A 【考点】砌筑砂浆

【解析】根据《砌体结构工程施工质量验收规范》(GB 50203—2011)第 4.0.10 条规定，现场拌制的砂浆应随拌随用，拌制的砂浆应在 3h 内使用完毕；当施工期间最高气温超过 30℃时，应在 2h 内使用完毕。预拌砂浆及蒸压加气混凝土砌块专用砂浆的使用时间应按照厂方提供的说明书确定。条文说明第 4.0.10 条规定，根据以前规范编制组所进行的试验和收集的国内资料分析，在一般气候情况下，水泥砂浆和水泥混合砂浆在 3h 和 4h 使用完，砂浆强度降低一般不超过 20%，虽然对砌体强度有所影响，但降低幅度在 10% 以内，又因为大部分砂浆已在之前使用完毕，故对整个砌体的影响只局限于很小的范围。当气温较高时，水泥凝结加速，砂浆拌制后的使用时间应予缩短。

18. B 【考点】挖土机的种类和特点

【解析】反铲挖土机用以挖掘停机面以下的土方，主要用于开挖基坑、基槽或管沟。反铲挖土机的特点是“后退向下，强制切土”。A 项，正铲挖土机适用于开挖停机面以上的土方，且需与汽车配合完成整个挖运作业。正铲挖土机的特点是“前进向上，强制切土”。C 项，拉铲挖土机的特点是“后退向下，自重切土”。D 项，抓铲挖土机的特点是“直上直下，自重切土”。

19. D 【考点】流水施工

【解析】编制进度计划过程中，施工班组人数要适当，既要满足最小劳动组合人数要求又要满足最小工作面的要求。所谓最小劳动组合，就是指某一施工过程进行正常施工所必需的最低限度的班组人数及其合理组合。最小工作面是指施工班组为保证安全生产和有效地操作所必需的工作面。同时还要考虑可能安排的施工人数。

20. B 【考点】混凝土预制桩的起吊

【解析】根据《建筑桩基技术规范》(JGJ 94—2008)第 7.2.1 条规定，混凝土实心桩的吊运应符合下列规定：①混凝土设计强度达到 70% 及以上方可起吊，达到 100% 方可运输；②桩起吊时应采取相应措施，保证安全平稳，保护桩身质量；③水平运输时，应做到桩身平稳放置，严禁在场地上直接拖拉桩体。

21. D 【考点】全面质量管理

【解析】全面质量管理是指以质量为中心，以全员为基础，目的在于通过让顾客满意和本组织所有成员及社会受益，而达到长期成功的管理途径。“三全”管理思想包括全面质量管理、全过程质量管理和全员参与质量管理。即：①全面质量管理。各参与主体的工程质量与工作质量的全面管理。②全员参与质量管理。企业各部门、全体人员共同参加质量管理。③全过程质量管理。从计划、勘察设计、施工到使用全过程的质量管理。

22. B 【考点】平面体系的几何组成分析

【解析】图示中 ABC 部分为几何不变，与基础共同视为刚片 I 。CF 和 E 处链杆看做新增二元体，FH 和 G 处链杆看做新增二元体，H 处链杆为多余约束。因此该体系为几何不变体系有多余约束。

23. A 【考点】桁架内力计算

【解析】采用截面法，如题 23 解图(a)，由 $\sum F_x=0$，$F_{ax}=0$，可得 $F_{Na}=0$。

如题 23 解图(b)，由 $\sum M_O=0$，$F_{Nc}\times a-P\times a=0$，可得 $F_{Nc}=P$(受拉)。

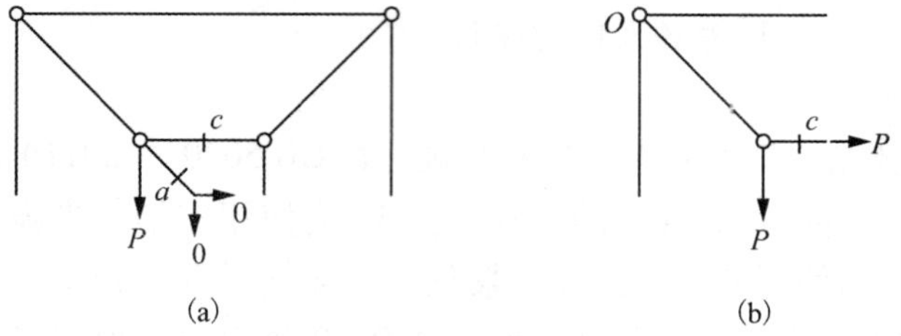

题 23 解图

24. C 【考点】虚力原理

【解析】求 AB 两点间距离的变化，也就是求两点沿其连线方向上的相对线位移，此时应在两点沿其连线方向上加一对指向相反的单位力。

25. B 【考点】位移法典型方程

【解析】位移法典型方程中主系数 r_{ii} 为主斜线上的系数，或称为主反力，恒为正值。副系数 r_{ij} 称为副反力，可为正、负或零。

26. B 【考点】动力系数

【解析】在悬臂梁自由端作用单位力，如题 26 解图所示，利用图乘法可得图示体系的柔度系数为：

$$\delta=\frac{1}{EI}\times\left(\frac{1}{2}\times l\times l\times\frac{2}{3}\times l\right)=\frac{l^3}{3EI}$$

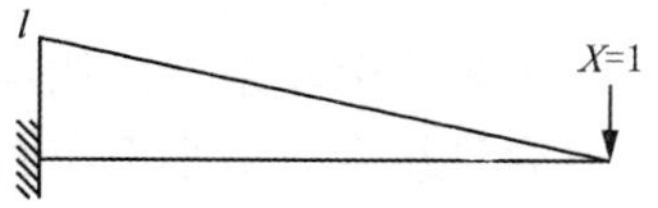

题 26 解图

则体系的自振频率为：$\omega=\sqrt{\frac{1}{m\delta}}=\sqrt{\frac{3EI}{ml^3}}$。故动力系数为：

$$\mu=\frac{1}{1-(\theta/\omega)^2}=\frac{1}{1-\left(\sqrt{\frac{0.75EI}{ml^3}}\Big/\sqrt{\frac{3EI}{ml^3}}\right)^2}=\frac{1}{1-(\sqrt{0.75}/\sqrt{3})^2}=1.33$$

27. C 【考点】复杂应力状态下混凝土的强度

【解析】A 项，混凝土双向受压时两个方向的抗压强度比单轴受压时有所提高，最大的抗压强度发生在两个方向的压应力比介于 0.5 ~2.0 之间时，其中较大的压应力可比单轴时提高 27% 。双向抗压强度的提高是由于变形受到约束的缘故。B 项，混凝土双向受拉时，其抗拉强度与单轴受拉时无明显差别。C 项，混凝土一个方向受压，另一个方向受拉时，其抗压或抗拉强度都比单轴抗压或抗拉时的强度低，这是由于异号应力加速变形的发展，较快地达到极限应变值的缘故。D 项，凡双向受力，强度都降低，表述错误。

28. B 【考点】斜截面受剪承载力、正截面受弯承载力计算

【解析】根据《混凝土结构设计规范》(GB 50010—2010)(2015 年版)第 6.3.1 条。

$$h_w/b=(500-35)/200=2.325\leqslant 4$$

$$0.25\beta_c f_c bh_0=0.25\times 1\times 9.6\times 200\times 465=223.2\text{kN}<V=250\text{kN}$$

故受剪不满足。

根据《混凝土结构设计规范》(GB 50010—2010)(2015 年版)第 6.2.10 条。

$$M_u=\alpha_1 f_c bh_0^2\xi_b\left(1-\frac{\xi_b}{2}\right)=1\times 9.6\times 200\times 465^2\times 0.55\times\left(1-\frac{0.55}{2}\right)=165.5\text{kN}\cdot\text{m}>M=155\text{kN}\cdot\text{m}$$

故受弯满足。

29. B 【考点】轴心受拉构件截面应力

【解析】对于后张法预应力混凝土轴心受拉构件，当截面处于消压状态时，$\sigma_{p0}=\sigma_{con}-\sigma_1+\alpha_E\sigma_{pcII}$。

30. D 【考点】支撑系统布置

【解析】支撑系统主要是用于加强厂房的整体刚度和稳定，并传递风荷载及吊车水平荷载，可分为屋盖支撑和柱间支撑两大类。屋盖支撑包括上弦横向水平支撑、下弦横向水平支撑、纵向水平支撑、竖向支撑及纵向水平系杆，天窗架支撑等。柱间支撑又分为上柱支撑和下柱支撑。横向水平支撑布置在温度区段的两端。上、下弦横向水平支撑最好布置在同一柱间内。柱间支撑的上柱柱间支撑一般设在温度区段两侧与屋盖横向水平支撑相对应的柱间，以及温度区段中央柱间；下柱柱间支撑设置在温度区段中部与上柱柱间支撑相应的位置。

31. C 【考点】钢筋混凝土框架结构

【解析】AC 两项，框架结构的整体水平变形为剪切型，层间水平位移自顶层向下逐层递增。B 项，框架结构中，柱的轴向变形引起的侧移与结构高度相关。D 项，框架结构的层间位移与梁柱的线刚度有关。

32. C 【考点】格构式轴心受压构件

【解析】根据《钢结构设计标准》(GB 50017—2017)条文说明第 7.2.3 条规定，格构式轴心受压构件，当绕虚轴弯曲时，剪切变形较大，对弯曲屈曲临界力有较大影响，因此计算式应采用换算长细比来考虑此不利影响。

33. D 【考点】焊缝连接计算

【解析】根据《钢结构设计标准》(GB 50017—2017)第 11.2.1 条规定，在对接和 T 形连接中，垂直于轴心拉力或轴心压力的对接焊接或对接与角接组合焊缝，其强度应按下式计算：

$$\sigma=\frac{N}{l_w h_e}=\frac{400000}{(300-2\times 10)\times 10}=143\text{N/mm}^2$$

式中，N 为轴心拉力或轴心压力(N)；l_w 为焊缝长度(mm)；h_e 为对接焊缝的计算厚度(mm)，在对接连接节点中取连接件的较小厚度，在 T 形连接节点中取腹板的厚度。

34. D 【考点】岩体的自重应力场

【解析】AB 两项，目前一般认为岩体的初试地应力主要是由岩体自重和地质构造运动所引起的。分别称为自重应力场和构造应力场。地壳上部各种岩体由于受地心引力的作用而引起的应力称为自重应力，也就是说自重应力是由岩体的自重引起的。岩体自重作用不仅产生铅垂应力，而且由于岩体的泊松效应和流变效应也会产生水平应力。研究岩体的重力应力时，一般将岩体视为均匀、连续目各向同性的弹性体，因此，可以引用连续介质力学原理来探讨岩体的重力应力问题。将岩体视为半无限体，即上部以地表为界，下部及水平方向均无界限。C 项，当岩石处于塑性状态时，即 $\mu=0.5$ 时，$\lambda=1$，此时 $\sigma_x=\sigma_y=\sigma_z$。它表示岩体处于静水应力状态，即海姆假说。D 项，在岩体力学中，侧压力系数是指水平压应力与垂直压应力之比，因此，岩体中的侧压力系数可以大于 1。

35. C 【考点】岩石的常规主轴抗压强度

【解析】当围压为零或较低的情况下，岩石呈脆性状态，当围压增大时，岩石显示出由脆性到塑性转化的过渡状态，持续增加时，呈现出塑性流动状态，再增加出现所谓应变硬化现象。通常把岩石由脆性转化为塑性的临界围压称为转化压力。岩石越坚硬，转化压力越大。围压对岩石变形的影响：①随着围压增大，岩石的抗压强度显著增加。②随着围压增大，岩石的变形显著增加。③随着围压增大，岩石的弹性极限显著增加。④随着围压增大，岩石的应力应变曲线发生明显改变，岩石的性质发生了变化，由弹脆性—弹塑性—应变硬化。

36. C 【考点】土中自重应力

【解析】在潜水位以下的土中自重应力为有效应力，即 $\sigma'=(\gamma_{sat}-\gamma_w)z$，总应力为 $\sigma=\gamma_{sat}z$，两者不相等。

37. A 【考点】土样压缩系数

【解析】在由压缩试验所得的压缩曲线（压力 p 及孔隙比 e 曲线）上，常以 $p_1=100\text{kPa}$ 及 $p_2=200\text{kPa}$ 相对应的孔隙比 e_1 及 e_2 计算土的压缩系数，常用单位为 MPa^{-1}。本题中，土的压缩系数为：

$$\alpha_{1-2}=\frac{e_1-e_2}{p_2-p_1}=\frac{0.840-0.800}{0.200-0.100}=0.4\text{MPa}^{-1}$$

38. B 【考点】土的极限平衡

【解析】利用土的极限平衡公式：

$$\begin{aligned}\sigma_3&=\sigma_1\tan^2\left(45°-\frac{\varphi}{2}\right)-2c\tan\left(45°-\frac{\varphi}{2}\right)\\&=300\times\tan^2\left(45°-\frac{30°}{2}\right)-2\times5\times\tan\left(45°-\frac{30°}{2}\right)\\&=94.2\text{kPa}\end{aligned}$$

39. A 【考点】被动土压力

【解析】当挡土墙在外力作用下向着填土方向移动时，墙后土体受到挤压，有背离墙体上滑趋势。随着挡土墙不断挤压墙背土体，作用在墙背上的土压力不断加大，直到墙的移动量足够大时，墙后土体达到被动极限平衡状态，土体将发生向上滑动，此时作用在墙上的土压力达到最大值，称为被动土压力。所以当挡土墙后的填土处于被动极限平衡状态时，挡土墙在外荷载作用下推挤墙背土体。B 项，墙体不会主动偏离土体。CD 两项，由于外荷载作用下推挤墙背土体进而产生一定的位移，达到极限平衡状态时，土体将发生向上滑动，挡土墙此时不会处于原来位置。

40. D 【考点】太沙基极限承载力公式

【解析】整体剪切破坏时太沙基极限承载力理论公式为：$p_u = \frac{1}{2}\gamma b N_\gamma + qN_q + cN_c$。

作用在基础两侧底面上的均布荷载为：$q = \gamma_m d = 17 \times 2 = 34\text{kN/m}^2$。

则地基极限承载力为：$p_u = \frac{1}{2} \times 18 \times 4 \times 11.0 + 34 \times 12.7 + 8 \times 25.1 = 1028.6\text{kPa}$。

41. A 【考点】沉积岩的分类

【解析】根据沉积岩的物质成分和结构构造，可将沉积岩分为碎屑岩、黏土岩、化学及生物化学岩等。

42. A 【考点】河流地貌

【解析】牛轭湖沉积又称河床充填沉积。常见于曲流河、废弃河道中。它包括推移质和悬移质两部分沉积物，前者是典型的河道沉积，后者属漫岸沉积，因而这类沉积物属过渡性沉积。牛轭湖相沉积是河流地质作用造成的。

43. C 【考点】结构面的类型

【解析】按成因，结构面可分为原生结构面、构造结构面和次生结构面三大类。原生结构面是指在成岩阶段形成的结构面，可分为：①沉积结构面：在沉积岩成岩过程中形成的各种地质界面，如层理面、沉积间断面(假整合、角度不整合)及原生软弱夹层等。②火成结构面：岩浆侵入、喷溢、冷凝所形成的各种结构面，包括火成岩中的流层、流线、原生节理、侵入体与围岩的接触面及软弱接触面等。③变质结构面：是指变质岩形成时产生的结构面，如片麻理、片理、板理等。构造结构面是在构造应力作用下在岩体中形成的破裂面或破碎带，其中包括劈理、节理、断层和层间错动带等。次生结构面是地表浅层的岩体经风化、卸荷及地下水等作用下形成的结构面，如风化裂隙、卸荷裂隙和泥化夹层、爆破裂隙等。

44. C 【考点】变质岩构造类型

【解析】变质岩的构造是鉴定变质岩的主要特征，也是区别于其他岩石的特有标志。其典型构造是片理构造，片理构造是变质岩特有的，是从构造上区别其他岩石的一个显著特征。片理构造又分为板状、千枚状、片状、片麻状等。

45. C 【考点】近震与远震

【解析】近震是距震中小于 1000km 的地震。远震是震中距大于 1000km 的地震。

46. D 【考点】风蚀作用

【解析】风蚀作用主要靠风压力及挟带的碎屑物沿地表摧毁、磨损地面岩石、松散沉积物等。风蚀作用包括吹蚀和磨蚀两种方式。吹蚀作用(或吹扬)是指风本身在流动时，由于风的迎面冲击力和因紊流及滑流产生的上举力，使地面松散碎屑物或基岩风化产物吹起，或剥离原地的作用。吹蚀作用的主要对象是干燥的粉砂级和黏土级碎屑。磨蚀作用是被风吹扬起的碎屑物质，在沿地表运动时，对地面岩石碰撞和磨蚀。

47. C 【考点】达西定律

【解析】达西定律是描述饱和土中水的渗流速度与水力坡降之间的线性关系的规律，又称线性渗流定律。适用于渗流为稳定层流的情况。

48. D 【考点】地下水的化学成分

【解析】存在于地下水中的离子、分子与化合物的总含量称为矿化度，以 g/L 或 mg/L 为单位。矿化度通常以在 105～110℃下将水蒸干后所得的干涸残余物的重量表示。

49. B 【考点】各类岩土工程勘察基本要求

【解析】根据《岩土工程勘察规范》(GB 50021—2001)(2009 年版)第 4.1.1 条规定，对于抗震设防烈度等于或大于 6 度的场地，进行场地与地基的地震效应评价。

50. A 【考点】断层的种类

【解析】A 项，正断层是指上盘沿断层面相对下移，下盘相对上移的断层。B 项，逆断层是指上盘沿断层面相对上移，下盘相对下移的断层。C 项，平移断层是指断层两盘沿断层走向作相对平移运动的断层。D 项，斜交断层是指断层走向与所切割岩层走向明显斜交的断层。

51. A 【考点】岩基稳定性分析

【解析】目前岩基的应力和变形计算仍然采用传统的弹性理论。

52. C 【考点】边坡稳定性评价方法

【解析】传递系数法也称为不平衡推力传递法，亦称折线滑动法或剩余推力法，它是我国工程技术人员创造的一种实用滑坡稳定分析方法。当滑动面由多个结构面组成时，滑动面则成为不规则曲面。采用极限平衡原理，对于这种含有自然界最为普遍的滑动面的岩质边坡进行稳定性分析是一件十分困难的事情。因此，必须作必要的简化和假设。目前我国铁路部门与工民建等部门习惯采用传递系数法。传递系数法假定：①滑坡体不可压缩并作整体下滑，不考虑条块之间的挤压变形；②条块之间只传递推力不传递拉力，不出现条块之间的拉裂；③块间作用力(即推力)以集中力表示，它的作用线平行于前一块的滑面方向，作用在分界面的中点；④顺滑坡主轴取单位长度(一般为 1.0m)宽的岩土体作计算的基本断面，不考虑条块两侧的摩擦力。本题中，同倾角双滑面滑动属于折线形滑动，通常采用传递系数法。

53. A 【考点】抗剪强度的测定方法

【解析】对应于直剪试验，三轴试验又分为不固结不排水、固结不排水、固结排水试验。用于分析地基的长期稳定性可用三轴固结不排水的有效抗剪强度指标 c'、φ'，对分析短期稳定宜采用不固结不排水指标。三轴试验可用于有效应力分析，即可通过试验分别计算出孔隙水压力。

54. B 【考点】根据持力层承载力计算基础底面尺寸

【解析】条形基础为了计算方便，通常取 l＝1m 进行计算。底面积 A 的计算公式为：$A\geqslant F_k/(f_a-\gamma_G d)$。式中，$F_k$为线荷载；$f_a$为修正后的地基承载力特征值；$\gamma_G$为基础及回填土的平均重度(地下水位以上可取 20kN/m^3，地下水位以下取 10kN/m^3)；d 为基础平均埋深。所求的 A 值在数值上等于基底宽度 b，代入数值，求得：$A\geqslant 200/(165-20\times 0.5)=1.29\text{m}^2$，故取 b 为 1.29m。

55. B 【考点】地基变形

【解析】根据《建筑地基基础设计规范》(GB 50007—2011)第 5.3.3 条规定，在计算地基变形时，应符合下列规定：①由于建筑地基不均匀、荷载差异很大、体型复杂等因素引起的地基变形，对于砌体承重结构应由局部倾斜值控制；对于框架结构和单层排架结构应由相邻柱基的沉降差控制；对于多层或高层建筑和高耸结构应由倾斜值控制；必要时尚应控制平均沉降量。②在必要情况下，需要分别预估建筑物在施工期间和使用期间的地基变形值，以便预留建筑物有关部分之间的净空，选择连接方法和施工顺序。

56. D 【考点】非挤土桩

【解析】根据《建筑桩基技术规范》(JGJ 94—2008)第 3.3.1 条规定，按成桩方法分类：①非挤土桩：干作业法钻(挖)孔灌注桩、泥浆护壁法钻(挖)孔灌注桩、套管护壁法钻(挖)孔灌注桩；②部分挤土桩：长螺旋压灌灌注桩、冲孔灌注桩、钻孔挤扩灌注桩、搅拌劲芯桩、预钻孔打入(静压)预制桩、打入(静压)式敞口钢管桩、敞口预应力混凝土空心桩和 H 型钢桩；③挤土桩：沉管灌注桩、沉管夯(挤)扩灌注桩、打入(静压)预制桩、闭口预应力混凝土空心桩和闭口钢管桩。

57. D 【考点】单桩竖向承载力特征值

【解析】根据《建筑桩基技术规范》(JGJ 94—2008)第 5.3.5 条，当根据土的物理指标与承载力参数之间的经验关系确定单桩竖向极限承载力标准值时，宜按下式估算：$Q_{uk}=u\sum q_{sik}l_i+q_{pk}A_p$。即 $Q_{uk}=3.14\times0.5\times(8\times8+2\times30+2\times36)+1850\times3.14\times0.25^2=670.78\text{kN}$。第 5.2.2 条，单桩竖向承载力特征值 R_a 应按下式确定：$R_a=Q_{uk}/K$。式中，K 为安全系数，取 $K=2$。因此，$R_a=670.78/2=335.39\text{kN}$。

58. C 【考点】单桩竖向力

【解析】根据《建筑桩基技术规范》(JGJ 94—2008)第 5.1.1 条，单桩竖向力为：

$$N_k=\frac{F_k+G_k}{n}=\frac{2500+20\times2.5\times2.5\times1.5}{4}=671.9\text{kN}$$

59. A 【考点】地基处理方法

【解析】振密、挤密法是指采用爆破、夯击、挤压和振动等方法，使土体密实，土体抗剪强度提高，压缩性减小的一类地基处理方法。常采用的方法有：振动水冲法(振冲法)、挤密砂桩法、石灰桩挤密法、灰土桩挤密法。其中，砂桩也称为挤密砂桩或砂桩挤密法。A 项，振动压实法是利用各种振动压实机，将松散土振压密实。

60. C 【考点】换填垫层的厚度

【解析】根据《建筑地基处理技术规范》(JGJ 79—2012)第 4.1.4 条规定，换填垫层的厚度应根据置换软弱土的深度以及下卧土层的承载力确定，厚度宜为 0.5m～3.0m。

2021 年注册土木工程师(岩土)执业资格考试《专业基础考试》真题

单项选择题(共 60 题，每题 2 分。每题的备选项中只有一个最符合题意)

1. 物质通过多孔介质发生渗透，必须在多孔介质的不同区域存在着(　　)。

A. 浓度差　　B. 温度差　　C. 压力差　　D. 密度差

2. 同一材料，在干燥状态下，随着孔隙率提高，材料性能指标不降低的是(　　)。

A. 密度　　B. 体积密度　　C. 表观密度　　D. 堆积密度

3. 我国颁布的通用硅酸盐水泥标准中，符号“P·F”代表(　　)。

A. 普通硅酸盐水泥　　B. 硅酸盐水泥

C. 粉煤灰硅酸盐水泥　　D. 复合硅酸盐水泥

4. 减水剂是常用的混凝土外加剂，其主要功能是增加拌合物中的自由水，其作用原理是(　　)。

A. 本身产生水分　　B. 通过化学反应产生水分

C. 释放水泥吸附水分　　D. 分解水化产物

5. 增大混凝土的骨料含量，混凝土的徐变和干燥收缩的变化规律为(　　)。

A. 都会增大　　B. 都会减小

C. 徐变增大，收缩减小　　D. 徐变减小，收缩增大

6. 在交变荷载作用下工作的钢材，需要特别检测(　　)。

A. 疲劳强度　　B. 冷弯性能　　C. 冲击韧性　　D. 延伸率

7. 在环境条件长期作用下，沥青材料会逐渐老化，此时(　　)。

A. 各组分比例不变

B. 高分子量组分会向低分子量组分转化

C. 低分子量组分会向高分子量组分转化

D. 部分油分会蒸发，而树脂和地沥青质不变

8. 根据比例尺的精度概念，测绘 1:1000 比例尺地形图时，地面上距离小于下列何项在图上表示不出来？(　　)

A. 0.2m　　B. 0.5m　　C. 0.1m　　D. 1m

9. 使用经纬仪观测水平角，角值计算公式 $\beta = b - a$，现知读数 a 为 296°23′36″，读数 b 为 6°17′12″，则角值 β 是(　　)。

A. 110°06′24″　　B. 290°06′24″　　C. 69°53′36″　　D. 302°40′48″

10. 下列何项作为野外测量工作的基准面？(　　)

A. 大地水准面　　B. 旋转椭球面

C. 水平面　　D. 平均海水面

11. 有一长方形游泳池，独立地观测得其边长 $a = 60.000\text{m} \pm 0.002\text{m}$，$b = 80.000\text{m} \pm 0.003\text{m}$，则该游泳池的面积 s 及面积测量的精度 m_s 为(　　)。

A. $4800\text{m}^2 \pm 0.27\text{m}^2$　　B. $4800\text{m}^2 \pm 0.6\text{m}^2$

C. $4800m^2 \pm 0.24m^2$　　D. $4800m^2 \pm 0.58m^2$

12. 已知A、B两点坐标，其坐标增量$\Delta X_{AB} = -30.6m$，$\Delta Y_{AB} = +15.3m$，则AB直线的坐标方位角为(　　)。

A. 153°26′06″　　B. 56°31′39″

C. 26°33′54″　　D. 63°26′06″

13. 国家规定的安全生产责任制度中，对单位主要负责人、施工项目经理、专职人员与从业人员的共同规定是(　　)。

A. 确保安全生产费用有效使用

B. 报告安全生产事故

C. 接受安全生产培训教育

D. 进行工伤事故统计、分析和报告

14. 有关合法的工程项目招标，下列叙述错误的是(　　)。

A. 理论上来说，公开招标的优点为择优率高

B. “邀请招标”是向三个以上的潜在投标人发出邀请

C. 协议招标属于我国法律法规认可范围

D. 公开招标的缺点为耗时长、成本高

15. 我国城乡规划的原则不包含(　　)。

A. 城乡统筹　　B. 公平、公正、公开

C. 关注民生　　D. 可持续发展

16. 根据《中华人民共和国建筑法》，建设单位应当自领取施工许可证之日起三个月内开工。因故不能按期开工的，应当向发证机关申请延期；延期以两次为限，每次不超过(　　)。

A. 一个月　　B. 三个月　　C. 六个月　　D. 九个月

17. 若在流动性淤泥土层中的桩可能有颈缩现象时，可行又经济的施工方法是(　　)。

A. 反插法　　B. 复打法　　C. 单打法　　D. A和B都可

18. 某C25混凝土在30℃时初凝时间为210min，如果混凝土运输时间为60min，则其浇筑和间隔的最长时间应是(　　)。

A. 120min　　B. 150min　　C. 180min　　D. 90min

19. 吊装中小型单层工业厂房的结构构件时，宜使用(　　)。

A. 履带式起重机　　B. 附着式塔式起重机

C. 人字拔杆式起重机　　D. 轨道式塔式起重机

20. 已知某工程有五个施工过程，分成三段组织全等节拍流水施工，工期为49天，工艺间歇和组织间歇的总和为7天，则各施工过程之间的流水步距为(　　)。

A. 6天　　B. 5天　　C. 8天　　D. 7天

21. 网络计划与横道图网络计划相比，其优点不在于(　　)。

A. 工作之间的逻辑关系表达清楚　　B. 易于各类工期参数计算

C. 适用于计算机处理　　D. 通俗易懂

22. 图示刚架M_{DC}大小为(　　)。

A. 20kN · m　　B. 40kN · m　　C. 60kN · m　　D. 80kN · m

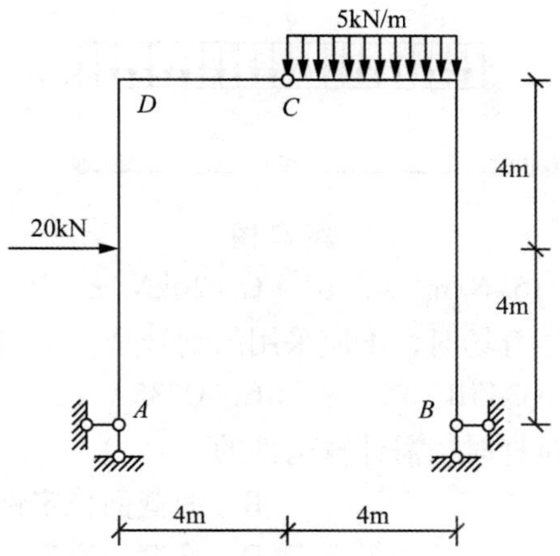

题 22 图

23. 图示桁架 a 杆轴力为(   )。

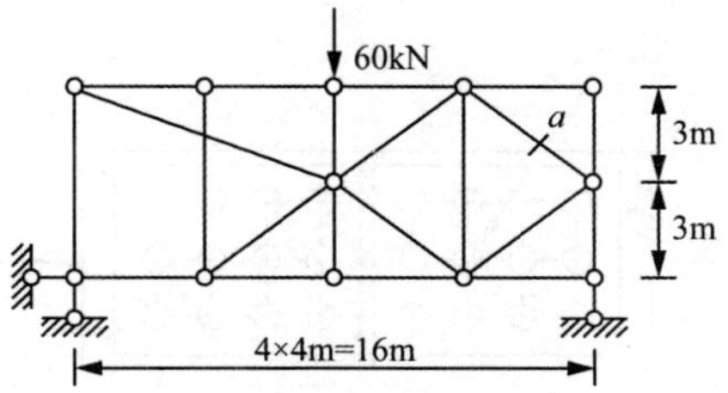

题 23 图

A. -15kN　　B. -20kN　　C. -25kN　　D. -30kN

24. 图示结构 B 处弹性支座的弹簧刚度 $k=6EI/l^3$，B 截面转角位移为(   )。

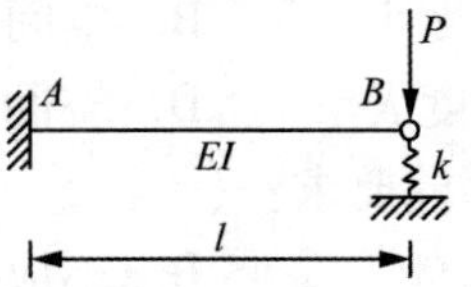

题 24 图

A. $\frac{Pl^2}{12EI}$　　B. $\frac{Pl^2}{6EI}$　　C. $\frac{Pl^2}{4EI}$　　D. $\frac{Pl^2}{3EI}$

25. 混凝土内部最薄弱的是(   )。

A. 砂浆的受拉强度　　B. 水泥石的受拉强度

C. 砂浆与骨料接触面间的黏结　　D. 水泥石与骨料接触面间的黏结

26. 关于钢筋混凝土双筋矩形截面构件受弯承载力计算描述正确的是(   )。

A. 增加受压钢筋面积使受压区高度增大

B. 增加受压钢筋面积使受压区高度减小

C. 增加受拉钢筋面积使受压区高度减小

D. 增加受压钢筋面积会使构件超筋

27. 两端固定的钢筋混凝土梁，仅承受均布荷载 q，梁跨中可承受的正弯矩为 80kN · m，支座处可承受的负弯矩为 120kN · m，该梁的极限荷载 q_u 为(   )。

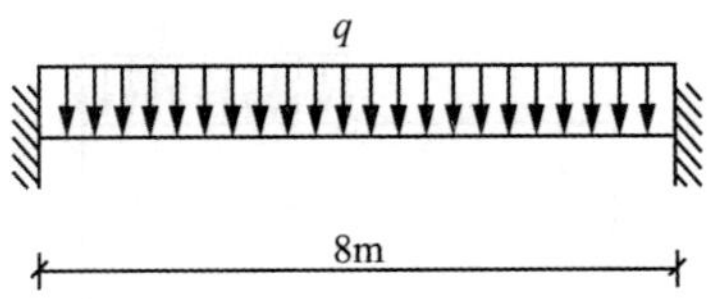

题 27 图

A. 10kN/m　　B. 15kN/m　　C. 20kN/m　　D. 25kN/m

28. 设计寒冷地区的钢结构体育场时，不应采用的钢号是(　　)。

A. Q420C　　B. Q345B　　C. Q235A－F　　D. Q390B

29. 计算钢结构桁架下弦受拉杆时，需计算构件的(　　)。

A. 净截面屈服强度　　B. 净截面稳定性

C. 毛截面屈服强度　　D. 净截面刚度

30. 采用高强度螺栓的双盖板钢板连接节点如图所示，计算节点受轴心压力 N 作用时，假设螺栓 A 所承受的(　　)。

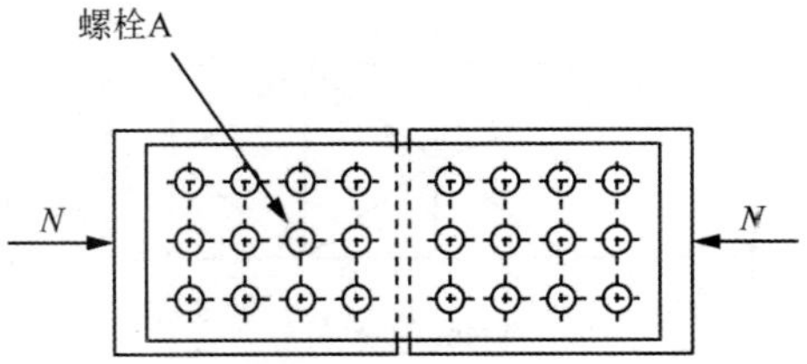

题 30 图

A. 压力为 $N/8$　　B. 剪力为 $N/8$　　C. 压力为 $N/12$　　D. 剪力为 $N/12$

31. 刚性房屋的主要特点为(　　)。

A. 空间性能影响系数 η 大，刚度大　　B. 空间性能影响系数 η 小，刚度小

C. 空间性能影响系数 η 小，刚度大　　D. 空间性能影响系数 η 大，刚度小

32. 下列哪一项符合网状砌体配筋率的要求？(　　)

A. 不应小于 0.1% 且不应大于 1%　　B. 不应小于 0.2% 且不应大于 3%

C. 不应小于 0.2% 且不应大于 1%　　D. 不应小于 0.1% 且不应大于 3%

33. 圈梁必须是封闭的，当砌体房屋的圈梁被门窗洞口切断时，洞口上部应增设附加圈梁与原圈梁搭接，搭接长度不应小于 1m，且不小于其垂直间距的多少倍？(　　)

A. 1 倍　　B. 1.5 倍　　C. 2 倍　　D. 2.5 倍

34. 下面哪一个土的指标可以直接通过室内试验测试出来？(　　)

A. 天然密度　　B. 有效密度　　C. 孔隙比　　D. 饱和度

35. 通常情况下，土的饱和重度 γ_{sat}、天然重度 γ 和干重度 γ_d 之间的关系为(　　)。

A. $\gamma_{sat} \leqslant \gamma \leqslant \gamma_d$　　B. $\gamma_{sat} \geqslant \gamma \geqslant \gamma_d$　　C. $\gamma \leqslant \gamma_{sat} \leqslant \gamma_d$　　D. $\gamma \geqslant \gamma_{sat} \geqslant \gamma_d$

36. 用分层总和法计算地基变形时，由于假定地基土在侧向不发生变形，故不能采用下列哪一个压缩性指标？(　　)

A. 压缩系数　　B. 压缩指数　　C. 压缩模量　　D. 变形模量

37. 关于固结度，下面说法正确的是(　　)。

A. 一般情况下，随着时间的增加和水的排出，土的固结度会逐渐减小

B. 对于表面受均布荷载的均匀地层，单面排水情况下不同深度的固结度相同

C. 对于表面受均布荷载的均匀地层，不同排水情况下不同深度的固结度相同

D. 如果没有排水通道，即边界均不透水，固结度将不会变化

38. 一般情况下，在相同的墙高和填土条件下，挡土墙静止土压力 E_0、主动土压力 E_a、被动土压力 E_p 三者之间的关系是(　　)。

A. $E_0 > E_a > E_p$　　B. $E_0 > E_p > E_a$

C. $E_p > E_0 > E_a$　　D. $E_p > E_a > E_0$

39. 岩体的强度小于岩块的强度主要是由于(　　)。

A. 岩体中含有大量的不连续面　　B. 岩体中含有水

C. 岩体为非均质材料　　D. 岩块的弹性模量比岩体的大

40. 测得岩体的纵波波速为 4000m/s，岩块的纵波波速为 5000m/s，问岩体的完整性属于(　　)。

A. 完整　　B. 较完整　　C. 完整性差　　D. 较破碎

41. 典型情况下，关于方解石和斜长石的异同，不正确一条是(　　)。

A. 盐酸反应不同　　B. 解理组数不同

C. 颜色相似　　D. 硬度相近

42. 下列岩浆岩中，结晶最粗的是(　　)。

A. 深成岩　　B. 浅成岩　　C. 喷出岩　　D. 岩墙

43. 向斜构造的特征是(　　)。

A. 两侧地层新、中间地层老　　B. 两侧地层老、中间地层新

C. 上盘地层向下、下盘地层向上　　D. 下盘地层向下、上盘地层向上

44. 太古代的岩石大部分属于(　　)。

A. 岩浆岩　　B. 沉积岩　　C. 变质岩　　D. 花岗岩

45. 洪积扇沉积物和平原区河流沉积物相比(　　)。

A. 颗粒更细　　B. 颗粒更粗　　C. 层理更好　　D. 分选更好

46. 一个产状接近直立的结构面在赤平面上的投影圆弧的位置(　　)。

A. 靠近大圆　　B. 靠近直径

C. 位于大圆和直径中间　　D. 与结构面的走向有关

47. 河流冲积物的成分和结构，从上游到下游的变化是(　　)。

A. 成分越来越复杂、分选越来越差

B. 成分越来越复杂、粒径越来越细

C. 成分越来越单一、分选越来越差

D. 成分越来越单一、粒径越来越细

48. 下列各因素中，与风化作用最不相关的是(　　)。

A. 昼夜温差　　B. 岩石种类　　C. 岩石硬度　　D 水文地质条件

49. 下列地层中，透水性最强的是(　　)。

A. 河漫滩沉积　　B. 含大量有机质的淤泥

C. 河床沉积　　D. 牛轭湖沉积

50. 为取得原状土样，可采用下列哪种方法？(　　)

A. 标准贯入器　　B. 洛阳铲　　C. 螺纹钻头　　D. 薄壁取土器

51. 下面哪一种基础类型对基础的刚性角有要求？(　　)

A. 扩展基础　　B. 无筋扩展基础

C. 筏形基础　　D. 箱形基础

52. 季节性冻土的设计冻深 z_d 由标准冻深 z_0 乘以影响系数而得到，就环境对冻深的影响系数来说，下面哪一项的影响系数最小？(　　)

A. 村　　B. 旷野　　C. 城市近郊　　D. 城市市区

53. 如下图，宽度为 b 的条形基础上作用偏心荷载 p，当偏心距 $e > b/6$ 时，下列说法正确的是(　　)。

A. 基底左侧出现拉应力区

B. 基底右侧出现拉应力区

C. 基底左侧出现 0 应力区

D. 基底右侧出现 0 应力区

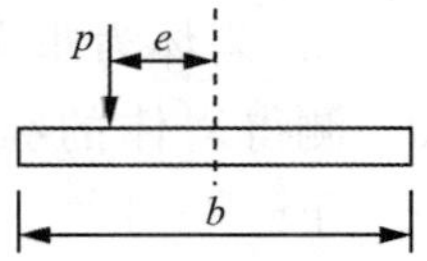

题 53 图

54. 对拉拔桩，下面哪种情况对桩基总的拉拔力有利？(　　)

A. 在桩基附近开挖

B. 混凝土用量不变，增大桩径，减少桩的数量

C. 混凝土用量不变，增大桩径，减少桩长

D. 桩基施工完成后在桩周注浆

55. 桩基础承台设计无需验算下面哪一项？(　　)

A. 柱对承台的冲切　　B. 角桩对承台的冲切

C. 刚性角　　D. 抗弯验算

56. 强夯法的夯锤上往往会开几个小孔，开孔的目的是(　　)。

A. 降低噪音　　B. 减小对附近建筑物的振动

C. 用于排气，减少气垫效应　　D. 便于运输和起吊

57. 在加筋土边坡中，筋材的锚固长度计算时涉及以下哪一项指标？(　　)

A. 抗压强度　　B. 握持强度　　C. 撕裂强度　　D. 抗拔摩擦系数

58. 构成岩质边坡变形与破坏的边界条件的是(　　)。

A. 岩体变形特征　　B. 岩体中原始应力状态

C. 岩体结构特征　　D. 坡形

59. 在用圆弧法分析岩坡稳定时，如果滑动力矩为 M_S，抗滑力矩为 M_R，则该岩坡的稳定安全系数为(　　)。

A. $\frac{M_R}{M_S}$　　B. $\frac{M_S}{M_R}$　　C. $\frac{M_R}{M_R + M_S}$　　D. $\frac{M_S}{M_R + M_S}$

60. 岩石边坡的稳定性主要取决于(　　)。

①边坡高度和边坡角；②岩石强度；③岩石类型；

④软弱结构面的产状及性质；⑤地下水位的高低和边坡的渗水性能。

A. ①④　　B. ②③　　C. ①②④⑤　　D. ①④⑤

答案及详解

单项选择题（共60题，每题2分。每题的备选项中只有一个最符合题意）

1. C 【**考点**】材料的渗透性

【**解析**】材料抵抗压力渗透的性质称为抗渗性（或不透水性），材料抗渗性的好坏，与材料的孔隙率及孔隙特征有关。孔隙率较大且是连通的孔隙材料，其抗渗性较差。当多孔介质的不同区域存在压力差时，物质可能从高压侧通过内部的孔隙、孔洞或其他缺陷渗透到低压侧。

2. A 【**考点**】材料的物理性质

【**解析**】A项，密度是指材料在绝对密实状态下单位体积的质量，绝对密实状态下的体积是指不包括孔隙在内的体积，因此与孔隙率无关。B项，体积密度是指材料在自然状态下单位体积（包括材料实体及其开口孔隙、闭口孔隙）的质量。C项，表观密度是指材料在自然状态下单位体积的质量，材料在自然状态下的体积是指包含内部孔隙的体积。D项，堆积密度是指粉状或粒状材料在堆积状态下单位体积的质量。材料的堆积体积是指包括材料实体、颗粒之间的空隙、闭口及开口孔隙的体积。因此，同一材料，在干燥状态下，随着孔隙率提高，材料的密度不变，体积密度、表观密度和堆积密度均降低。

3. C 【**考点**】水泥的基本知识

【**解析**】C项，根据《通用硅酸盐水泥》（GB 175—2007）第5.1条规定，粉煤灰硅酸盐水泥代号是“P·F”。A项，普通硅酸盐水泥代号是“P·O”；B项，硅酸盐水泥代号是“P·Ⅰ”或“P·Ⅱ”；D项，复合硅酸盐水泥的代号是“P·C”。

4. C 【**考点**】减水剂的作用原理

【**解析**】减水剂是指能保持混凝土在稠度不变的条件下，具有减水增强作用的外加剂。常用减水剂为阴离子型表面活性剂，其吸附于水泥颗粒表面使颗粒间带同种电荷而相互排斥，从而分散水泥颗粒以释放加水初期所形成的絮凝状结构中水泥吸附的水分，实现减水作用。

5. B 【**考点**】混凝土的变形性能

【**解析**】混凝土在长期荷载作用下随时间而增加的变形称为徐变。混凝土的徐变值与水泥品种、水泥用量、水灰比、混凝土的弹性模量、养护条件等因素有关。当水灰比较小、混凝土在水中养护、集料用量较多时，其徐变较小。干燥收缩是指混凝土停止养护后，在不饱和的空气中失去内部毛细孔和凝胶孔的吸附水而发生的不可逆收缩。影响混凝土干燥收缩的因素包括水泥的组成、水泥用量、混凝土水灰比、混凝土中水泥的水化程度以及骨料的品种和用量等。混凝土中砂石用量多，其收缩小。因此，当骨料含量增大时，混凝土徐变和干燥收缩都会减小。

6. A 【**考点**】钢材的主要力学性能及指标

【**解析**】A项，材料在交变应力作用下，在远低于抗拉强度时突然发生断裂，称为疲劳破坏。疲劳破坏的危险应力用疲劳强度来表示，其含义为试件在交变应力下工作，在规定的周期基数内不发生断裂的最大应力。B项，冷弯性能指钢材在常温下承受弯曲变形的能力，可表征在恶劣变形条件下钢材的塑性。C项，冲击韧性指钢材抵抗冲击荷载的能力，对直接承受动荷载而且可能在负温下工作的重要结构，必须进行冲击韧性检验。D 项，延伸率指试样拉伸断裂后标距段的总变形 $\Delta_{总}$ 与原标距长度 L 之比的百分数，可描述材料的塑性性能。

7. C 【考点】石油沥青的老化

【解析】沥青在阳光、热、氧气等因素的综合作用下，逐渐失去流动性、塑性而变硬、变脆的现象称为石油沥青的老化。老化的实质是在大气综合作用下，沥青中低分子组分向高分子组分转化，即油分转化为树脂，树脂转化为地沥青质，最终地沥青质逐渐增多。

8. C 【考点】比例尺精度

【解析】地形图上一线段 d 与地面相应的水平线段 D 之比称为地形图比例尺，它可分为数字比例尺（以分子为 1 的分数形式，即 $1/M$ 表示）、图示比例尺和复式比例尺。图上 $0.1\text{mm}\times M$，称为地形图比例尺精度。根据题意，该地形图的比例尺精度为 $0.1\text{mm}\times 1000=0.1\text{m}$，即地面距离小于 0.1m 在图上不能表示出来。

9. C 【考点】水平角的计算

【解析】水平角是指测站点至两观测目标点分别连线在水平面上投影后的夹角，其取值范围为 0°～360°，当计算值小于 0°时，加 360°。根据题意，$\beta=b-a=6°17'12''-296°23'36''+360°=69°53'36''$。

10. A 【考点】测量工作基准面

【解析】大地水准面是指在全球海洋范围内与静态海面地形的平均值为零的面相重合并向大陆内部延伸的水准面，是地球重力场中一个等位面，亦是高程测量中的正高系统的起算面。因地球表面地形起伏和内部质量分布不均匀，使大地水准面成为略有起伏的曲面。该面包围的形体近似于一个旋转椭球，称为“大地体”，常用来表示地球的物理形状，为测量工作的基准面。

11. C 【考点】误差传播定律

【解析】阐述观测值中误差与观测值的函数中误差关系的定律，称为误差传播定律。

游泳池面积：$s=a\times b=60.000\times 80.000=4800\text{m}^2$，计算函数中误差的一般形式：

$$m_Z=\pm\sqrt{\left(\frac{\partial f}{\partial x_1}\right)^2 m_1^2+\left(\frac{\partial f}{\partial x_2}\right)^2 m_2^2+\cdots+\left(\frac{\partial f}{\partial x_n}\right)^2 m_n^2}$$

则误差：

$$m_s=\pm\sqrt{\left(\frac{\partial(ab)}{\partial a}\right)^2 m_a^2+\left(\frac{\partial(ab)}{\partial b}\right)^2 m_b^2}=\pm\sqrt{b^2\times m_a^2+a^2\times m_b^2}$$

$$=\pm\sqrt{80^2\times 0.002^2+60^2\times 0.003^2}=\pm 0.24\text{m}^2$$

12. A 【考点】坐标方位角的计算

【解析】在平面直角坐标系统内，以平行于 x 轴的方向为基准方向，于某边的一个端点，从基准方向顺时针转至该边的水平角（0°～360°）称为坐标方位角。当 $\Delta X_{AB}<0$，$\Delta Y_{AB}>0$ 时，直线 AB 的坐标方位角为：$\alpha_{AB}=\arctan(\Delta Y_{AB}/\Delta X_{AB})+180°=\arctan(-15.3/30.6)+180°=153.435°=153°26'06''$。

13. B 【考点】生产安全事故的应急救援与调查处理

【解析】根据《中华人民共和国安全生产法》第八十三条规定，生产经营单位发生生产安全事故后，事故现场有关人员应当立即报告本单位负责人。单位负责人接到事故报告后，应当迅速采取有效措施，组织抢救，防止事故扩大，减少人员伤亡和财产损失，并按照国家有关规定立即如实报告当地负有安全生产监督管理职责的部门，不得隐瞒不报、谎报或者迟报，不得故意破坏事故现场、毁灭有关证据。

14. C 【考点】招标

【解析】C项，根据《中华人民共和国招标投标法》第十条规定，招标分为公开招标和邀请招标。公开招标，是指招标人以招标公告的方式邀请不特定的法人或者其他组织投标。邀请招标，是指招标人以投标邀请书的方式邀请特定的法人或者其他组织投标。AD两项，公开招标的优点在于能够在最大限度内选择投标商，竞争性更强，择优率更高，但公开招标工作量大、时间较长，程序和手续较为复杂，耗费时间。B项，第十七条规定，招标人采用邀请招标方式的，应当向三个以上具备承担招标项目的能力、资信良好的特定的法人或者其他组织发出投标邀请书。

15. B 【考点】城乡规划的原则

【解析】根据《中华人民共和国城乡规划法》第四条规定，制定和实施城乡规划，应当遵循城乡统筹、合理布局、节约土地、集约发展和先规划后建设的原则，改善生态环境，促进资源、能源节约和综合利用，保护耕地等自然资源和历史文化遗产，保持地方特色、民族特色和传统风貌，防止污染和其他公害，并符合区域人口发展、国防建设、防灾减灾和公共卫生、公共安全的需要。规定中“改善生态环境”和“防止污染和其他公害”等内容属于“关注民生”；“促进资源、能源节约和综合利用”和“符合区域人口发展、国防建设、防灾减灾和公共卫生、公共安全的需要”等内容属于“可持续发展”；此外，规定中还提到了城乡统筹。因此，该规定不涉及公平、公正、公开的原则。

16. B 【考点】建筑工程施工许可

【解析】根据《中华人民共和国建筑法》第九条规定，建设单位应当自领取施工许可证之日起三个月内开工。因故不能按期开工的，应当向发证机关申请延期；延期以两次为限，每次不超过三个月。既不开工又不申请延期或者超过延期时限的，施工许可证自行废止。

17. B 【考点】灌注桩施工

【解析】反插法是在拔管时，向上拔1m，再下沉0.5m的施工方法；复打法是桩灌注混凝土前不放钢筋笼，拔管后在原位复打，放入钢筋笼后，再次灌混凝土成桩。单打法的桩截面比沉入的钢管扩大30%，复打法扩大30%，反插法扩大50%左右。因此，这种灌注法还具有用小钢管灌注出大断面桩的效果。打拔管灌注桩施工，宜采用复打法，避免产生缩颈现象。单打法即一次拔管法，可用于含水量较小的土层，且宜采用预制桩尖；反插法及复打法可用于饱和土层。穿过淤泥夹层时，应减慢拔管速度，并减少拔管高度和反插深度，在流动性淤泥中不宜使用反插法。因此，在流动性淤泥土层中的桩可能有颈缩现象时，可行又经济的施工方法是复打法。

18. B 【考点】混凝土浇筑

【解析】为保证混凝土能更好地发挥作用，防止因为时间过长而使混凝土硬化。混凝土应以最少的周转次数和最短时间，从搅拌地点运至浇筑地点，混凝土的运输、浇筑及间歇的全部时间不允许超过混凝土的初凝时间。本题中，已知混凝土的初凝时间为210min，混凝土的运输时间为60min，故浇筑和间隔的最长时间应是：$210-60=150\text{min}$。

19. A 【考点】起重安装机械的种类及适用条件

【解析】A项，履带式起重机在单层工业厂房装配式结构吊装中得到了广泛的应用，不适宜超负荷吊装；B项，附着式塔式起重机紧靠拟建的建筑物布置，适用于高层建筑施工；C项，人字桅杆式起重机将构件起吊后活动范围小，一般仅用于安装重型构件或作为辅助设备以吊装厂房屋盖体系上的轻型构件；D项，轨道式塔式起重机能负荷行走，能同时完成水平运输和垂直运输，且能在直线和曲线轨道上运行，使用安全，生产效率高。

20. A 【考点】固定节拍流水

【解析】固定节拍流水(也称全等节拍流水)是在各个施工过程的流水节拍全部相等(为一固定值)组织的等节奏流水施工。其流水步距都等于流水节拍。当有间歇和搭接时，其流水工期则为：$T=(rm+n-1)K+\sum S-\sum C$。式中，$r$为施工层数；$m$为施工段数；$n$为施工过程数；$K$为流水步距；$\sum S$为间歇时间总和；$\sum C$为搭接时间总和。本题中，已知施工层数$r=1$，施工段数$m=3$，施工过程数$n=5$，间歇时间总和为$\sum S=7$天，搭接时间总和为$\sum C=0$，工期$T=49$天。代入数据可得：$49=(1\times3+5-1)\times K+7-0$。解得：$K=6$(天)。

21. D 【考点】网络计划的优缺点

【解析】网络计划的优点是：①能清楚地反映各项活动或工序的先后次序、进度及相互间的逻辑关系；②能进行各种时间参数的计算，找出关键工作和关键线路，便于管理者抓住主要矛盾，确保按期竣工，避免盲目抢工；③在计划实施过程中能进行有效的控制和监督，并利用计算出的各项工作的机动时间，更好地调配人力、物力，以达到降低成本的目的；④通过网络计划的优化，可以在若干个可行方案中找出最优方案；⑤网络计划的编制、计算、调整、优化和绘图等各项工作，都可以用计算机来协助完成。缺点是：①表达计划不直观、不形象，从图上难清晰地看出流水作业的情况；②难以根据普通网络计划(非时标网络计划)计算资源日用量，但时标网络计划可以克服这一缺；③编制较难，绘图较麻烦。D项是横道图网络计划的优点。

22. A 【考点】静定刚架受力分析

【解析】首先取整体为研究对象，设支座A水平反力F_{Ax}方向向右，竖向反力F_{Ay}方向向上，力矩顺时针方向为正。对B点取矩，由$\sum M_B=0$，$F_{Ay}\times8+20\times4-1/2\times5\times4^2=0$，解得：$F_{Ay}=-5\text{kN}$。

然后取ADC为研究对象，对C点取矩，由$\sum M_C=0$，$F_{Ax}\times8+20\times4-F_{Ay}\times4=0$，解得：$F_{Ax}=-12.5\text{kN}$。

最后取AD段为研究对象，可得：$M_{DA}=20\times4-12.5\times8=-20\text{kN}\cdot\text{m}$。

刚结点D处无外力偶作用，两杆的端弯矩相等，因此$M_{DC}=M_{DA}=-20\text{kN}\cdot\text{m}$。

23. C 【考点】桁架内力计算

【解析】见题23解图，判断零杆后，已知外力为60kN，左右铰支座竖向力均为30kN，方向向上。即$F_{By}=30\text{kN}$。取节点B分析，可得$N_{BC}=-F_{By}=-30\text{kN}$。

取节点C进行分析，$\sum X=N_{CD}\times4/5+N_{CE}\times4/5=0$；$\sum Y=N_{CD}\times3/5-N_{CE}\times3/5+30=0$，解得$N_{CD}=-25\text{kN}$。因此桁架$a$杆的轴力为$-25\text{kN}$。

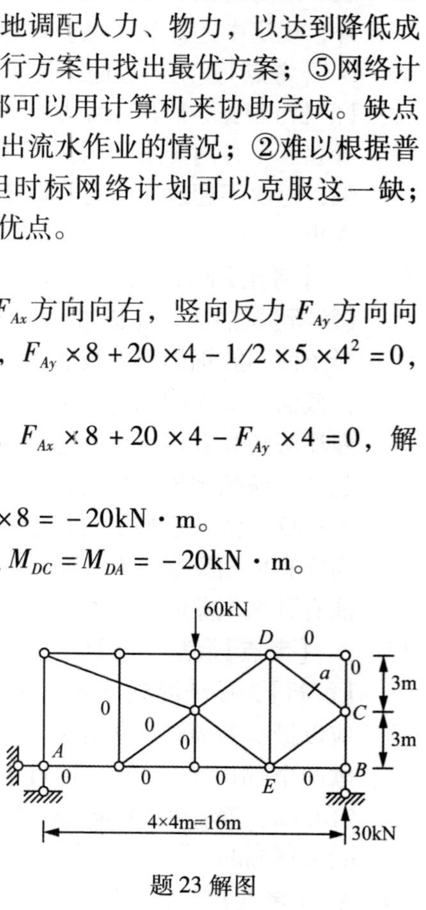

题23解图

24. B 【考点】超静定结构位移计算

【解析】利用力法求解超静定结构。在弹簧处用竖直向上的未知力 X 代替，列力法基本方程为：$\delta_{11} X + \Delta_{1p} = -X/k$，其中 $\delta_{11} = l^3/(3EI)$，$\Delta_{1p} = -Pl^3/(3EI)$，代入 k 值解得：$X = 2P/3$。则结构在 B 点处的作用力可等效如题 24 图所示。

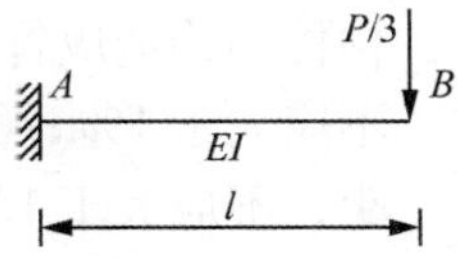

题 24 解图

在 B 点增加单位弯矩 $M = 1$，由图乘法求位移，可得 B 截面转角位移为：

$$\varphi_B = \frac{1}{EI} \times \frac{1}{2} \times \frac{Pl}{3} \times l \times 1 = \frac{Pl^2}{6EI}$$

25. D 【考点】混凝土结构材料性能

【解析】由水泥、水、骨料组成的混凝土，在硬化过程中水泥和形成的水泥石与骨料黏结在一起。凝结初期由于水泥石收缩、骨料下沉等原因，在水泥石和骨料之间的交界面上形成微裂缝，它是混凝土中最薄弱的环节。

26. B 【考点】双筋矩形截面受弯构件

【解析】ABC 三项，双筋矩形截面受弯构件正截面受弯承载力计算时，由力的平衡条件，可得：$\alpha_1 f_c bx + f_y' A_s' = f_y A_s$。式中，$A_s$ 为受拉区钢筋面积；A_s' 为受压区钢筋面积；f_c 为混凝土轴心抗压强度设计值；b 为矩形截面宽度；f_y 为普通钢筋抗拉强度设计值；f_y' 为普通钢筋抗压强度设计值。

根据公式可知，当受压钢筋面积增大时，受压区高度减小；当受拉钢筋面积增大时，受压区高度增大。

D 项，混凝土受压区高度应满足 $x \leqslant \xi_b h_0$。受压区高度大于该值判定构件超筋，增加受压钢筋面积会降低受压区高度，因此不会使构件超筋。

27. C 【考点】梁的极限荷载计算

【解析】两端固定的钢筋混凝土梁考虑塑性内力重分布后：端部弯矩为 $M_{支} = q_{u1} l^2/16 = 120$，解得 $q_{u1} = 30\text{kN/m}$；跨中弯矩为 $M_{中} = q_{u2} l^2/16 = 80$，解得 $q_{u2} = 20\text{kN/m}$。两者取最不利情况可得：该梁的极限荷载为 $q_u = 20\text{kN/m}$。

28. C 【考点】钢材质量等级的选用

【解析】根据《钢结构设计标准》(GB 50017—2017)第 4.3.3 条第 1 款规定，A 级钢仅可用于结构工作温度高于 0℃的不需要验算疲劳的结构，且 Q235A 钢不宜用于焊接结构。故寒冷地区的钢结构体育场不应采用 Q235A－F。

29. C 【考点】轴心受拉构件

【解析】钢结构桁架下弦杆为轴心受拉构件，根据《钢结构设计标准》(GB 50017—2017)第 7.1.1 条第 1 款规定，轴心受拉构件除采用高强度螺栓摩擦型连接者外，其截面强度应采用下列公式计算：①毛截面屈服：$\sigma = N/A \leqslant f$；②净截面断裂：$\sigma = N/A_n \leqslant 0.7 f_u$。

30. D 【考点】螺栓连接

【解析】采用高强度螺栓连接的钢板受轴心压力 N 作用时，螺栓限制板件在沿轴向发生位移，因此承受的力为剪力。由图示可知，每侧共有 12 个螺栓，则螺栓 A 承受的剪力为 $N/12$。

31. C 【考点】砌体结构的静力计算方案

【解析】空间性能影响系数是外荷载作用下房屋排架水平位移的最大值与外荷载作用下平面排架的水平位移的最大值的比值。空间性能影响系数的值越大，建筑物的空间性能越弱。砌体房屋采用刚性方案时，空间刚度较大，空间性能影响系数较小。

32. A 【考点】网状配筋砖砌体构造要求

【解析】根据《砌体结构设计规范》(GB 50003—2011)第8.1.3条规定，网状配筋砖砌体构件的构造应符合下列规定：①网状配筋砖砌体中的体积配筋率，不应小于0.1%，并不应大于1%；②采用钢筋网时，钢筋的直径宜采用3mm～4mm；③钢筋网中钢筋的间距，不应大于120mm，并不应小于30mm；④钢筋网的间距，不应大于五皮砖，并不应大于400mm；⑤网状配筋砖砌体所用的砂浆强度等级不应低于M7.5；钢筋网应设置在砌体的水平灰缝中，灰缝厚度应保证钢筋上下至少各有2mm厚的砂浆层。

33. C 【考点】砌体结构圈梁构造要求

【解析】根据《砌体结构设计规范》(GB 50003—2011)第7.1.5条第1款规定，圈梁宜连续地设在同一水平面上，并形成封闭状；当圈梁被门窗洞口截断时，应在洞口上部增设相同截面的附加圈梁。附加圈梁与圈梁的搭接长度不应小于其中到中垂直间距的2倍，且不得小于1m。

34. A 【考点】土的三相指标

【解析】土的三相比例指标包括由试验直接测定的基本指标和换算的物理性质指标。其中，由试验直接测定的基本指标包括含水率、土粒比重和天然密度。其他指标都是通过这三个指标换算得到。

35. B 【考点】土的重度指标

【解析】根据土的三相指标定义，土的饱和重度是指土的孔隙全部被水充满时的重度，即$\gamma_{sat}=(W_s+V_v\times\gamma_w)/V$；土的天然重度是指天然状态下单位体积土的重力，即$\gamma=(W_s+V_w\times\gamma_w)/V$；土的干重度是指单位土体积中固体颗粒的重力，即$\gamma_d=W_s/V$。又$V_v\geqslant V_w$，可得：$W_s+V_v\times\gamma_w\geqslant W_s+V_w\times\gamma_w\geqslant W_s$，则$\gamma_{sat}\geqslant\gamma\geqslant\gamma_d$。

36. D 【考点】分层总和法

【解析】分层总和法的基本假设主要有：①地基土的每个分层为均匀、连续半无限空间弹性体；②按基础中心点下的附加应力计算土层压缩量；③地基土层只产生竖向压缩变形，侧向不能膨胀变形。D项，变形模量是在允许侧向变形的情况下测得，不符合分层总和法的假设。ABC三项，压缩系数、压缩模量、压缩指数等可通过侧限压缩试验测定，符合分层总和法的假设。

37. D 【考点】固结度

【解析】固结度U_t=有效应力分布面积/总应力分布面积=有效应力分布面积/(有效应力分布面积+超静孔隙水压力分布图面积)，表示一层土超静孔隙水压力的消散程度。A项，一般情况下，随着时间的增加和水的排出，有效应力分布面积增加，超静孔隙水压力分布面积减少，总应力分布面积保持不变，则固结度增大。BC两项，表面受均布荷载的均匀地层，单面排水情况不同深度处固结度不同。双面排水情况下，不同深度处固结度也不同。D项，如果没有排水通道，即边界均不透水，超静孔隙水压力无法消散，固结度将不会变化。

38. C 【考点】土压力类型

【解析】根据挡土墙的位移情况和墙后土体所处的应力状态，可将土压力分为：①静止土压力E_0，是指工作条件使挡土墙不产生变动，填上对墙背的侧向压力；②主动土压力E_a，是指挡土墙在土压力作用下背离墙背方向移动或转动时，墙后土压力逐渐减小，当达到某一位移量时，作用在挡土墙上的土压力达最小值时作用在墙背的土压力；③被动土压力 E_p，是指挡土墙在外力作用下向墙背方向移动或转动时，墙后土压力逐渐增大，当达到某一位移量时，作用在墙上的土压力达到最大值时作用在墙背上的土压力。根据定义可知，被动土压力 > 静止土压力 > 主动土压力，即 $E_p > E_0 > E_a$。

39. A 【考点】岩体与岩块的力学性质

【解析】岩体经受过各种不同构造运动的改造和风化次生作用的演化，所以在岩体中存在着各种不同的地质界面，称为结构面，结构面在力学上表现出一定的不连续性，因此将其称为不连续面。岩石是指由结构面所切割和包围的岩块体，岩体是指由结构面（不连续面）和结构体（岩石）两种单元所组成的地质体。岩体性能取决于完整岩石材料的力学性质以及不连续面的数量和性质，所以岩体的强度小于岩石主要是因为岩体中含有大量的不连续面。

40. B 【考点】岩体的完整性

【解析】根据《工程岩体分级标准》（GB/T 50218—2014）第 3.3.4 条规定，岩体完整性指数 K_v 与岩体完整程度的对应关系，可按表 3.3.4（见题 40 解表）确定。

题 40 解表　K_v 与岩体完整程度的对应关系

K_v	>0.75	0.75 ~ 0.55	0.55 ~ 0.35	0.35 ~ 0.15	≤0.15
完整程度	完整	较完整	较破碎	破碎	极破碎

根据附录 B.0.1 条第 3 款规定，岩体的完整性指数为：$K_v = (V_{pm}/V_{pr})^2$。式中，V_{pm} 为岩体弹性纵波速度（km/s）；V_{pr} 为岩石弹性纵波速度（km/s）。代入数据可得：$K_v = (4000/5000)^2 = 0.64$。

查上表可知，$K_v = 0.64$ 在 0.55 ~ 0.75 之间，岩体的完整性属于较完整。

41. D 【考点】主要造岩矿物特征

【解析】D 项，方解石硬度为 3，斜长石硬度为 6，两者硬度不同。A 项，斜长石主要为钠长石或更长石，遇盐酸不反应，方解石的主要成分为碳酸钙，遇稀盐酸剧烈起泡，两者反应不同。B 项，方解石解理为 3 组，完全解离，斜长石解理为两组，近直交完全解理，两者解理组数不同。C 项，方解石颜色为白色或无色，斜长石颜色白色或灰白色，两者颜色相似。

42. A 【考点】岩浆岩的结构特征

【解析】岩浆岩是由岩浆冷凝后形成的岩石，按照冷凝时地质环境的不同，可分为深成岩、浅成岩和喷出岩。深成岩岩性比较均一，变化较小，岩体结构呈典型的块状结构，颗粒均匀，多为粗中粒结构。浅成岩的成分一般与相应的深成岩相似，多为岩床、岩墙、岩脉等不侵入体，岩体均一性差，岩石多呈斑状结构和均粒中细粒结构。喷出岩是火山喷出的熔岩流冷凝而成，岩石中含有较多的玻璃及气孔、杏仁构造，岩石颗粒很细，多呈致密结构。

43. B 【考点】向斜构造的特征

【解析】AB 两项，背斜是岩层向上拱起弯曲，核部的岩层时代较老，两侧的岩层时代较新；向斜是岩层向下凹陷弯曲，核部的岩层时代较新，两侧的岩层时代较老。CD 两项，下盘相对上移，上盘相对下移的断层称为正断层；上盘相对上移，下盘相对下移的断层称为逆断层。

44. C 【考点】太古代岩层特征

【解析】变质岩是岩浆岩或沉积岩经过岩浆活动和构造运动，因高温高压而变质后生成的一类新岩石。太古代时期，地球的地壳大致成型，板块构造运动开始，该时期火山和板块运动非常活跃。因此太古代的地层，都是一些经过变质的岩石，例如片麻岩、变粒岩、混合岩等深变质的岩石。

45. B 【考点】沉积物的特征

【解析】洪积扇是由山间洪流携带大量碎屑物质，在山沟沟口处，由于坡降突然变化而堆积下来，形成的扇形堆积体或锥状堆积体，其物质分选性差，颗粒较粗。河流的沉积物称冲积层。由于河流在不同的地段流速降低的幅度不同，各处形成的沉积层就具有不同的特点。当河流进入平原后，流速降低，大量物质沉积下来，因此平原区的河流沉积物颗粒较细，分层层理更好，分选较好。

46. B 【考点】赤平投影结构面图示方法

【解析】在赤平极射投影图中，越靠近圆的边缘说明结构面的倾角越小，越接近水平；越靠近圆的直径说明结构面的倾角越大，越接近垂直。

47. B 【考点】河流冲积物的特征

【解析】河流在运动过程中，能量不断受到损失，泥沙、砾石等搬运物质在重力作用下逐渐沉积下来形成冲积物。河流冲积物从上游到下游流速从大到小，颗粒越来越小，成分越来越复杂。

48. D 【考点】风化作用的影响因素

【解析】风化作用是使岩石机械破碎(与岩石硬度有关)、物质成分和结构发生改变的过程(与岩石种类有关)，但岩石中的断裂发育使得各类风化营力(温度、水、生物等)更易使岩石风化进程加快(与昼夜温差有关)。风化作用的影响因素有：①岩石性质，包括岩石的矿物成分、结构和构造，是风化作用的内在因素；②气候，控制气候的主要因素是降雨量和气温；③地质构造，在构造变动强烈地区、褶皱核部、断层破碎带及侵入岩接触带，裂隙较发育，为水、空气及生物等进入岩石内部提供良好的通道，能促使风化作用向岩石内部纵深发展，因而岩石风化强烈；④地形，地形的陡缓对岩石风化有一定的影响，地形起伏大、陡峭、切割深的地区，岩石易遭受风化，且以物理风化作用为主，风化产物不易保存且很薄。地形起伏较小的缓坡地带，则以化学风化作用为主。D 项，水文地质条件与风化作用最不相关。

49. C 【考点】沉积物的透水性

【解析】C 项，河床沉积物颗粒粗大，孔隙较大，富含水，透水性最强。A 项，河漫滩沉积物，下层是河床相冲积物粗砂和砾石，上部是河漫滩相细砂和黏土，构成了河漫滩的二元结构。河漫滩沉积物岩性较细，透水性最弱。BD 两项，湖泊沉积物主要是淤泥和淤泥质土，与含大量有机质的淤泥一样，透水性较弱。

50. D 【考点】岩土原位测试技术

【解析】对土体扰动程度的评定有三种情况：①采用薄壁取土器所采得的土试样定为不扰动或轻微扰动；②对于采用中厚壁或厚壁取土器所采得的土试样定为轻微扰动或显著扰动；③对于采用标准贯入器、螺纹钻头或岩芯钻头所采得的黏性土、粉土、砂土和软岩的试样皆定为显著扰动或完全扰动。

51. B 【考点】无筋扩展基础

【解析】无筋扩展基础又称刚性基础，是指由砖、毛石、混凝土或毛石混凝土、灰土和三合土等材料组成的，且不需配置钢筋的墙下条形基础或柱下独立基础。无筋扩展基础的材料都具有较好的抗压性能，但抗拉、抗剪强度却不高。设计时，通过控制材料强度等级和台阶宽高比(刚性角)来确定截面尺寸，而无需进行内力和截面强度计算。

52. D 【考点】环境对冻结深度的影响系数

【解析】根据《建筑地基基础设计规范》(GB 50007—2011)第5.1.7条规定，季节性冻土地基的场地冻结深度应按下式进行计算：$z_d = z_0 \cdot \psi_{zs} \cdot \psi_{zw} \cdot \psi_{ze}$。式中，$\psi_{zs}$为土的类别对冻结深度的影响系数；$\psi_{zw}$为土的冻胀性对冻结深度的影响系数；$\psi_{ze}$为环境对冻结深度的影响系数，这三者的取值如下表。由题52解表(c)可知，城市市区的影响系数最小。

题52解表(a)　土的类别对冻结深度的影响系数

土的类别	影响系数ψ_{zs}
黏性土	1.00
细砂、粉砂、粉土	1.20
中、粗、砾砂	1.30
大块碎石土	1.40

题52解表(b)　土的冻胀性对冻结深度的影响系数

冻胀性	影响系数ψ_{zw}
不冻胀	1.00
弱冻胀	0.95
冻胀	0.90
强冻胀	0.85
特强冻胀	0.80

题52解表(c)　环境对冻结深度的影响系数

周围环境	影响系数ψ_{ze}
村、镇、旷野	1.00
城市近郊	0.95
城市市区	0.90

53. D 【考点】基底压力的分布

【解析】对于单向偏心荷载作用下的矩形基础，基础底面两侧的最大与最小边缘压力$P_{k\max}$、$P_{k\min}$按下式计算：

$$p_{k\min}^{k\max} = \frac{F_k + G_k}{bl} \pm \frac{M_k}{W} = \frac{F_k + G_k}{bl}\left(1 \pm \frac{6e}{l}\right)$$

式中，l为矩形基础的长边(m)，此处l为偏心方向的基础边长(条形基础为b)；b为矩形基础的短边(m)。

当偏心距$e > l/6$时，根据计算公式，基底右侧出现拉应力，由于基底与土之间不能传递拉应力，基底压力重新分布为三角形，基底右侧出现零应力区。

对于条形基础，计算原则与矩形基础相同。因此，宽度为b的条形基础上作用偏心荷载p，当偏心距$e > b/6$时，基底右侧出现零应力区。

54. D 【考点】桩侧阻力

【解析】D 项，桩基施工完成后在周边注浆可以提高桩与土之间的表面摩擦力，其作用机理是利用压力将水泥浆液注入桩侧，水泥浆液挤压、密实或劈裂桩周土体，对桩周土体进行渗透、充填和挤压，使桩身与桩周土的胶结力得到提高，从而提高桩侧阻力，对桩基总的抗拔力有利。ABC 三项均会减小桩侧阻力，对抗拔力不利。

55. C 【考点】桩基础承台设计

【解析】根据《建筑桩基技术规范》(JGJ 94—2008)第 5.9 节规定，承台设计时需要进行受弯计算、受冲切计算、受剪计算、局部受压计算和抗震验算等内容。AB 两项属于受冲切计算内容；D 项属于受弯计算内容；C 项，刚性角是无筋基础设计需要验算的指标。

56. C 【考点】强夯法

【解析】根据《建筑地基处理技术规范》(JGJ 79—2012)条文说明第 6.3.4 条第 1 款规定，为了提高夯击效果，锤底应对称设置不少于 4 个与其顶面贯通的排气孔，以利于夯锤着地时坑底空气迅速排出和起锤时减小坑底的吸力。排气孔的孔径一般为 300mm ~ 400mm。

57. D 【考点】加筋土结构设计

【解析】根据《土工合成材料应用技术规范》(GB/T 50290—2014)第 7.3.5 条第 2 款规定，筋材的抗拔力计算公式为：$T_{pi}=2\sigma_{vi}BL_{ei}f$。式中，$f$ 为筋材与土的摩擦系数；L_{ei} 为筋材有效长度(m)；B 为筋材宽度(m)。因此，筋材的锚固长度计算与抗拔摩擦系数有关。

58. C 【考点】边坡岩体应力分布的影响因素

【解析】研究表明，岩体中的原始应力状态、坡形、岩体的变形特征和结构特征，对边坡岩体中的应力分布都有不同程度的影响。其中，岩质边坡岩体的结构特征对坡体应力场的影响十分复杂，主要由于岩体的不均一和不连续性，使其沿软弱结构面周边出现应力集中或应力阻滞现象，因此，它构成了岩质边坡变形与破坏的边界条件。

59. A 【考点】岩坡稳定安全系数

【解析】对于均质的以及没有断裂面的岩坡，在一定的条件下可看作平面问题，用圆弧法进行稳定分析。用圆弧法分析岩坡稳定时，岩坡的稳定安全系数为：

$$F_s=\frac{\text{抗滑力矩}}{\text{滑动力矩}}=\frac{M_R}{M_S}$$

60. C 【考点】影响边坡稳定性的工程地质因素

【解析】影响边坡稳定性的工程地质因素可分为：①地貌条件，地貌条件决定了边坡形态，对边坡稳定性有直接影响。边坡的形态是指边坡的高度、坡角、剖面形态、平面形态以及边坡的临空条件等。②岩石性质，岩石性质的差异是影响边坡稳定的基本因素，其对边坡的变形破坏有直接影响。③岩体结构与地质构造，岩体结构类型、结构面形状及其与坡面的关系是岩质边坡稳定的控制因素。④风化作用，风化作用边坡的稳定性大大降低，并对边坡变形的发生和发展起着促进作用。实际资料说明，岩石风化越深，边坡的稳定性越差，稳定坡角越小。⑤水的作用，水对边坡稳定性有显著影响。它的影响是多方面的，也包括软化作用、冲刷作用、静水压力、动水压力作用及浮托力作用等。⑥地震及人为因素等。本题中，①项属于地貌条件；②项属于岩石性质；④项属于岩体结构与地质构造；⑤项属于水的作用。

2020年注册土木工程师(岩土)执业资格考试《专业基础考试》真题

单项选择题(共60题，每题2分。每题的备选项中只有一个最符合题意)

1. 玻璃态物质(　　)。

A. 具有固定熔点　　B. 不具有固定熔点

C. 是各向异性材料　　D. 内部质点规则排列

2. NaCl晶体内部的结合力是(　　)。

A. 金属键　　B. 共价键　　C. 离子键　　D. 氢键

3. 我国现行国家标准《通用硅酸盐水泥》中，符号“P·C”代表(　　)。

A. 普通硅酸盐水泥　　B. 硅酸盐水泥

C. 粉煤灰硅酸盐水泥　　D. 复合硅酸盐水泥

4. 混凝土用骨料的粒形对骨料的空隙率有很大影响，会最终影响到混凝土的(　　)。

A. 孔隙率　　B. 强度　　C. 导热系数　　D. 弹性模量

5. 骨料的性质会影响混凝土性质，两者的强度无明显关系，但两者关系密切的性质是(　　)。

A. 弹性模量　　B. 泊松比　　C. 密度　　D. 吸水率

6. 为了提高沥青的温度稳定性，可以采取的措施有(　　)。

A. 增加地沥青质的含量　　B. 降低环境温度

C. 增加油分含量　　D. 增加树脂含量

7. 测定木材强度标准值时，木材的含水率需调整到(　　)。

A. 平衡含水率　　B. 纤维饱和点　　C. 绝对干燥状态　　D. 15%

8. 设在三角形E、F、N中，直接观测了$\angle E$和$\angle F$。其中误差$m_E = m_F = \pm 3''$，由$\angle E$、$\angle F$计算$\angle N$，则$\angle N$的中误差m_N为(　　)。

A. $\pm 6''$　　B. $\pm 7''$　　C. $\pm 3.5''$　　D. $\pm 4.2''$

9. 根据水准测量的原理，水准仪的主要作用是(　　)。

A. 提供一条水平视线　　B. 提供水准器装置

C. 具有望远镜功能　　D. 可以照准水准尺读数

10. 在测区半径为10km范围内，面积为100km^{2}之内，以水平面代替水准面所产生的影响，在普通测量工作中可以忽略不计的为(　　)。

A. 距离影响、水平角影响　　B. 方位角影响、竖直角影响

C. 高差影响、距离影响　　D. 坐标计算影响、高程计算影响

11. 光学经纬仪竖盘刻划的注记有顺时针方向与逆时针方向两种，若经纬仪竖盘刻划的注记为顺时针方向，则该仪器的竖直角计算公式为(　　)。

A. 盘左为：$\alpha_L = 90° - L$，盘右为：$\alpha_R = 270° - R$

B. 盘左为：$\alpha_L = 90° - L$，盘右为：$\alpha_R = R - 270°$

C. 盘左为：$\alpha_L = L - 90°$，盘右为：$\alpha_R = R - 270°$

D. 盘左为：$\alpha_L = L - 90°$，盘右为：$\alpha_R = 270° - R$

12. 视距测量中，设视距尺的尺间隔为 l，视距乘常数为 k，竖直角为 α，仪器高为 i，中丝读数为 v，则测站点与目标点间高差计算公式为(　　)。

A. $\frac{1}{2}kl\cos^2\alpha + i - v$　　B. $\frac{1}{2}kl\sin^2\alpha + v - i$

C. $\frac{1}{2}kl\sin 2\alpha + i - v$　　D. $\frac{1}{2}kl\sin\alpha + v - i$

13. 根据我国《招标投标法》规定，下列哪些情形不可采用直接发包而必须进行招标？(　　)

A. 关系社会公共利益、公众安全的大型基础设施项目

B. 重要设备、材料等货物的采购，单项合同估算价在 100 万元人民币以下

C. 施工单项合同估算价为 100 万元人民币以下

D. 勘察、设计、监理等服务的采购，单项合同估算价在 40 万元人民币以下

14. 建设或施工单位在处理城市的建筑垃圾时，应当(　　)。

A. 请政府核准的单位运输

B. 不论是否危害环境，以最经济的路线运输

C. 于深夜倾倒在河里

D. 与生活垃圾一并处理

15. 有关企业质量体系认证与产品质量认证的描述，下列说法错误的是(　　)。

A. 国家对所有产品质量认证采用自愿的原则

B. 企业质量体系认证依据的标准为《质量管理标准》

C. 企业质量认证的证书与标记都不能直接在产品上使用

D. 产品认证分为安全认证与合格认证，而企业认证则无此分别

16. 有关评标方法的描述，下列说法错误的是(　　)。

A. 最低投标价法适合没有特殊要求的招标项目

B. 综合评估法适合没有特殊要求的招标项目

C. 最低投标价法通常带来恶性削价竞争，工程质量不容乐观

D. 综合评估法可用打分的方法或货币的方法评估各项标准

17. 场地平整前的首要工作是(　　)。

A. 计算挖方量和填方量　　B. 确定场地的设计标高

C. 选择土方机械　　D. 拟定调配方案

18. 混凝土施工缝宜留置在(　　)。

A. 遇雨停工处　　B. 结构受剪力较小且便于施工的位置

C. 结构受弯矩较小且便于施工的位置　　D. 结构受力复杂处

19. 某工程项目双代号网络计划中，混凝土浇捣工作 M 的最迟完成时间为第 25 天，其持续时间为 6 天。该工作共有三项紧前工作，分别是钢筋绑扎、模板制作和预埋件安装，它们的最早完成时间分别为第 10 天、第 12 天和第 13 天，则工作 M 的总时差为(　　)。

A. 9 天　　B. 7 天　　C. 6 天　　D. 10 天

20. 在单位工程施工平面图设计中应该首先考虑的内容为(　　)。

A. 工人宿舍　　　　B. 垂直运输机械

C. 仓库和堆场　　　　D. 场地道路

21. 下列关于单位工程施工流向安排的表述不正确的是(　　)。

A. 对技术简单、工期较短的分部分项工程一般优先施工

B. 室内装饰工程可一般有自上而下、自下而上及自中而下再自上而中三种流向

C. 当有高低跨并列时，一般应从低跨向高跨处吊装

D. 室外装饰工程一般应遵循自上而下的流向

22. 几何可变体系的计算自由度(　　)。

A. >0　　B. <0　　C. =0　　D. 不确定

23. 图示刚架 M_{DC} 为(下侧受拉为正)(　　)。

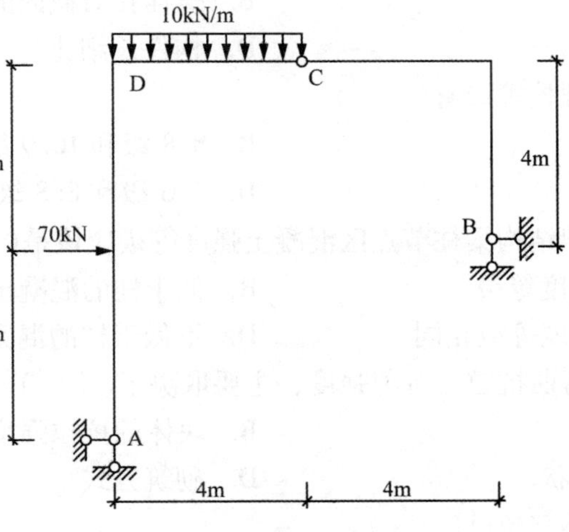

题 23 图

A. 20kN · m　　B. 40kN · m　　C. 60kN · m　　D. 80kN · m

24. 图示结构 M_{BA} 为(以下侧受拉为正)(　　)。

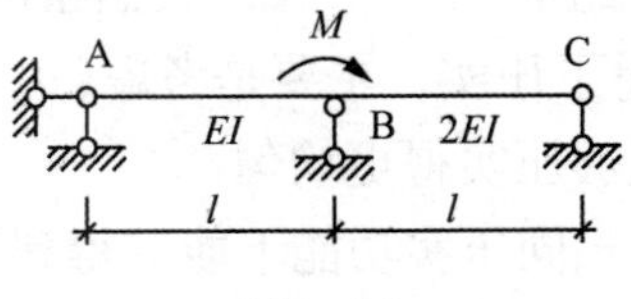

题 24 图

A. $-M/3$　　B. $-2M/3$　　C. $M/3$　　D. $2M/3$

25. 正常使用极限状态验算时应进行的荷载效应组合为(　　)。

A. 标准组合、准永久组合和频遇组合

B. 基本组合、准永久组合和频遇组合

C. 标准组合、基本组合和偶然组合

D. 偶然组合、频遇组合和准水久组合

26. 在进行钢筋混凝土双筋矩形截面构件受弯承载力复核时，若截面受压区高度 x 大于界限受压区高度 x_b，则截面能承受的极限弯矩为(　　)。

A. 近似取 $x=x_b$，计算其极限弯矩　　B. 按受压钢筋面积未知重新计算

C. 按受拉钢筋面积未知重新计算　　D. 按最小配筋率计算其极限弯矩

27. 如下图五等跨连续梁，为使第 2 和 3 跨间的支座上出现最大负弯矩，活荷载应布置在(　　)。

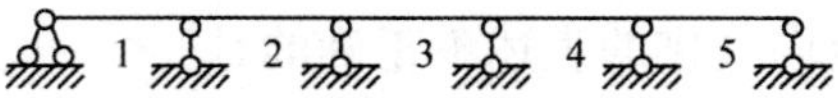

题 27 图

A. 第 2、3、4 跨　　B. 第 1、2、3、4、5 跨

C. 第 2、3、5 跨　　D. 第 1、3、5 跨

28. 型号为∟ 160×10 所表示的热轧型钢是(　　)。

A. 钢板　　B. 不等边角钢　　C. 等边角钢　　D. 槽钢

29. 在验算普通螺栓连接的钢结构轴心受拉构件强度时，需考虑(　　)。

A. 板件宽厚比　　B. 螺栓孔对截面的削弱

C. 残余应力　　D. 构件长细比

30. 我国常用的高强度螺栓等级有(　　)。

A. 5.6 级和 8.8 级　　B. 8.8 级和 10.9 级

C. 4.6 级和 5.6 级　　D. 4.6 级和 8.8 级

31. 现浇钢筋混凝土框架结构梁柱节点区混凝土强度等级应该是(　　)。

A. 低于梁的混土强度等级　　B. 低于柱的混凝土强度等级

C. 与梁的混凝土强度等级相同　　D. 不低于柱的混凝土强度等级

32. 砌体的轴心抗拉、弯曲抗拉、抗剪强度，主要取决于(　　)。

A. 砂浆的强度　　B. 块体的抗拉强度

C. 块体的尺寸与形状　　D. 砌筑方式

33. 钢筋砖过梁的跨度不宜超过(　　)。

A. 2.0m　　B. 1.8m　　C. 1.5m　　D. 1.0m

34. 土的物性指标中不能直接测试，需要从其他指标换算的是(　　)。

A. 含水率　　B. 土粒比重　　C. 天然密度　　D. 孔隙比

35. 对细粒土，要求在最优含水量下压实，主要是考虑(　　)。

A. 在最优含水量下压实，能够压实得更均匀

B. 在最优含水量下压实，在相同压实功能下能够得到最大的饱和度

C. 在最优含水量下压实，在相同压实功能下能够得到最大的干密度

D. 偏离最优含水量，容易破坏土的结构

36. 某地层在大面积均布荷载 150kPa 下变形稳定，然后卸荷到 0，与施加均布荷载之前相比，土的哪一项性质或指标发生了变化？(　　)

A. 应力状态　　B. 粒径级配　　C. 应力历史　　D. 土粒比重

37. 下面哪一种试验方法不能用于测试土的不排水强度指标？(　　)

A. 快剪试验　　B. 不固结不排水试验

C. 十字板剪切试验　　D. 固结不排水试验

38. 朗肯土压力理论没有考虑墙背与填土之间的摩擦作用，这会导致由朗肯土压力理论计算的主动土压力与实际相比(　　)。

A. 偏小

B. 偏大

C. 在墙背与填土之间的摩擦角较小时偏大，较大时偏小

D. 在墙背与填土之间的摩擦角较小时偏小，较大时偏大

39. 已知岩石的岩石干重度 $\gamma_d = 20kN/m^3$，岩石的天然重度 $\gamma_G = 23kN/m^3$，饱和重度 $\gamma_s = 25kN/m^3$，岩石的饱水系数 K_s 为(　　)。

A. 0.9　　B. 0.8　　C. 0.7　　D. 0.6

40. 我国现行工程岩体分级标准中岩石的坚硬程度确定是按照(　　)。

A. 岩石的软化系数　　B. 岩石的弹性模量

C. 岩石的单轴饱和抗拉强度　　D. 岩石的单轴饱和抗压强度

41. 下列矿物中，硬度最大的是(　　)。

A. 正长石　　B. 石英　　C. 白云石　　D. 方解石

42. 下列构造中，属于变质岩的构造是(　　)。

A. 劈理　　B. 结核　　C. 斜层理　　D. 流纹

43. 地质图上表现为中间较老、两侧较新的对称分布地层，这种构造通常是(　　)。

A. 正断层　　B. 逆断层　　C. 背斜　　D. 向斜

44. 第四纪是新生代最晚的一个纪，其下限一般认为是 260 万年，分为(　　)。

A. 更新世和全新世　　B. 上新世和下新世

C. 下新世和全新世　　D. 更新世和下新世

45. 构造结构面中，充填以下哪种物质成分时的抗剪强度最低？(　　)

A. 硅质　　B. 铁质　　C. 钙质　　D. 砂泥质

46. 风化作用使岩石发生(　　)。

A. 破碎和分解　　B. 变质　　C. 重结晶　　D. 被风吹走

47. 下列现象中，不是滑坡造成的是(　　)。

A. 双沟同源地貌　　B. 多条冲沟同步弯转

C. 马刀树　　D. 河流凸岸内

48. 在地下水按照矿化度的分类中，淡水的矿化度指标是(　　)。

A. $<1g/L$　　B. $<0.1g/L$　　C. $<3g/L$　　D. $<0.3g/L$

49. 现场载荷试验中，加荷分级应满足的条件是(　　)。

A. 不少于 5 级　　B. 不少于 8 级

C. 不少于 15 级　　D. 每级不小于 100kPa

50. 为了查明包气带浅层的渗透性，通常采用的现场测试方法为(　　)。

A. 降水试验　　B. 抽水实验　　C. 渗水试验　　D. 压水试验

51. 在自重应力为主的倾斜岩石边坡中，二维剖面上的最大主应力分布是(　　)。

A. 垂直方向　　B. 水平方向　　C. 垂直坡面　　D. 平行坡面

52. 某条形基础上部中心荷载 300kN/m，埋深 1.5m，基底以上土的重度 $17kN/m^3$。深度修正后的承载力特征值为 180kPa。既满足承载力要求又经济合理的基础底宽为(　　)。

A. 2.0m　　B. 2.3m　　C. 2.5m　　D. 3.0m

53. 软弱下卧层验算公式 $P_z + P_{cz} \leq f_{az}$，其中 P_{cz} 为软弱下卧层顶面处土的自重压力值，关于 P_z，下面说法正确的是(　　)。

A. P_z 是基础底面压力

B. P_z 是基底附加压力

C. P_z 是软弱下卧层顶面处的附加压力，由基底附加压力按一定的扩散角计算得到

D. P_z 是软弱下卧层顶面处的附加压力，由基础底面压力按一定的扩散角计算得到

54. 关于抗浮桩，下面说法正确的是(　　)。

A. 抗浮桩设计时侧阻力的方向向上　　B. 抗浮桩设计时侧阻力的方向向下

C. 抗浮桩的荷载主要由端阻力承担　　D. 抗浮桩的荷载主要由水的浮力承担

55. 对于摩擦型群桩基础，确定其复合基桩的竖向承载力特征值时，下列哪种情况可以不考虑承台效应？(　　)

A. 桩数少于 4 根

B. 上部结构整体刚度较好、体型简单的建筑物

C. 对差异沉降适应性较强的排架结构和柔性构筑物

D. 桩基沉降较大，土与承台紧密接触且结构能正常使用的建筑物

56. 位于城市中心区的饱和软黏土地基需要进行地基处理，比较合适的方法为(　　)。

A. 深层搅拌法　　B. 强夯法　　C. 灰土挤密柱法　　D. 振冲法

57. 已知某一复合地基中，桩的面积置换率为 0.16，桩土应力比为 7。基础底面压力为 p (kPa)，则桩间土的应力为(　　)。

A. 3.17p　　B. 0.65p　　C. 0.51p　　D. 0.76p

58. 在坡面的几何形态中，对坡体应力分布的影响最大的是(　　)。

A. 坡角　　B. 坡高

C. 边坡横断面的形状　　D. 坡面形态

59. 对于易发生岩块流动及岩层曲折的岩坡，通常采用何种方法来改善其不稳定状态？(　　)

A. 开挖卸载　　B. 灌浆加固　　C. 抗滑桩加固　　D. 锚杆加固

60. 岩质边坡的圆弧滑动破坏，一般发生在(　　)。

A. 不均匀岩体　　B. 薄层脆性岩体　　C. 厚层泥质岩体　　D. 多层异性岩体

答案及详解

单项选择题(共60题，每题2分。每题的备选项中只有一个最符合题意)

1. B 【**考点**】玻璃态

【**解析**】玻璃态不是物质的一个状态，它是固态物质的一种结构，是指组成原子不存在结构上的长程有序或平移对称性的一种无定型固体状态。固态物质分为晶体和非晶体，构成晶体的原子(或离子或分子)具有一定的空间结构(即晶格)，晶体具有一定的晶体形状和固定熔点，并不具有各向同性。玻璃态就是一种非晶体，非晶体是固体中除晶体以外的固体。它没有固定的形状和固定熔点，玻璃体中原子呈完全无序排列，具有各向同性。它们随着温度的升高逐渐变软，最后才熔化。变软后可加工成各种形状。

2. C 【**考点**】晶体结构

【**解析**】晶体材料种类很多，根据结合力可将晶体分为离子晶体(由阳、阴离子通过离子键结合而成)、原子晶体(通过共价键结合)、金属晶体(由金属阳离子和自由电子结合而成)和分子晶体(通过分子间作用力结合)。金属化合物属于一般离子晶体。

3. D 【**考点**】水泥的基本知识

【**解析**】D项，根据《通用硅酸盐水泥》(GB 175—2007)第5.1条规定，复合硅酸盐水泥的代号是“P·C”。A项，普通硅酸盐水泥代号是“P·O”；B项，硅酸盐水泥代号是“P·Ⅰ”或“P·Ⅱ”；C项，粉煤灰硅酸盐水泥代号是“P·F”。

4. B 【**考点**】空隙率及混凝土强度

【**解析**】空隙率的大小反映了散粒材料颗粒互相填充的致密程度。在混凝土中，空隙率可作为控制砂石级配及计算混凝土砂率的依据。骨料粒径级配不连续，会影响骨料的空隙率，使得混凝土的密实度变差，最终会影响到混凝土的工作性和强度。

5. C 【**考点**】骨料性质对混凝土的影响

【**解析**】混凝土中砂、石起骨架作用，称为骨料，骨料由水泥等胶凝材料加水拌和，通过化学和物理化学作用凝结硬化产生强度。由于骨料强度高得多，因此混凝土这种混合物的强度主要取决于硬化后的水泥石强度及骨料表面的黏结强度，因而骨料的强度不会明显影响混凝土的强度，反而是骨料的含量会直接影响混凝土的密度。

6. A 【**考点**】石油沥青的组成及其主要特性

【**解析**】石油沥青主要由油分、树脂、地沥青质三部分构成。其中，油分赋予沥青以流动性；树脂赋予沥青以良好的黏结性、塑性和可流动性；而地沥青质位于最里边，决定了石油沥青的温度敏感性。因此为了提高沥青的温度稳定性需增加地沥青质的含量。

7. B 【**考点**】木材强度标准值的测定

【**解析**】纤维饱和点是指导致木材物理力学性质发生改变的临界含水率。当含水率大于纤维饱和点时，含水量变化对木材强度与体积无影响。当含水率小于纤维饱和点时，含水量变化对木材强度与体积有影响。平衡含水率是指木材与环境空气水分交换达到平衡时的含水率。《木材物理力学试验方法总则》(GB 1928—2009)规定测定木材强度以含水率12%时的强度测定值作为标准，其他含水率下的强度可换算成标准含水率时的强度。故在测定木材强度标准值时，木材的含水率需调整到纤维饱和点，而平衡含水率无需调整。

8. D 【考点】中误差的计算

【解析】和函数的中误差计算传播规律为：

$$z = x_1 + x_2 + \cdots + x_n$$

$$m_z = \pm\sqrt{m_1^2 + m_2^2 + \cdots + m_n^2}$$

又因为 180° - ∠N = ∠E + ∠F，180°是常数，则 360° - ∠N 的中误差为∠N 的中误差，即：

$$m_N = \pm\sqrt{m_E^2 + m_F^2} \approx \pm 4.2''$$

9. A 【考点】水准仪的作用

【解析】根据水准测量的原理，水准仪的主要作用是提供一条水平视线，并能照准水准尺进行读数。因此，水准仪构成主要有望远镜、水准器及基座三部分。

10. A 【考点】水平面代替水准面的范围

【解析】当两点间的距离为 10km 时，以水平面代替水准面所产生的距离误差为距离的 1/120 万，而当代精密测距仪的测距精度也只有 1/100 万。故在半径为 10km 的范围内进行测量时，可以用水平面代替水准面，由此带来的距离误差可以忽略不计。当测区面积为 $100km^2$ 时，以水平面代替水准面，地球曲率对水平角的影响很小，球面角值才 0.51″，可以忽略不计。

11. B 【考点】竖直角观测

【解析】竖直角是指同一竖直面内的视线方向与水平方向的夹角。当视线水平时，竖直度盘读数为 90°的整数倍。竖直角观测只要照准目标并读取竖盘读数，即可计算出竖直角。其步骤如下：①对中整平后，盘左，十字丝交点照准目标。打开自动归零装置，如无此装置，则转动竖盘指标水准管微动螺旋使气泡居中，读取盘左竖盘读数 L。②盘右，同法读取盘右竖盘读数 R。③计算，竖直角计算公式取决于竖盘的刻划形式。在盘左时，将望远镜略水平后向上仰，若竖盘读数减小，则竖直度盘为顺时针注记，反之则为逆时针注记。竖直角计算公式为“顺时针注记：$\alpha_L = 90° - L$，$\alpha_R = R - 270°$；逆时针注记：$\alpha_L = L - 90°$，$\alpha_R = 270° - R$；一测回角值：$\alpha = (\alpha_L + \alpha_R)/2$。”

12. C 【考点】视距测量

【解析】视线倾斜时的水平距离和高差公式为：$D = kl\cos^2\alpha$，$h = D\tan\alpha + i - v$。式中，k 为视距乘常数；v 为中丝读数。则可得：

$$\begin{aligned} h &= D\tan\alpha + i - v \\ &= kl\cos^2\alpha \cdot \tan\alpha + i - v \\ &= \frac{1}{2}kl \cdot 2\cos\alpha\sin\alpha + i - v \\ &= \frac{1}{2}kl\sin2\alpha + i - v \end{aligned}$$

13. A 【考点】必须进行招标的项目

【解析】A 项，根据《中华人民共和国招标投标法》第三条规定，在中华人民共和国境内进行下列工程建设项目包括项目的勘察、设计、施工、监理以及与工程建设有关的重要设备、材料等的采购，必须进行招标：①大型基础设施、公用事业等关系社会公共利益、公众安全的项目；②全部或者部分使用国有资金投资或者国家融资的项目；③使用国际组织或者外国政府贷款、援助资金的项目。

BCD 三项，根据《必须招标的工程项目规定》第五条规定，本规定第二条至第四条规定范围内的项目，其勘察、设计、施工、监理以及与工程建设有关的重要设备、材料等的采购达到下列标准之一的，必须招标：①施工单项合同估算价在 400 万元人民币以上；②重要设备、材料等货物的采购，单项合同估算价在 200 万元人民币以上；③勘察、设计、监理等服务的采购，单项合同估算价在 100 万元人民币以上。同一项目中可以合并进行的勘察、设计、施工、监理以及与工程建设有关的重要设备、材料等的采购，合同估算价合计达到前款规定标准的，必须招标。

14. A 【考点】城市建筑垃圾管理规定

【解析】根据《城市建筑垃圾管理规定》第十三条规定，施工单位不得将建筑垃圾交给个人或者未经核准从事建筑垃圾运输的单位运输。第十四条规定，处置建筑垃圾的单位在运输建筑垃圾时，应当随车携带建筑垃圾处置核准文件，按照城市人民政府有关部门规定的运输路线、时间运行，不得丢弃、遗撒建筑垃圾，不得超出核准范围承运建筑垃圾。第十五条规定，任何单位和个人不得随意倾倒、抛撒或者堆放建筑垃圾。

15. A 【考点】质量管理标准

【解析】在我国，企业质量体系认证遵循自愿原则，任何单位或者个人都不得强制要求企业申请质量体系认证，但是对某些产品是要求强制性的认证制度的。《中华人民共和国认证认可条例》第二十八条规定，为了保护国家安全、防止欺诈行为、保护人体健康或者安全、保护动植物生命或者健康、保护环境，国家规定相关产品必须经过认证的，应当经过认证并标注认证标志后，方可出厂、销售、进口或者在其他经营活动中使用。

16. B 【考点】评标方法

【解析】评标方法主要分为经评审的最低投标价法和综合评估法。AC 两项，根据《评标委员会和评标方法暂行规定》第三十条规定，经评审的最低投标价法一般适用于具有通用技术、性能标准或者招标人对其技术、性能没有特殊要求的招标项目。其中，经评审的最低投标价法，能够满足招标文件的实质性要求，并且经评审的最低投标价的投标，应当推荐为中标候选人，所以最低投标价法通常用来恶性削价竞争，反而使工程质量更为低落。BD 两项，第三十五条中规定，综合评估法应最大限度地满足招标文件中规定的各项综合评价标准的投标，应当推荐为中标候选人。衡量投标文件是否最大限度地满足招标文件中规定的各项评价标准，可以采取折算为货币的方法、打分的方法或者其他方法。需量化的因素及其权重应当在招标文件中明确规定。

17. B 【考点】土方工程的准备与辅助工作

【解析】场地平整是指将天然地面改造成所要求的设计平面时所进行的土石方施工全过程。场地平整前必须确定场地设计标高（一般在设计文件中规定），计算挖方和填方的工程量，确定挖方、填方的平衡调配，选择土方施工机械，拟定施工方案。

18. B 【考点】混凝土工程

【解析】混凝土结构多要求整体浇筑，若因技术或组织上的原因不能连续浇筑，且停顿时间有可能超过混凝土的初凝时间时，则应事先在适当位置留置施工缝，防止混凝土因温度变化产生裂缝现象。根据《混凝土结构工程施工规范》（GB 50666—2011）第 8.6.1

条规定，施工缝和后浇带宜留设在结构受剪力较小且便于施工的位置。

19. C 【考点】总时差

【解析】工作的总时差等于该工作最迟完成时间与最早完成时间之差或该工作最迟开始时间与最早开始时间之差，即：$TF_{i-j}=LF_{i-j}-EF_{i-j}=LS_{i-j}-ES_{i-j}$。对于工作 M，其 $LS_M=25-6=19$(天)，$ES_M=\max\{10，12，13\}=13$(天)，因此 $TF_M=LS_M-ES_M=19-13=6$(天)。

20. B 【考点】施工平面布置的步骤

【解析】施工平面布置的步骤包括：①了解、分析有关资料；②确定垂直运输设备位置(井架、塔吊等)；③选择搅拌站位置；④确定仓库、材料及半成品的堆场的位置；⑤运输道路的布置；⑥临时办公、生活用房的布置；⑦临时水电管网的布置。

21. A 【考点】单位工程施工流向安排

【解析】施工起点流向决定因素包括：①单位工程生产工艺要求；②业主对工程投产或交付使用工期要求；③各部分复杂程度，从复杂部位开始；④高低层并列时，一般从并列处开始；⑤基础深度不同，一般从深部分开始；⑥室外装饰工程一般应遵循自上而下的流向，室内装饰工程可一般自上而下、自下而上及自中而下再自上而中三种流向。

22. D 【考点】结构计算自由度

【解析】计算自由度数 W 是指体系全部自由度的总数与全部约束的总数的差值。$W>0$ 时，自由度总数大于约束总数，体系是几何可变的；$W=0$ 时，自由度总数等于约束总数，若无多余约束则为静定结构，否则几何可变；$W<0$ 时，自由度总数小于约束总数，若体系几何不变，则为超静定结构。因此，对于几何可变体系，其计算自由度 $W>0$ 或 $W=0$ 或 $W<0$。

23. B 【考点】刚架受力分析

【解析】首先取 BC 杆为研究对象，设支座 B 水平反力 F_{Bx} 方向向左，竖向反力 F_{By} 方向向上，力矩顺时针方向为正。对 C 点取矩，由 $\sum M_C=0$，$F_{Bx}\times4-F_{By}\times4=0$，解得：$F_{Bx}=F_{By}$。然后取整体为研究对象，对 A 点取矩，由 $\sum M_A=0$，$70\times4+10\times4\times2-F_{Bx}\times4-F_{By}\times8=0$，解得：$F_{Bx}=30\text{kN}$。最后取 DCB 为研究对象，可得：$M_{DC}=F_{By}\times8-F_{Bx}\times4-10\times4\times2=40\text{kN}\cdot\text{m}$。

24. A 【考点】力矩分配法

【解析】用力矩分配法计算时，B 处附加刚臂后为固定端，则：

①力矩分配系数

$$\mu_{BA}=\frac{3i_{BA}}{3i_{BA}+3i_{BC}}=\frac{3EI/l}{3EI/l+3\times2EI/l}=\frac{1}{3}$$

②固端弯矩

$$M_{BA}=-M\times\mu_{BA}=-\frac{M}{3}$$

25. A 【考点】正常使用极限状态验算

【解析】正常使用极限状态应根据不同的设计要求，采用载荷的标准组合、频遇组合、准永久组合并考虑长期作用的影响。

26. A 【考点】双筋矩形截面构件受弯承载力复核

【解析】双筋截面是指不仅受弯构件截面的受拉区配有受拉钢筋，而且在截面的受压区也配有受压钢筋。在进行钢筋混凝土双筋矩形截面构件受弯承载力复核时，当实际受压区高度 x 大于界限受压区高度 x_b 时，取 $x = x_b$ 求极限弯矩。

27. C 【考点】荷载布置

【解析】根据超静定梁的影响线可知，活荷载只有布置在影响线的顶点时才会产生最大弯矩。五等跨连续梁要在第2和第3跨之间的支座上出现最大负弯矩，应从支座相邻两跨(第2跨和第3跨)布置，然后隔跨布置，则活荷载应该布置在第2、3、5跨。

28. C 【考点】热轧型钢规格表示方法

【解析】根据《热轧型钢》(GB/T 706—2016)第4.5条规定，等边角钢的规格表示为："∟"与边宽度值×边宽度值×边厚度值；如∟200×200×24(简记为∟200×24)。故本题中，型号为∟160×10所表示的热轧型钢是边宽度值为160mm，边厚度值为10mm的等边角钢。

29. B 【考点】普通螺栓连接验算

【解析】普通螺栓连接是指将螺杆插入构件的钉孔后拧紧螺帽的钢结构连接。在验算普通螺栓连接的钢结构轴心受拉构件时，应考虑螺栓孔对截面的削弱。

30. B 【考点】高强度螺栓等级

【解析】根据《钢结构设计标准》(GB 50017—2017)第4.4.6条规定，螺栓连接的强度指标应按表4.4.6采用。由规范表4.4.6可知，高强度螺栓等级有8.8级、9.8级和10.9级。

31. D 【考点】框架结构设计原则

【解析】钢筋混凝土框架结构是一种常见的结构形式，设计过程中，最主要是考虑抗震设计，构件设计应遵守"强柱弱梁，强剪弱弯，强节点弱构件"的原则。强节点即构件节点的破坏，不应先于其连接的构件。因此节点混凝土强度不应低于柱子的混凝土强度。

32. A 【考点】砌体的计算指标

【解析】根据《砌体结构设计规范》(GB 50003—2011)第3.3.2条第1款规定，当施工质量控制等级为B级时，强度设计值应按表3.2.2采用。由规范表3.2.2可知，沿砌体灰缝截面破坏时砌体的轴心抗拉强度设计值、弯曲抗拉强度设计值和抗剪强度设计值主要取决于砂浆强度等级。

33. C 【考点】过梁

【解析】根据《砌体结构设计规范》(GB 50003—2011)第7.2.1条规定，对有较大振动荷载或可能产生不均匀沉降的房屋，应采用混凝土过梁。当过梁的跨度不大于1.5m时，可采用钢筋砖过梁；不大于1.2m时，可采用砖砌平拱过梁。

34. D 【考点】土的三相比例指标

【解析】土的三相比例指标包括由试验直接测定的基本指标和换算的物理性质指标。其中，由试验直接测定的基本指标包括含水率、土粒比重和天然密度。其他指标都是通过这三个指标换算得到。

35. C 【考点】土的压实性

【解析】在一定的压实能量下使土最容易压实，并能达到最大密实度时的含水量，称为土的最优含水量，相对应的干重度叫做最大干重度。土的压实效果随含水量的变化而变化，故最优含水量下压实，在相同压实功能下能够得到最大的干密度。

36. C 【考点】应力历史

【解析】应力历史是指土层在地质历史发展过程中所形成的先期应力状态以及这个状态对土层强度与变形的影响。C项，地层在大面积均布荷载作用下变形稳定再卸载，不改变土粒原有的性质，所以粒径级配与土粒比重都不变，并且应力状态不一定发生改变，但它改变了土层的应力历史。A项，应力状态是指物体受力时，不同截面上应力的大小和方向；B项，粒径级配是指集料各级粒径颗粒的分配情况；D项，土粒比重是指土粒在一定温度下烘至恒重时的质量与同体积4℃时纯水的质量之比。

37. A 【考点】不排水强度指标试验方法

【解析】A项，快剪试验是在对试样施加竖向压力后，立即以一定剪切速率快速施加水平剪应力使试样剪切破坏。快剪试验属于直接剪切试验，而直接剪切试验中是允许试样产生排水固结，因此快剪试验不能用于测试土的不排水抗剪强度。B项，不固结不排水试验是在施加围压和增加轴压直至试件被破坏的过程中均不允许试样排水。通过不固结不排水试验可以获得总的抗剪强度参数。C项，十字板剪切试验属原位测试，是按不排水剪切条件得到的试验数据，接近无侧限抗压强度试验方法，适用于饱和软黏土的不排水强度指标测试。D项，固结不排水试验是先对土样施加周围压力，并打开排水阀门，使土样在周围压力作用下充分排水固结。然后施加轴向应力，此时，关上排水阀门，使土样在不能向外排水的条件下受剪，直至破坏为止。

38. B 【考点】朗肯土压力理论

【解析】朗肯土压力理论假设墙背是直立的、填土面是水平的，忽略了墙背与填土之间摩擦的影响。在主动土压力情况下，滑动土体实际受到向上的摩擦力，在被动土压力情况下，滑动土体实际受到的摩擦力方向向下。因而与实际相比计算的主动土压力偏大，被动土压力则偏小。

39. D 【考点】岩石的饱水系数

【解析】岩石的吸水率 ω_0 与饱和吸水率 ω_s 之比，称为饱水系数 K_s。它反映了岩石中大、小开空隙的相对比例关系。即饱水系数为：$K_s=\dfrac{\omega_0}{\omega_s}$。式中，$\omega_0=\dfrac{\gamma_G-\gamma_d}{\gamma_d}$；$\omega_s=\dfrac{\gamma_s-\gamma_d}{\gamma_d}$。

则：$K_s=\dfrac{\gamma_G-\gamma_d}{\gamma_s-\gamma_d}=\dfrac{3}{5}=0.6$。

40. D 【考点】岩石坚硬程度的定量指标

【解析】根据《工程岩体分级标准》(GBT 50218—2014)第3.3.1条规定，岩石坚硬程度的定量指标，应采用岩石饱和单轴抗压强度 R_c。R_c 应采用实测值。

41. B 【考点】矿物硬度

【解析】硬度是指矿物抵抗外力刻划、压入或研磨等作用的能力。一般使用摩氏硬度表示，即采用10种矿物：滑石、石膏、方解石、萤石、磷灰石、长石、石英、黄玉、刚玉、金刚石，从软到硬分为10个等级作为标准来测定矿物的相对硬度。本题四个选项中，正长石的硬度为6，石英的硬度为7，白云石的硬度为3.5~4，方解石的硬度为3，故石英的硬度最大。

42. A 【考点】变质岩的构造

【解析】劈理是指变形岩石中能使岩石沿一定方向劈开成无数薄片的面状构造。其基本构造特征表现为岩石内部发育有由劈理域和微劈石域相间排列而成的域构造。它发育在强烈变形轻度变质的岩石里，具有明显的各向异性特征，发育状况往往与岩石中所含片状矿物的数量及其定向的程度有密切的关系。

43. C 【考点】向斜与背斜

【解析】AB 两项，下盘相对上移，上盘相对下移的断层称为正断层；上盘相对上移，下盘相对下移的断层称为逆断层。CD 两项，背斜是岩层向上拱起弯曲，核部的岩层时代较老，两侧的岩层时代较新；向斜是岩层向下凹陷弯曲，核部的岩层时代较新，两侧的岩层时代较老。

44. A 【考点】第四纪分期

【解析】第四纪是新生代最新的一个纪，包括更新世(260 万年至一万年前)和全新世(一万年前至今)。其下限年代多采用距今260 万年。第四纪期间生物界已进化到现代面貌。灵长目中完成了从猿到人的进化。其间发生了多次规模大小不等的冰期，全球环境发生巨大变化。

45. D 【考点】岩体结构面的特征

【解析】构造结构面中填充物影响结构的抗剪强度，结构面间常见的充填物质成分有黏土质、砂质、角砾质、钙质及石膏质沉淀物和含水蚀变矿物等，其相对强度的次序为：钙质≥角砾质>砂质≥石膏质>含水蚀变矿物≥黏土。结构面经胶结后强度会提高，其中以铁或硅质胶结的强度最高，泥质、易溶盐类胶结的强度低，抗水性差。

46. A 【考点】风化作用

【解析】风化作用，是各类岩石长期暴露地表，受到水文、气象变化的影响，发生的物理和化学作用。风化作用出现各种不良现象，如产生次生矿物，节理张开或裂隙扩大，并出现新的风化裂隙，岩体结构破坏，物理力学性质降低等。即风化作用会使岩石发生破碎和分解。

47. B 【考点】滑坡的特征

【解析】滑坡是指斜坡上的岩、土体，由于地表水或地下水的影响，在重力作用下，沿着滑动面向下滑动的自然现象。ACD 三项均为滑坡造成的地貌；B 项，多条冲沟同步转弯是断层的标志。

48. A 【考点】矿化度

【解析】存在于地下水中的离子、分子与化合物的总含量称矿化度，以 g/L 或 mg/L 为单位。矿化度通常以在 105~110℃下将水蒸干后所得的干涸残余物之重量表示，也可利用阴阳离子和其他化合物含量之总和概略表示矿化度，但其中重碳酸根离子含量只取一半计算。根据国家《生活饮用水卫生标准》，要求矿化度小于 1g/L，根据矿化度把地下水分为五类，见题 48 解表。由表可知，淡水的矿化度小于 1g/L。

题 48 解表　地下水按矿化度分类

分类	淡水	微咸水	咸水	盐水	卤水
矿化度(g/L)	<1	1~3	3~10	10~50	>50

49. B 【考点】载荷试验

【解析】载荷试验是确定地基承载力的原位测试方法之一，可靠度和精确度最高。载荷试验通过千斤顶逐级对置于地基土上的载荷板施加荷载，观测沉降随时间的发展，荷载分级不应少于8级。

50. C 【考点】渗水试验

【解析】包气带主要是土壤水和上层滞水，不能采用通常含水层的原位方法测定渗透性，应采用渗水试验来确定。渗水试验一般采用试坑渗水试验，是野外测定包气带松散层和岩层渗透系数的简易方法。

51. D 【考点】岩石边坡最大主应力分布

【解析】斜坡二维剖面上的最大主应力平行于坡面，垂直方向上应力几乎为零，在斜坡的局部上凸部位，其应力急剧减小，而在斜坡下凹的地方则应力增大，在山谷的尖槽底下，现场应力会很大。

52. A 【考点】基底接触压力及其应用

【解析】根据题意，基底压力为：$p_k=(F_k+G_k)/A=(300+20\times1.5b)/b\leqslant f_a=180$。解得：$b\geqslant 2\text{m}$。故可得既满足承载力要求又经济合理的基础底宽为2m。

53. C 【考点】软弱下卧层验算公式

【解析】当地基受力层范围内有软弱下卧层时，还必须对软弱下卧层进行验算，要求作用在软弱下卧层顶面处的附加压力 P_z 与土的自重压力 P_{cz} 之和不超过软弱下卧层顶面处经深度修正后地基承载力特征值 f_{az}，附加应力采用基底的附加应力，按一定的扩散角扩散计算。

54. B 【考点】抗浮桩设计

【解析】抗浮桩属于抗拔桩，桩体承受拉力时，普通抗浮桩受力也是自桩顶向桩底传递，桩体受力大小随着地下水位的变化而变化。抗浮桩是为了抵抗结构受到的方向向上的水浮力，即抗浮桩侧摩阻力的方向向下。

55. A 【考点】桩基竖向承载力计算

【解析】根据《建筑桩基技术规范》(JGJ 94—2008)第5.2.3条规定，对于端承型桩基、桩数少于4根的摩擦型柱下独立桩基、或由于地层土性、使用条件等因素不宜考虑承台效应时，基桩竖向承载力特征值应取单桩竖向承载力特征值。根据第5.2.5条规定，当承台底为可液化土、湿陷性土、高灵敏度软土、欠固结土、新填土时，沉桩引起超孔隙水压力和土体隆起时，不考虑承台效应。

56. A 【考点】地基处理

【解析】饱和软黏土的地基处理方式有：排水固结法、水泥土搅拌桩法、旋喷桩法等。A项，深层搅拌法即水泥土搅拌桩法。深层搅拌法是指利用水泥作固结剂，通过特制的深层搅拌机械，在地基深部将软黏土和水泥或石灰强制搅拌，使软黏土硬结成具有整体性、水稳定性和足够强度的地基土。

57. C 【考点】桩间土的应力计算

【解析】根据题意，可得

$$n=\frac{p_{\text{桩}}}{p_{\text{桩间土}}}=7,\quad m=\frac{A_{\text{桩}}}{A}=0.16$$

则有

$$pA = p_{桩} A_{桩} + p_{桩间土} A_{桩间土}$$

即

$$pA = 7p_{桩间土} \times 0.16A + p_{桩间土} \times (1 - 0.16)A$$

所以可得：$p_{桩间土} = 0.51p$。

58. A 【考点】坡体应力分布的影响因素

【解析】坡面的几何形态是影响坡体应力分布的主要因素。表示坡面几何形态的主要要素是坡角，坡角对坡体应力的分布影响最大，坡角增大时，坡肩及坡面张力带的范围扩大，坡脚部位应力集中带的最大剪应力亦随之增高。

59. B 【考点】岩坡加固措施

【解析】灌浆液可填充岩体节理裂隙，对岩体起到胶结作用，使边坡成为整体，提高边坡的整体性和稳定性。注浆加固可对边坡进行深层加固。因此对易发生岩块流动及岩层曲折的岩坡都有效果。

60. C 【考点】圆弧滑动破坏

【解析】在均质的岩体中，特别是均质泥岩或页岩中易产生近圆弧形滑面。当岩体风化严重、节理异常发育或已破碎，破坏也常常表现为圆弧状滑动。但在非均质岩坡中，滑面很少是圆弧的，因为它的形状受层面、节理裂隙的影响。C 项，厚层泥质岩体可近似看成均质岩体。

2019年注册土木工程师(岩土)执业资格考试《专业基础考试》真题

单项选择题(共60题，每题2分。每题的备选项中只有一个最符合题意)

1. 憎水材料的润湿角(　　)。

A. >90°　　B. ≤90°　　C. >135°　　D. ≤180°

2. 含水率3%的砂500g，其中所含的水量为(　　)。

A. 15g　　B. 14.6g　　C. 20g　　D. 13.5g

3. 硅酸盐水泥熟料中含量最大的矿物成分是(　　)。

A. 硅酸三钙　　B. 硅酸二钙　　C. 铝酸三钙　　D. 铁铝酸四钙

4. 现代混凝土使用的矿物掺合料不包括(　　)。

A. 粉煤灰　　B. 硅灰　　C. 磨细的石英砂　　D. 粒化高炉矿渣

5. 混凝土的单轴抗压强度与三向抗压强度相比(　　)。

A. 数值较大　　B. 数值较小　　C. 数值相同　　D. 大小不能确定

6. 为了提高沥青的塑性、黏结性和可流动性，应增加(　　)。

A. 油分含量　　B. 树脂含量　　C. 地沥青质含量　　D. 焦油含量

7. 相同牌号的碳素结构钢中，质量等级最高的等级是(　　)。

A. A　　B. B　　C. C　　D. D

8. 水准测量中设 P 点为后视点，E 点为前视点，P 点的高程是51.097m，当后视读数为1.116m，前视读数为1.357m，则 E 点的高程是(　　)。

A. 51.338m　　B. 52.454m　　C. 50.856m　　D. 51.213m

9. 以下何项作为测量野外工作的基准线？(　　)

A. 水平线　　B. 法线方向　　C. 铅垂线　　D. 坐标纵轴方向

10. 若施工现场附近有控制点若干个，如果采用极坐标方法进行点位的测设，则测设数据为下列何项？(　　)

A. 水平角和方位角　　B. 水平角和边长

C. 边长和方位角　　D. 坐标增量和水平角

11. 在1:2000地形图上有 A、B 两点，在地形图上求得 A、B 两点高程分别为 $H_A=51.2\text{m}$、$H_B=46.7\text{m}$，地形图上量的 A、B 两点之间的距离 $d_{AB}=93\text{mm}$，则 AB 直线的坡度 i_{AB} 为(　　)。

A. 4.1%　　B. -4.1%　　C. 2%　　D. -2.42%

12. 用视距测量方法求 C、D 两点间距离。通过观测得尺间隔 $L=0.276\text{m}$，竖直角 $\alpha=5°38'$，则 C、D 两点间水平距离为(　　)。

A. 27.5m　　B. 27.6m　　C. 27.4m　　D. 27.3m

13. 下列有关项目选址意见书的叙述，下列说法正确的是(　　)。

A. 以划拨方式提供国有土地使用权的建设项目，建设单位应向人民政府行政主管部门申请核发选址意见书

B. 内容包含建设项目基本情况、规划选址的主要依据、选址用地范围与具体规划要求

C. 由公安部门审批项目选址意见书

D. 大、中型限额以上的项目，由项目所在地县、市人民政府核发选址意见书

14. 根据《建设工程安全生产管理条例》，建设工程安全生产管理应坚持的方针(　　)。

A. 预防第一、安全为主　　B. 改正第一、罚款为主

C. 安全第一、预防为主　　D. 罚款第一、改正为主

15. 有关我国对代理招标机构的规定，下列说法错误的是(　　)。

A. 独立于任何行政机关的组织

B. 注册资金没有限制

C. 有专家库，用以邀请(随机抽取)技术、经济、法律的专家

D. 有固定的营业场所

16. 有关《民用建筑节能条例》，下列说法错误的是(　　)。

A. 鼓励发展集中供热

B. 逐步实行按照用热量收费制度

C. 人民政府应安排节能资金，支持民用建筑节能的科学技术研究以及标准制定

D. 自2003年起实行

17. 作为检验填土压实质量控制指标的是(　　)。

A. 土的可松性　　B. 土的压实度　　C. 土的压缩比　　D. 土的干密度

18. 某构件预应筋直径为18mm，孔道灌浆后，对预应力筋处理错误的是(　　)。

A. 预应力筋锚固后外露长度留足30mm

B. 多余部分用氧炔焰切割

C. 封头混凝土厚100mm

D. 锚具采用封头混凝土保护

19. 设置脚手架剪刀撑的目的是(　　)。

A. 为悬挂吊篮创造条件　　B. 增加脚手架的稳定性

C. 方便外装饰的施工操作　　D. 抵抗风荷载

20. 在进行资源有限工期最短优化时，当将某工作移出超过限量的资源时段后，计算发现总工期增量 $\Delta > 0$，以下说明正确的是(　　)。

A. 总工期延长　　B. 总工期会缩短

C. 总工期不变　　D. 无法判断

21. 某混凝土浇筑工程，总工程量为 $2000m^3$，预算单价400元/m^3，计划用5天完成(等速施工)。开工后第3天早晨刚上班时业主测量得知：已完成浇筑量 $1200m^2$，承包商实际付出累计52万元。应用挣值法(赢得值法)对项目进展评估，下列哪项评估结论是正确的？(　　)。

A. 进度偏差=10万元，因此进度超前　　B. 费用偏差=4万元，因此费用节省

C. 进度超前1天　　D. 进度偏差=$-400m^3$，因此进度滞后

22. 图示 BC 杆轴力为(　　)。

A. $-2F_P$　　B. $-2\sqrt{2}F_P$　　C. $-\sqrt{2}F_P$　　D. $-4F_P$

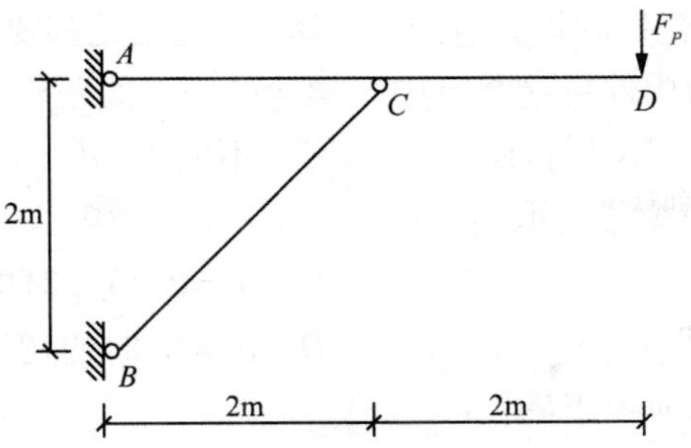

题22图

23．图示三铰拱，若高跨比 $f/L=1/2$，则水平推力 F_H 为（　　）。

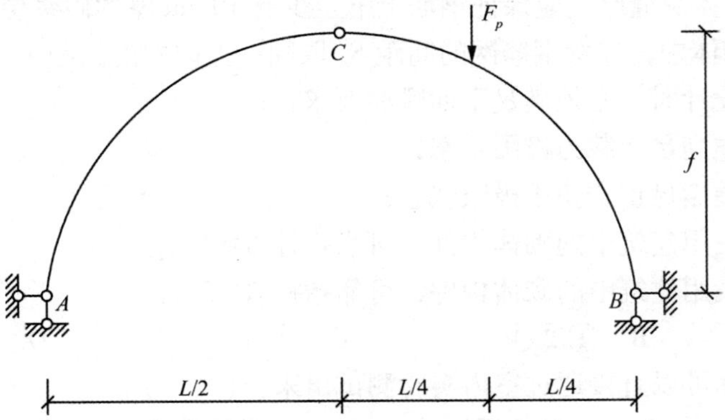

题23图

A．$F_p/4$　　B．$F_p/2$　　C．$3F_p/4$　　D．$3F_p/8$

24．图示结构 $EI=$ 常数，当支座 A 发生转角 θ 时，支座 B 处截面的转角为（　　）。（以顺时针为正）

A．$\theta/3$

B．$2\theta/5$

C．$-\theta/3$

D．$-2\theta/5$

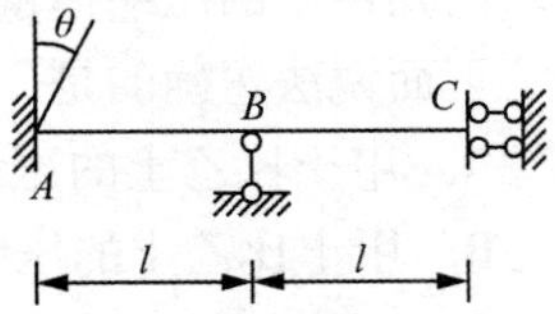

题24图

25．用于建筑结构的具有明显流幅的钢筋，其强度取值是（　　）。

A．极限受拉强度　　B．比例极限　　C．下屈服点　　D．上屈服点

26．某一钢筋混凝土柱，在两组轴力和弯矩分别为（N_{1u}，M_{1u}）和（N_{2u}，M_{2u}）作用下都发生大偏心受压破坏，且 $N_{1u}>N_{2u}$，则 M_{1u} 与 M_{2u} 的关系是（　　）。

A．$M_{1u}>M_{2u}$　　B．$M_{1u}=M_{2u}$　　C．$M_{1u}<M_{2u}$　　D．$M_{1u}\leqslant M_{2u}$

27．单层工业厂房中支撑的作用不包括（　　）。

A．增强厂房的整体稳定性和空间刚度　　B．传递纵向水平力

C．保证受压构件的稳定性　　D．承受吊车荷载

28．属于碳素结构钢材牌号的是（　　）。

A．Q345B　　B．Q460GJ　　C．Q235C　　D．Q390A

29．设计跨中受集中荷载作用的工作截面简支钢梁的强度时，应计算（　　）。

A．梁支座处抗剪强度　　B．梁跨中抗弯强度

C. 截面翼缘和腹板相交处的折算应力　D. 以上三处都要计算

30. 采用高强度螺栓连接的构件拼接节点中，螺栓的中心间距应(　　)。

A. 不小于1.5d_0　B. 不小于3d_0　C. 不大于3d_0　D. 不大于1.5d_0

31. 《砌体规范》中砌体弹性模量的取值为(　　)。

A. 原点初始弹性模量　B. $\sigma=0.43f_m$ 时的切线模量

C. $\sigma=0.43f_m$ 时的割线模量　D. $\sigma=f_m$ 时的切线模量

32. 配筋砌体结构中，下列何项正确？(　　)

A. 当砖砌体受压承载力不符合要求时，应优先采用网状配筋砌体

B. 当砖砌体受压构件承载能力不符合要求时，应优先采用组合砌体

C. 网状配筋砌体灰缝厚度应保证钢筋上下至少有10mm厚的砂浆层

D. 网状配筋砌体中，连弯钢筋网的间距S_n取同一方向网的间距

33. 进行砌体结构设计时，必须满足下面哪些要求？(　　)

①砌体结构必须满足承载力极限状态；

②砌体结构必须满足正常使用极限状态；

③一般工业与民用建筑中的砌体构件，可靠指标$\beta\geqslant3.2$；

④一般工业与民用建筑中的砌体构件，可靠指标$\beta\geqslant3.7$。

A. ①②③　B. ①②④　C. ①④　D. ①③

34. 下面哪一个指标可以直接通过室内实验测试出来？(　　)

A. 孔隙比　B. 土粒比重　C. 相对密实度　D. 饱和密度

35. 某饱和土体，土粒比重$G_s=2.70$，含水率$\omega=30\%$。它的干密度为(　　)。

A. 1.49g/cm^3　B. 1.94g/cm^3　C. 1.81g/cm^3　D. 0.81g/cm^3

36. 已知甲土的压缩模量为5MPa，乙土的压缩模量为10MPa，关于两种土的压缩性的比较，下面说法正确的是(　　)。

A. 甲土比乙土的压缩性大

B. 甲土比乙土的压缩性小

C. 不能判断，需要补充两种土的泊松比

D. 不能判断，需要补充两种土所受的上部荷载

37. 下面哪一个可以作为时间因数的单位？(　　)

A. 无量纲　B. m^2/年　C. 年　D. m/年

38. 直立光滑挡土墙后双层填土(下图左)，其主动土压力分布为一条折线(下图右)，相关指标可能满足哪一种关系？(　　)

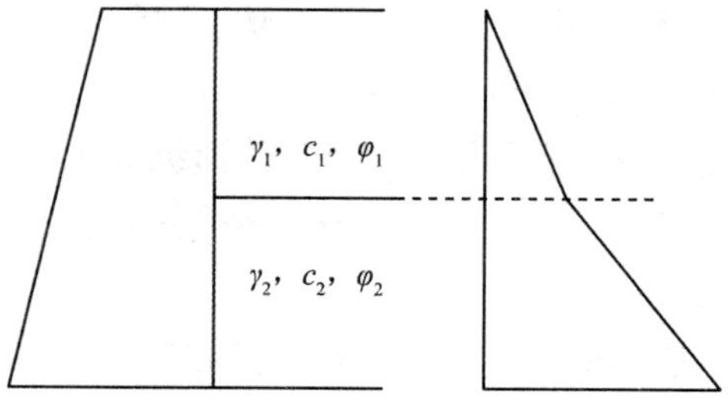

题38图

A. $c_2 > c_1$，$\gamma_1 K_{a1} = \gamma_2 K_{a2}$　　B. $c_2 < c_1$，$\gamma_1 K_{a1} = \gamma_2 K_{a2}$

C. $c_2 = c_1$，$K_{a1} = K_{a2}$，$\gamma_2 > \gamma_1$　　D. $c_2 = c_1$，$K_{a1} = K_{a2}$，$\gamma_2 < \gamma_1$

39. 岩石的吸水率是指（　　）。

A. 岩石试件吸入水的重量和岩石天然重量之比

B. 岩石试件吸入水的重量和岩石干重量之比

C. 岩土试件吸入水的重量和岩石饱和重量之比

D. 岩石试件天然重量和岩石饱和重量之比

40. 某层状结构的岩体，结构面结合良好，实测岩石单轴饱和抗压强度 $R_c = 80\text{MPa}$，单位岩体体积的节理数 $J_v = 6$ 条/m^3，按国标工程岩体分级标准（GB 50218—2014）确定该岩体的基本质量等级为（　　）。

A. Ⅰ级　　B. Ⅱ级　　C. Ⅲ级　　D. Ⅳ级

41. 地壳中含量最多的矿物（　　）。

A. 高岭石　　B. 方解石　　C. 长石　　D. 石英

42. SiO_2 含量超过 60%、Fe、Mg 含量较低的岩浆岩，其颜色通常有如下特征（　　）。

A. 颜色较浅　　B. 颜色较深　　C. 颜色偏绿　　D. 颜色偏黑

43. 上盘相对上升，下盘相对下降的断层是（　　）。

A. 正断层　　B. 逆断层　　C. 阶梯断层　　D. 地堑

44. 河流冲积物“二元结构”的特征是（　　）。

A. 上宽下窄　　B. 上窄下宽　　C. 上粗下细　　D. 上细下粗

45. 张裂隙可能发育于下列构造部位（　　）。

A. 背斜的转折端　　B. 背斜的核部　　C. 向斜的核部　　D. 逆断层两侧

46. 坡积物与河流中上游冲积物相比，具有下列结构特征。其中不正确的是（　　）。

A. 棱角更鲜明　　B. 碎屑颗粒的岩石种类较单一

C. 结构更松散　　D. 磨圆情况相近，岩石更新鲜

47. 地震烈度反映一次地震的（　　）。

A. 能量大小　　B. 地表破坏程度　　C. 影响范围　　D. 地震裂继情况

48. 下列地层中，透水性最弱的是（　　）。

A. 河床沉积物　　B. 河漫滩沉积物　　C. 山麓坡积物　　D. 沙漠沉积物

49. 岩土试验参数的可靠性与适用性，可通过数据的变异系数来判断。对变异系数的要求是（　　）。

A. 小于 0.15　　B. 小于 0.10

C. 小于 0.05　　D. 不同试验指标不一样

50. 现场载荷试验中，下列情况可以作为试验终结条件的是（　　）。

A. 连续 2 小时内每小时沉降量小于 0.1mm

B. 某级荷载下 24 小时内沉降速率不能达到稳定标准

C. 本级沉降量达到承压板直径的 0.015

D. 沉降位移超过百分表读数范围

51. 用水泥土桩进行地基处理后的筏形基础属于（　　）。

A. 浅基础　　B. 桩基础　　C. 深基础　　D. 扩展基础

52. 关于土的冻胀，下面说法正确的是(　　)。

A. 碎石土中黏粒含量较高时也会发生冻胀

B. 一般情况下粉土的冻胀性最弱，因为它比较松散，不易冻胀

C. 在冻胀性土上不能修建建筑物，应当将冻胀性土全部清除

D. 土的冻胀性主要取决于含水量，与土的粒径级配无关

53. 当地基沉降验算不能满足要求时采取下面哪种措施对减小地基沉降比较有利？(　　)

A. 加大基础埋深　　B. 降低地下水位

C. 减少基础深度　　D. 将无筋扩展基础改为扩展基础

54. 关于桩的侧阻力，下面说法正确的是(　　)。

A. 通常情况下侧阻力的方向向下

B. 灌注桩施工完毕后采用后压浆技术可以提高桩的侧阻力

C. 竖向荷载变化时侧阻力和端阻力的分担比例不变

D. 抗拔桩不存在侧阻力

55. 承台设计无需验算下面哪一项？(　　)

A. 柱对承台的冲切　　B. 角桩对承台的冲切

C. 斜截面抗剪　　D. 刚性角

56. 强夯法处理黏性土地基后，地基土层的什么性质发生了变化？(　　)

A. 粒径级配　　B. 比重　　C. 矿物成分　　D. 孔隙比

57. 下面哪一种情况不适合用土工格栅进行水平加筋？(　　)

A. 加筋土挡墙　　B. 加筋土边坡　　C. 台背路基填土　　D. 基坑工程

58. 在下列各种因素中，对边坡岩体中的应力分布影响最为显著的是(　　)。

A. 坡形　　B. 岩体中原始应力状态

C. 岩体的变形特征　　D. 岩体的结构特征

59. 产生岩块流动现象的原因目前认为是(　　)。

A. 剪切破坏　　B. 弯曲破坏　　C. 塑性破坏　　D. 脆性破坏

60. 排水是提高岩石边坡稳定性的一个重要措施，主要表现在(　　)。

A. 渗漏量增大　　B. 水荷载减小　　C. 应力方向改变　　D. 总应力减小

答案及详解

单项选择题(共60题，每题2分。每题的备选项中只有一个最符合题意)

1. A **【考点】**材料的亲水性与憎水性

【解析】材料表面与水或空气中的水汽接触时，产生不同程度的润湿。材料表面吸附水或水汽而被润湿的性质与材料本身的性质有关。材料能被水润湿的性质称为亲水性，材料不能被水润湿的性质称为憎水性。一般可以按润湿边角的大小将材料分为亲水性材料与憎水性材料两类。当润湿角 $\theta>90°$时，水分子之间的内聚力大于水分子与材料分子之间的相互吸引力，材料表面不会被水浸润，此种材料称为憎水性材料。当润湿角 $\theta\leqslant90°$时，称为亲水性材料。

2. B **【考点】**材料的吸水性与吸湿性

【解析】根据含水率的计算公式，可得：$\omega_{含}=[(m_1-m_0)/m_0]\times100\%$。式中，$m_1$ 为材料在含水状态下的重量；m_0 为材料在干燥状态下的重量。本题中，$m_1=500g$，$\omega_{含}=3\%$，解得：$m_0=485.4g$，故含水量为：$m_1-m_0=500-485.4=14.6g$。

3. A **【考点】**硅酸盐水泥熟料的矿物组成

【解析】熟料是以适当成分的生料(由石灰质原料与黏土质原料等配成)烧至部分熔融，所得以硅酸钙为主要成分的产物。熟料的主要矿物组成有硅酸三钙、硅酸二钙、铝酸三钙与铁铝酸四钙，其中硅酸钙占绝大部分。各矿物组成的大致含量见题3解表。由表可知，硅酸盐水泥熟料中含量最大的矿物成分是硅酸三钙。

题3解表　硅酸盐水泥熟料的矿物组成

矿物组成	化学组成	常用缩写	大致含量(%)
硅酸三钙	$3CaO\cdot SiO_2$	C_3S	35~65
硅酸二钙	$2CaO\cdot SiO_2$	C_2S	10~40
铝酸三钙	$3CaO\cdot Al_2O_3$	C_3A	0~15
铁铝酸四钙	$4CaO\cdot Al_2O_3\cdot Fe_2O_3$	C_4AF	5~15

4. C **【考点】**矿物掺和料

【解析】掺和料一般是指混凝土拌和物中掺入量超过水泥质量的5%，且在配合比设计时，需要考虑体积或质量变化的外加材料。工程中常采用粉煤灰作为混凝土的掺和料，也可用硅灰、粒化高炉矿渣等具有一定活性的工业废渣。掺和料不仅可以取代部分水泥，降低成本，而且可以改善混凝土性能，如提高强度、改善和易性、降低水化热等。C项，磨细的石英砂属于非活性混合材料。

5. B **【考点】**混凝土的强度

【解析】对于复合应力状态下混凝土的强度，双向受压时，混凝土抗压强度大于单向；双向受拉时，混凝土抗拉强度接近于单向；一向受压和一向受拉时，其抗拉(压)强度均低于相应的单向强度；由于剪应力的存在，混凝土抗压强度低于单向；由于压应力存在，混凝土抗剪强度有限增加。混凝土处于三向受压状态时，裂缝开裂延迟，破坏延迟，因此测得的抗压强度会提高很多，即轴心抗压强度要高于单轴向的轴心亢压强度。

6. B 【考点】石油沥青的组成

【解析】油分赋予沥青以流动性；树脂赋予沥青以良好的黏结性、塑性和可流动性；而地沥青质是决定沥青温度敏感性、黏性的重要组成成分，因此为了提高沥青的可塑性、流动性和黏结性需增加树脂含量。

7. D 【考点】普通碳素结构钢

【解析】根据《碳素结构钢》(GB/T 700—2006)规定，碳素结构钢有A、B、C、D四个质量等级，质量等级由A到D，质量等级逐渐增大，D等级对有害元素控制严格，冲击韧性强。

8. C 【考点】水准测量

【解析】水准测量原理高差法公式为：$h_{PE}=a-b$，$H_E=H_P+h_{PE}$。式中，a为高程点P的水准尺读数，称为后视读数；b为高程点E的水准尺读数，称为前视读数；h_{PE}为E点对P点的高差；H_P为已知高程点。故E点高程为：$H_E=51.097+(1.116-1.357)=50.856\text{m}$。

9. C 【考点】测量工作的外业

【解析】某点的基准线是该点所受到的地球引力和地球自转的离心力的合力方向线，即重力方向线(也称铅垂线)，是测量野外工作的基准线。地球表面71%是海洋，可以假想静止的海水面延伸穿过陆地包围整个地球，形成一个闭合曲面，称为水准面，特点是水准面上任意一点的铅垂线都垂直于该点上的曲面。而与水准面相切的平面称为水平面。位于不同高度的水准面有无穷多个，其中与平均海水面相吻合的水准面称为大地水准面，是测量野外工作的基准面。

10. B 【考点】施工放样测量

【解析】点的平面位置的测设方法有直角坐标法、极坐标法、角度交会法和距离交会法。测设时应根据控制网的形式、地形情况、现场条件及精度要求等因素确定采用何种方法。其中，极坐标法是根据一个水平角和一段水平距离测设点的平面位置。极坐标法适用于量距方便，且待测设点距控制点较近的建筑施工场地。

11. D 【考点】地形图应用基本知识

【解析】坡度是两点的高程差与其水平距离的百分比，其计算公式如下：坡度=(高程差/水平距离)×100%。本题中，A、B两点间的水平距离为：$D_{AB}=d_{AB}\times2000=0.093\text{m}\times2000=186\text{m}$。故可得：$i_{AB}=(h_{AB}/D_{AB})\times100\%=[(H_B-H_A)/D_{AB}]\times100\%=[(46.7-51.2)/186]\times100\%=-2.42\%$。

12. D 【考点】视距测量

【解析】视线倾斜时的水平距离为：$D=KL\cos^2\alpha$。式中，K为视距乘常数。代入已知条件得：$D=KL\cos^2\alpha=100\times0.276\cos^2(5°38')=27.3\text{m}$。

13. B 【考点】项目选址意见书

【解析】A项，根据《中华人民共和国城乡规划法》第三十六条规定，按照国家规定需要有关部门批准或者核准的建设项目，以划拨方式提供国有土地使用权的，建设单位在报送有关部门批准或者核准前，应当向城乡规划主管部门申请核发选址意见书。

B项，根据中华人民共和国住房和城乡建设部《建设项目选址规划管理办法》第六条规定，建设项目选址意见书应当包括下列内容：①建设项目的基本情况；②建设项目规划选址的主要依据；③建设项目选址、用地范围和具体规划要求。

CD两项，根据中华人民共和国住房和城乡建设部《建设项目选址规划管理办法》第七条规定，建设项目选址意见书，按建设项目计划审批权限实行分级规划管理：小型和限额以下的建设项目，由项目所在地县市人民政府城市规划行政主管部门提出审查意见，报省、自治区、直辖市、计划单列市人民政府城市规划行政主管部门核发选址意见书；大中型核限额以上的建设项目，由项目所在地县市人民政府城市规划行政主管部门提出审查意见，并报国务院城市规划行政主管部门备案。

14. C 【考点】建设工程安全生产管理

【解析】根据《建设工程安全生产管理条例》第三条规定，建设工程安全生产管理，坚持安全第一、预防为主的方针。

15. B 【考点】招标代理机构

【解析】BCD 三项，根据《中华人民共和国招标投标法》(2018 年)第十三条规定，招标代理机构是依法设立、从事招标代理业务并提供相关服务的社会中介组织。招标代理机构应当具备下列条件：①有从事招标代理业务的营业场所和相应资金；②有能够编制招标文件和组织评标的相应专业力量。A 项，根据第十四条规定，招标代理机构与行政机关和其他国家机关不得存在隶属关系或者其他利益关系。

16. D 【考点】民用建筑节能条例

【解析】《民用建筑节能条例》于 2008 年 8 月 1 日发布，自 2008 年 10 月 1 日施行。AB 两项，根据第九条规定，国家积极推进供热体制改革，完善供热价格形成机制，鼓励发展集中供热，逐步实行按照用热量收费制度。C 项，根据第八条规定，县级以上人民政府应当安排民用建筑节能资金，用于支持民用建筑节能的科学技术研究和标准制定、既有建筑围护结构和供热系统的节能改造、可再生能源的应用，以及民用建筑节能示范工程、节能项目的推广。

17. D 【考点】土的技术性指标

【解析】土的压实质量，需通过取样，测其干密度进行检验。而土的干密度是指单位体积土中固体颗粒的质量，用 ρ_d 表示。它是检验填土压实质量的控制指标。

18. B 【考点】预应力混凝土工程施工

【解析】AB 两项，根据《混凝土结构工程施工规范》(GB 50666—2011)第 6.5.2 条规定，后张法预应力筋锚固后的外露多余长度，宜采用机械方法切割，也可采用氧－乙炔焰切割，其外露长度不宜小于预应力筋直径的 1.5 倍，且不应小于 30mm。CD 两项，锚具应采用封头混凝土保护。封头混凝土的尺寸应大于预埋钢板尺寸，厚度≥100mm，且端部保护层厚度不宜小于 20～50mm。

19. B 【考点】脚手架工程

【解析】根据《建筑施工扣件式钢管脚手架安全技术规范》(JGJ 130—2011)第 6.6.3 条规定，高度在 24m 及以上的双排脚手架应在外侧全立面连续设置剪刀撑；高度在 24m 以下的单、双排脚手架，均必须在外侧两端、转角及中间间隔不超过 15m 的立面上，各设置一道剪刀撑，并应由底至顶连续设置。据实验和理论分析，脚手架的纵向刚度远比横向刚度强得多，一般不会发生纵向整体失稳破坏。设置了纵向剪刀撑后，可以加强脚手架结构整体刚度和空间工作，以保证脚手架的稳定。

20. A 【考点】网络计划优化

【解析】“资源有限，工期最短”优化是通过调整计划安排以满足资源限制条件，并使工期增加最少的过程。应从前往后逐一分析超过资源限量的时段，将其中一个工作放在另一个工作完成之后进行，调整时需选择工期延长值 $\Delta T_{m-n,i-j}=EF_{m-n}-LS_{i-j}$(将 $i-j$ 工作放在 $m-n$ 工作之后)为最小的方案进行。当 $\Delta T_{m-n,i-j}$为负值或 0 时，该调整对工期无影响，即总工期不变。当 $\Delta T_{m-n,i-j}$为正值时，工期将延长。

21. C 【考点】施工进度控制

【解析】采用赢得值法计算过程如下：

①已完工作预算费用(BCWP)=已完成工作量×预算单价=1200×400=48(万元)。

计划工作预算费用(BCWS)=计划工作量×预算单价=2000/5×2×400=32(万元)。

进度偏差(SV)=已完工作预算费用(BCWP)-计划工作预算费用(BCWS)=48-32=16(万元)。

当进度偏差(SV)为正值时，表示进度超前，即实际进度超前于计划进度。

②该工程每日预算费用为：2000/5×400=16(万元)，进度偏差等于每日预算费用，即进度超前 1 天。

③费用偏差(CV)=已完工作预算费用(BCWP)-已完工作实际费用(ACWP)=48-52=-4(万元)。费用偏差(CV)为负值，表示超出预算费用。

22. B 【考点】静定桁架分析

【解析】该结构为静定桁架结构，采用截面法分析内力，断开 BC 杆，设 BC 杆轴力为 F_N，如题 22 解图所示。对 A 点取矩，由 $\sum M_A=0$，$F_P\times4+F_N\times\cos45^\circ\times2=0$，解得 BC 杆轴力为：$F_N=-2\sqrt{2}F_P$(压力)。

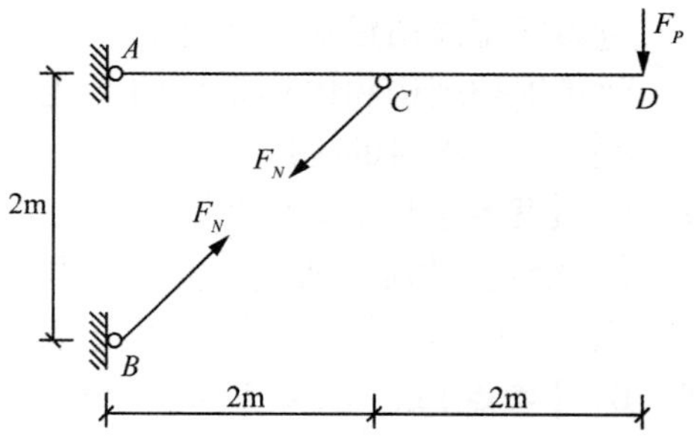

题 22 解图

23. A 【考点】三铰拱的受力分析

【解析】根据结构的静力平衡条件求解。对 B 点取矩，假定 A 支座竖向支反力 F_{Ay} 方向为↑，由 $\sum M_B=0$，$F_{Ay}\times L-F_P\times L/4=0$，解得 $F_{Ay}=F_P/4$(↑)；将结构从 C 点断开，取左半部分研究，对 C 点取矩，由 $\sum M_C=0$，$F_H\times f-F_{Ay}\times L/2=F_H\times L/2-F_{Ay}\times L/2=0$，求得水平推力为：$F_H=F_P/4$(→)。

24. D 【考点】位移法

【解析】利用位移法求解。B 点处产生角位移，设 B 处的转角为 θ_B，则各杆杆端弯矩为：$M_{AB}=4i\theta+2i\theta_B$；$M_{BA}=2i\theta+4i\theta_B$；$M_{BC}=i\theta_B$；$M_{CB=}-i\theta_B$。考虑结点 B 的平衡，列位移法基本方程为：$\sum M_B=0$，$M_{BA}+M_{BC}=0$，解得：$\theta_B=-2\theta/5$。

25. C 【考点】钢筋的力学性能指标

【解析】具有明显流幅的钢筋即有明显屈服点的普通钢筋，根据《混凝土结构设计规范》(GB 50010—2010)(2015 年版)条文说明第 4.2.2 条，普通钢筋采用屈服强度标志。屈服强度标准值 f_{yk} 相当于钢筋标准中的屈服强度特征值 R_{eL}(下屈服点强度值)。预应力筋没有明显的屈服点，一般采用极限强度标志。极限强度标准值 f_{ptk} 相当于钢筋标准中的钢筋抗拉强度 σ_b。

26. A 【考点】偏心受压构件的 $M-N$ 相关曲线

【解析】偏心受压构件实际上是弯矩 M 和轴心压力 N 共同作用的构件，在达到承载力极限状态时，截面承受的轴力 N 与弯矩 M 具有相关性。根据试验结果，N_u-M_u 试验相关曲线如题 26 解图所示。

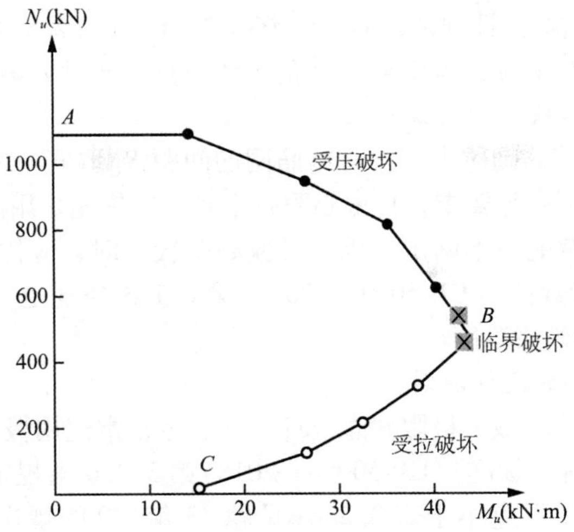

题 26 解图

根据偏心受压构件的 $M-N$ 相关曲线可以得出以下结论：①当 $N > N_b(\zeta > \zeta_b)$ 时，为小偏心受压，即受压破坏，随着 N 的增大，截面能够承担的 M 将减小；②当 $N = N_b(\zeta = \zeta_b)$，达到临界破坏点，此时截面的弯矩承载力最大；③当 $N < N_b(\zeta \leqslant \zeta_b)$，为大偏心受压，当 N 增大时，截面能够承担的 M 增大。因此 $N_{1u} > N_{2u}$ 时，$M_{1u} > M_{2u}$。

27. D 【考点】支撑的作用

【解析】支撑系统主要是用于加强厂房的整体刚度和稳定，并传递风荷载及吊车水平荷载，可分为屋盖支撑和柱间支撑两大类。屋盖支撑的主要作用有：①保证在施工和使用阶段厂房屋盖结构的空间几何稳定性。②保证屋盖结构的横向、纵向空间刚度和空间整体性。③为屋架弦杆提供必要的侧向支撑点，避免压杆侧向失稳和防止拉杆产生过大的振动。④承受和传递水平荷载。D 项，支撑主要用于传递吊车水平荷载，并不是用于承受吊车荷载。

28. C 【考点】结构钢种类

【解析】钢材宜采用 Q235 等级 B、C、D 的碳素结构钢及 Q345 等级 B、C、D、E 的低合金高强度结构钢。当有可靠依据时，尚可采用其他钢种和钢号。低合金高强度钢是在碳素结构钢基础上适量加入硅、锰、钒等元素，使钢材的力学性能提高。常用的钢号有 Q345、Q390 和 Q420。

29. D 【考点】钢结构受弯计算

【解析】A 项，跨中受集中荷载作用的简支梁支座处的剪力最大，因此需计算支座处的抗剪强度；B 项，跨中受集中荷载作用的简支钢梁应按受弯构件计算，跨中位置处的弯矩值最大，因此需计算跨中的抗弯强度；C 项，翼缘与腹板相交处同时受有较大正应力和剪应力，因此需计算其折算应力。ABC 三项均需计算，因此选择 D 项。

30. B 【考点】高强度螺栓连接

【解析】螺栓的中心间距若是过小，易造成剪切破坏，在孔与孔间形成裂缝。但螺栓间距不宜太大，否则因构件接触不紧密或留有孔隙，使潮气侵入而引起锈蚀。为了防止螺栓孔与孔间的钢板不被剪坏，《钢结构设计标准》(GB 50017—2017)第 11.5.2 条表 11.5.2 规定，螺栓的中心间距的最小容许距离为 $3d_0$。

31. C 【考点】砌体的变形性能

【解析】根据《砌体结构设计规范》(GB 50003—2011)第3.2.5条规定，砌体的弹性模量取为应力—应变曲线上应力为$0.43f_m$点的割线模量，此时$E=0.8E_0$。

32. D 【考点】配筋砌体结构的构造要求

【解析】D项，网状配筋砌体中，连弯钢筋网的间距S_n取同一方向网的间距。A项，当砖砌体受压承载力不满足要求，且偏心距较小时，应优先采用网状配筋砌体；B项，当砖砌体受压构件承载能力不满足要求，且偏心距较大时，应优先采用组合砌体；C项，根据《砌体结构设计规范》(GB 50003—2011)第8.1.3条规定，灰缝厚度应保证钢筋上下至少各有2mm的砂浆厚度。

33. B 【考点】砌体结构的设计原则

【解析】砌体结构应按承载力极限状态设计，并满足正常使用极限状态的要求。根据《建筑结构可靠性设计统一标准》(GB 50068—2018)第3.2.6条规定，结构构件承载能力极限状态的可靠指标，不应小于表3.2.6(见题33解表)的规定。此外，根据该规范第3.2.1条表3.2.1，结构安全等级有如下规定：①大型的公共建筑等重要结构属于一级结构；②普通的住宅和办公楼等一般结构属于二级结构；③小型的或临时性储存建筑等次要结构属于三级结构。因此，一般的工业与民用建筑安全等级为二级，砌体构件破坏时属于脆性破坏，故其可靠指标$\beta \geqslant 3.7$。

题33解表　结构构件的可靠指标β

破坏类型	安全等级		
	一级	二级	三级
延性破坏	3.7	3.2	2.7
脆性破坏	4.2	3.7	3.2

34. B 【考点】土的三相比例指标

【解析】土的三相比例指标包括由试验直接测定的基本指标和换算的物理性质指标。其中，由试验直接测定的基本指标包括含水率、重力密度和土粒比重。土粒比重是指土粒重量与同体积4℃时水的重量之比，可通过比重瓶法测定。ACD三项均为换算指标，可通过以上三项基本指标换算得出。

35. A 【考点】土的三相比例指标

【解析】饱和土体的饱和度$S_r=100\%$，根据土的三相指标换算公式，可得孔隙比为：

$$e=(\omega \cdot G_s)/S_r=(0.3\times 2.70)/(100\%)=0.81$$

则土体的干密度为：$\rho_d=[G_s/(1+e)]\rho_w=[2.7/(1+0.81)]\times 1=1.49\text{g/cm}^3$。

36. A 【考点】土的压缩性

【解析】地基土在压力作用下体积缩小的特性称为压缩性，主要由土中孔隙水和气体被排出，土粒重新排列造成。土的体积压缩系数为$m_v=1/E_s$，土的体积压缩系数越小，则土的压缩性越小。根据题意，甲土的压缩模量为5MPa，乙土的压缩模量为10MPa，故甲土的体积压缩系数为0.2MPa^{-1}，乙土的体积压缩系数为0.1MPa^{-1}，即甲土的体积压缩系数大于乙土的体积压缩系数。所以甲土的压缩性比乙土大。

37. A 【考点】渗透固结

【解析】根据饱和土体的渗流固结理论方程：$T_v=C_v t/H^2$。式中，C_v称为土的固结系数，单位为m^2/s；T_v为时间因数；t为时间，单位为s；H为孔隙水最大渗径，单位为m。

根据量纲分析可知时间因数 T_v 的单位为无量纲量。

38. C 【考点】朗肯土压力理论

【解析】根据朗肯土压力理论，黏性土的主动土压力为：$\sigma_a = \gamma z K_a - 2c\sqrt{K_a}$。式中，$K_a = \tan^2(45° - \varphi/2)$。在两种土的分界点上下两条线斜率不同，第二层土的土压力斜率相对较大，所以 $\gamma_1 K_{a1} < \gamma_2 K_{a2}$。因此可排除 AB 选项。CD 两项，若 $c_2 = c_1$，$K_{a1} = K_{a2}$，由 $\gamma_1 K_{a1} < \gamma_2 K_{a2}$ 可知 $\gamma_2 > \gamma_1$，因此选择 C 项。

39. B 【考点】岩石的水理性质

【解析】岩石在一定条件下吸收水分的性能称为岩石的吸水性。它取决于岩石中孔隙的数量、开闭程度和分布情况。表征岩石吸水性的指标为吸水率。而岩石的吸水率 ω_1 是指岩石试件在标准大气压下吸入水的重量 $W_{\omega 1}$ 与岩石干重量 W_s 之比，即 $\omega_1 = W_{\omega 1}/W_s \times 100\%$。

40. B 【考点】工程岩体分级标准

【解析】根据《工程岩体分级标准》(GB 50218—2014)第 3.3.3 条和第 3.3.4 条规定，由 $J_v = 6$ 条/m^3，可知 K_v 值介于 0.75～0.55 之间。根据 $R_c = 80\text{MPa}$ 及 K_v 值介于 0.75～0.55，可知岩体为较完整的坚硬岩。由岩石基本质量指标的计算公式可得：$BQ = 100 + 3R_c + 250K_v = 100 + 3 \times 80 + 250 \times (0.75 \sim 0.55) = 527.5 \sim 477.5$。$BQ$ 值介于 550～451 之间，根据第 4.4.1 条规定，该岩石的基本质量等级为Ⅱ级。

41. C 【考点】主要造岩矿物

【解析】矿物是存在于地壳中的具有一定化学成分和物理性质的自然元素和化合物。目前已发现的矿物约有 3000 多种，而在岩石中经常见到、明显影响岩石性质、对鉴定和区分岩石种类起重要作用的矿物约有 30 多种，这些矿物被称为主要造岩矿物。而地壳中含量最多的矿物依次为长石和石英。

42. A 【考点】岩浆岩的化学成分及矿物组成

【解析】岩浆岩的化学成分很复杂，但对岩石矿物成分影响最大的是二氧化硅(SiO_2)。根据 SiO_2 的含量，可将岩浆岩分为酸性、中性、基性及超基性岩石四种类型。前两种类型富含 Si、Al 成分的矿物，后两种类型富含 Fe、Mg 成分的矿物。其岩石的颜色从酸性到超基性为由浅至深。例如，酸性岩类(SiO_2 含量大于 65%)的矿物成分以石英、正长石为主，并含有少量的黑云母、角闪石，其岩石的颜色为浅色。而基性及超基性岩石则以角闪石、黑云母、辉石、橄榄石为主，岩石的颜色为深色。

43. B 【考点】断层的种类

【解析】断层面若是倾斜的，按相对位置关系，通常把位于断层面之上的断盘称为上盘，之下的断盘称为下盘。上盘和下盘与正断层和逆断层无直接关系，与正断层和逆断层有关系的是上盘和下盘的运动方向：正断层是上盘沿断层面相对下降，下盘相对上升的断层；逆断层是上盘沿断层面相对上升，下盘相对下降的断层；平推断层是由于岩体受水平扭应力作用，使两盘沿断层面发生相对水平位移的断层。

44. D 【考点】河流地貌

【解析】经常受洪水淹没的浅滩称为河漫滩，是河流横向环流作用形成的。平原区河流河漫滩发育且宽广，常在河床两侧凸岸分布。山区河流比较狭窄，河漫滩的宽度较小。河流冲积物下层为颗粒较粗的河床相冲积物，上层是较细的河漫滩相冲积物，这种上细下粗的结构，构成了河流冲积物的二元结构。

45. B 【考点】构造裂隙

【解析】张性裂隙是岩体受拉破坏后产生的破裂面，与剪切破坏面不同，由于没有受到挤压和相互错动，拉裂破坏面一般粗糙不平，而且呈张开状态。B项，褶皱构造有背斜和向斜两种基本形态。其中，背斜是岩层向上拱起弯曲，核部的岩层时代较老，两侧岩层时代由内向外依次对称变新。背斜的核部弯曲最大，常有张拉裂隙。

46. D 【考点】主要地貌形态的特征与成因

【解析】坡积物是指残积物经水流搬运，顺坡移动堆积而成的土，即雨雪水流的地质作用将高处岩石的风化产物缓慢地洗刷剥蚀，顺着斜坡向下逐渐移动，沉积在较平缓的山坡上而形成的沉积物，由于搬运距离较近，磨圆度较差，其物质组成棱角明显，分选性较差。与河流中上游冲积物相比，其碎屑颗粒的岩石种类单一。坡积物最厚可达几十米。其组成物质结构松散，空隙率高，压缩性大，抗剪强度低，在水中易崩解。当坡积层下伏基岩倾角较陡，坡积物与基岩接触处为黏性土，而又有地下水沿基岩面渗流时，则易发生滑坡。

47. B 【考点】地震烈度

【解析】地震烈度是根据人感觉和地面建筑物遭受破坏的程度来划分地震大小的等级，它同震级大小、震源深度、震区地质条件及震中距离有关。同级地震，浅源地震较深源地震对地面的破坏性要大，烈度也更大。同是一次地震，离震中越近、破坏越大，反之则小。

48. B 【考点】地貌形态特征

【解析】经常受洪水淹没的浅滩称为河漫滩，是由河流横向环流作用形成。平原区河流河漫滩发育且宽广，常在河床两侧凸岸分布。山区河流比较狭窄，河漫滩的宽度较小。河漫滩的堆积物，下层是河床相冲积物粗砂和砾石，上部是河漫滩相细砂和黏土，构成了河漫滩的二元结构。因其沉积物岩性较细，故河漫滩沉积物的透水性最弱。

49. D 【考点】变异系数

【解析】变异系数又称“离散系数”，是概率分布离散程度的一个归一化量度，定义为标准差与平均值之比，其数据大小受变量值离散程度和变量值平均水平大小的影响。在正确划分地质单元和标准试验方法的条件下，变异系数反映了岩土指标固有的变异性特征。因此针对不同的试验指标，应根据实际需求采取不同的变异系数。

50. B 【考点】载荷试验

【解析】现场浅层平板载荷试验时，当出现下列情况之一时，即可终止加载：①承压板周围的土明显地侧向挤出；②沉降量 s 急骤增大，荷载－沉降($p-s$)曲线出现陡降段；③在某一级荷载下，24h 内沉降速率不能达到稳定；④沉降量与承压板宽度或直径之比大于或等于 0.06。

现场深层平板载荷试验时，当出现下列情况之一时，即可终止加载：①沉降量 s 急骤增大，荷载－沉降($p-s$)曲线上有可判定极限承载力的陡降段，且沉降量超过 $0.04d$(d 为承压板直径)；②在某级荷载下，24h 内沉降速率不能达到稳定；③本级沉降量大于前一级沉降量的 5 倍；④当持力层土层坚硬，沉降量很小时，最大加载量不小于设计要求的 2 倍。

51. A 【考点】浅基础类型

【解析】在上部结构荷载大、地基软弱或地下防渗有需要时，可以采用筏板基础，俗称满堂基础。由于基底面积大，故可以减小地基单位面积上的压力，并能有效地增强基础的整体性。用水泥土桩进行地基处理后的筏形基础属于浅基础。

52. A 【考点】土的冻胀

【解析】土的冻胀是指土中水冻结引起的土体膨胀现象。

A项，在天然情况下，冻土粒度常是粗细混杂的，当粉黏粒(粒径小于0.05毫米)含量高于5%时，便具有冻胀性。

B项，大的冻胀通常发生在细粒土中，其中粉质亚黏土和粉质亚砂土中的水分迁移最为强烈，因而冻胀性最强。

C项，根据《建筑地基基础设计规范》(GB 50007—2011)第5.1.9条规定，地基土的冻胀类别分为不冻胀、弱冻胀、冻胀、强冻胀和特强冻胀，可按本规范附录G查取。在冻胀、强冻胀和特强冻胀地基上采用防冻害措施时应符合相应的规定。第5.1.9条第4款规定，在强冻胀性和特强冻胀性地基上，其基础结构应设置钢筋混凝土圈梁和基础梁，并控制建筑的长高比。

D项，土的冻胀特性主要与其干密度、含水率、外加荷载、温度等因素有关。大量研究表明，土冻胀性与土的粒径和级配有重要联系。粉粒组成占主要比例时冻胀性最大；当黏粒含量占主要比例时，水与土粒发生作用，土体渗透性大幅度降低，从而影响正冻水分的迁移积聚，故冻胀性下降。

53. A 【考点】减少地基不均匀沉降损害的措施

【解析】AC两项，增大基础埋深可减小基底附加应力，进而减小基础沉降；由地基承载力特征值计算公式$f_a = f_{ak} + \eta_b\gamma(b-3) + \eta_d\gamma_m(d-0.5)$可知，埋深$d$值增大，可适当提高地基承载力，对减小地基沉降较为有利。B项，降低地下水位会减小孔隙水压力，进而增大土体的有效应力，增大基础沉降量。D项，无筋扩展基础与扩展基础是一种包含关系，扩展基础包含无筋扩展基础。无筋扩展基础是指由砖、毛石、混凝土或毛石混凝土、灰土和三合土等材料组成的无需配置钢筋的墙下条形基础或柱下独立基础；扩展基础是指柱下钢筋混凝土独立基础和墙下钢筋混凝土条形基础。当地基较为软弱、柱荷载或地基压缩性分布不均匀，采用扩展基础可能产生较大的不均匀沉降。

54. B 【考点】桩基础类型与性质

【解析】B项，钻孔灌注桩后压浆技术是指成桩过程中，在桩底或桩侧预置注浆管道，待桩身混凝土达到一定强度后，通过注浆管道，采用高压注浆泵，注入特殊配方的水泥浆液(或其他化学浆液，如硅酸盐)，使桩底沉渣及桩周土间的泥皮隐患得到根除，桩端阻力及桩侧阻力相应提高，从而提高钻孔灌注桩的单桩承载力。此技术常见的注浆方式分为：桩端注浆、桩侧注浆及桩端桩侧联合注浆。

AC两项，在工程中，桩基础主要用来承担竖向荷载，而竖向荷载最终是靠桩侧土和桩端土的桩侧摩阻力和桩端阻力来分担的，从受力分析看，桩端阻力是桩顶荷载与桩侧摩阻力的差值，桩侧摩阻力不能承担的部分桩顶荷载由桩端阻力抵消，若桩顶荷载大部分或全部由桩侧摩阻力承担，则桩为摩擦桩；若桩顶荷载大部分由桩端阻力承担，则桩为端承桩。可见，竖向荷载变化时，桩侧摩阻力和桩端阻力的分担比例不同。正常情况下桩基主要承受竖向荷载，桩侧摩阻力方向向上。

D项，根据《建筑桩基技术规范》(JGJ 94—2008)第3.1.3条第5款规定，对于抗浮、抗拔桩基，应进行基桩和群桩的抗拔承载力计算。而桩的抗拔是靠桩身和土的摩擦来实现的，故抗拔桩存在侧摩阻力。

55. D 【考点】承台设计计算

【解析】根据《建筑桩基技术规范》(JGJ 94—2008)第5.9节规定，承台设计时需要进行受弯计算、受冲切计算、受剪计算、局部受压计算和抗震验算等内容。AB两项属于受冲切计算内容；C项属于受剪计算内容；D项，刚性角是无筋基础设计需要验算的指标。

56. D 【考点】地基处理方法

【解析】强夯是将很重的锤从高处自由下落，给地基以冲击和振动。巨大的冲击能量在土中产生很强的冲击波和动应力，致使地基压缩和缜密，从而提高地基土的强度并降低其压缩性。经强夯法处理的地基，其承载力可提高2~5倍，压缩性可降低50%~90%，因此强夯法处理后，孔隙比减小。

57. D 【考点】土工加筋材料

【解析】土工格栅本身强度刚度高、可与土之间形成咬合力，摩擦力大，它与土的摩擦系数可高达0.8~1.0，是一种理想的加筋材料。ABC三项均可采用土工格栅进行水平加筋。D项，由于基坑受到的为水平荷载，因此需要承受水平力的受力构件。

58. B 【考点】影响应力分布的主要因素

【解析】研究表明，岩体中的原始应力状态、坡形、岩体的变形特征和结构特征，对边坡岩体中的应力分布都有不同程度的影响。其中以原始应力状态的影响最为显著。具体表述如下：

①原始应力状态的影响。任何斜坡均处在一定历史条件下的地应力环境之中，尤其在强烈褶皱与构造变动复杂地区，往往存在水平构造应力 σ_0。因而这些地区的岩质边坡的临空面附近部分常出现应力集中，主要表现在坡脚、坡面以及坡肩出现张拉应力带。

②坡形的影响。坡面的几何形态是影响坡体应力分布的主要因素，坡面几何形态包括坡角、坡高及边坡横断面的形状、平面形态等。

③岩体变形特征和结构特征的影响。研究表明，岩体的弹性模量对均质坡体的应力分布并无明显影响。岩体的泊松比 μ 可以改变 σ(水平应力)和 τ_{xy}(x、y 应力平面的剪应力)的大小，但是当坡体中侧向剩余应力值很高时，这种影响也就被掩盖了。可见，均质坡体中，岩体变形特征对应力分布的影响是很微弱的。岩质边坡岩体的结构特征对坡体应力场的影响十分复杂，主要由于岩体的不均一和不连续性，使其沿软弱结构面周边出现应力集中或应力阻滞现象，因此，它构成了岩质边坡变形与破坏的边界条件。

59. D 【考点】岩块流动现象

【解析】岩块流动通常发生在均质的硬岩层中，这种破坏类似于脆性岩石在峰值强度点上破碎而使岩层全面崩塌的情形。岩块流动的起因是岩石内部的脆性破坏，而不像一般的滑坡那样，沿着软弱面剪切破坏。岩块流动时没有明显的滑动扇形体，其破坏面极不规则，没有一定的形状。

60. B 【考点】边坡稳定性与水的作用

【解析】水对边坡岩体稳定性的影响不仅是多方面的，而且是非常活跃的。大量事实证明，大多数边坡岩体的破坏和滑动都与水的活动有关。一方面是水对岩体有明显的化学作用；另一方面是水对岩体的物理作用。两者共同使岩体松散、破碎并不同程度地增加岩体结构面的密度和贯通性、压缩性和透水性，从而导致强度的降低，这对边坡岩体稳定是有重要影响的。故采用排水的方法，能够直接导致水荷载减小而提高边坡稳定性。

2018年注册土木工程师(岩土)执业资格考试《专业基础考试》真题

单项选择题(共60题，每题2分，每题的备选项中只有一个最符合题意)

1. 脆性材料的断裂强度取决于(　　)。

A. 材料中的最大裂纹长度　　B. 材料中的最小裂纹长度
C. 材料中的裂纹数量　　D. 材料中的裂纹密度

2. 一般来说，同一组成、不同表观密度的无机非金属材料，表观密度大者的(　　)。

A. 强度高　　B. 强度低　　C. 孔隙率大　　D. 空隙率大

3. 水泥中掺入的活性混合材料能够与水泥水化产生的氢氧化钙发生反应，生成水化硅酸钙的水化产物，该反应被称为(　　)。

A. 火山灰反应　　B. 沉淀反应
C. 碳化反应　　D. 钙矾石延迟生成反应

4. 混凝土的碱—骨料反应是内部碱性孔隙溶液和骨料中的活性成分发生了反应，因此以下措施中对于控制工程中碱—骨料反应最为有效的是(　　)。

A. 控制环境温度　　B. 控制环境湿度
C. 降低混凝土含碱量　　D. 改善骨料级配

5. 根据混凝土的劈裂强度可推断出其(　　)。

A. 抗压强度　　B. 抗剪强度　　C. 抗拉强度　　D. 弹性模量

6. 衡量钢材均匀变形时的塑性变形能力的技术指标为(　　)。

A. 冷弯性能　　B. 抗拉强度　　C. 伸长率　　D. 冲击韧性

7. 土的性能指标中，一部分可通过试验直接测定，其余需要由试验数据换算得到。下列指标中，需要换算得到的是(　　)。

A. 土的密度　　B. 土粒密度　　C. 土的含水率　　D. 土的孔隙率

8. 使用经纬仪观测水平角时，若照准同一竖直面内不同高度的两个目标点，分别读取水平盘读数，此时两个目标点的水平度盘读数理论上应该是(　　)。

A. 相同的　　B. 不相同的　　C. 不一定相同　　D. 在特殊情况下相同

9. 进行三、四等水准测量，视线长度和前后视距差都有一定的要求，对于四等水准测量的前后视距差限差是(　　)。

A. 10m　　B. 5m　　C. 8m　　D. 12m

10. 某城镇需测绘地形图，要求在图上能反映地面上0.2m的精度，则采用的测图比例尺不得小于(　　)。

A. 1∶500　　B. 1∶1000　　C. 1∶2000　　D. 1∶100

11. 微倾式水准仪轴线之间应满足相应的几何条件，其中满足的主要条件是下列哪项？(　　)

A. 圆水准器轴平行于仪器竖轴　　B. 十字丝横丝垂直于仪器竖轴
C. 视准轴平行于水准管轴　　D. 水准管轴垂直于圆水准器轴

12. 同一张地形图上等高距是相等的，则地形图上陡坡的等高线是(　　)。

A. 汇合的　　B. 密集的　　C. 相交的　　D. 稀疏的

13.《工程建设项目报建管理办法》属于我国建设法规体系的(　　)。

A. 法律　　B. 行政法规　　C. 部门法规　　D. 地方性规章

14.《中华人民共和国城乡规划法》中城镇总体规划没有对以下定额指标进行要求的是(　　)。

A. 用水量　　B. 人口　　C. 生活用地　　D. 公共绿地

15. 下列有关项目选址意见书的叙述，正确的是(　　)。

A. 内容包含建设项目基本情况，规划选址的主要依据、选址用地范围与具体规划要求

B. 以划拨方式提供国有土地使用权的建设项目，建设单位应向人民政府行政主管部门申请核发选址意见书

C. 由城市规划行政主管部门审批项目选址意见书

D. 大、中型限额以上的项目由项目所在地县市人民政府核发选址意见书

16. 我国城乡规划的原则不包含(　　)。

A. 关注民生　　B. 可持续发展　　C. 城乡统筹　　D. 公平、公正、公开

17. 最适合在狭窄现场施工的成孔方式是(　　)。

A. 沉管成孔　　B. 泥浆护壁钻孔　　C. 人工挖孔　　D. 螺旋钻成孔

18. 采用钢管抽芯法留设孔道时，抽管时间应为混凝土(　　)。

A. 初凝前　　B. 初凝后、终凝前

C. 终凝后　　D. 达到30%设计强度

19. 以下关于工程网络计划中的关键工作的说法不正确的是(　　)。

A. 总时差为零的工作为关键工作

B. 关键线路上不能有虚工作

C. 关键线路上的工作，其总持续时间最长

D. 关键线路上的工作都是关键工作

20. 施工组织总设计的编制，需要进行：①编制资源需求量计划；②编制施工总进度计划；③拟定施工方案等多项工作。仅就上述三项工作而言，其正确的顺序为(　　)。

A. ①—②—③　　B. ②—③—①　　C. ③—①—②　　D. ③—②—①

21. 当采用匀速进展横道图比较工作实际进度与计划进度时，如果表示实际进度的横道线右端落在检查日期的右侧，这表明(　　)。

A. 实际进度超前　　B. 实际进度拖后

C. 实际进度与进度计划一致　　D. 无法说明实际进度与计划进度的关系

22. 图示结构中的反力 F_H 等于(　　)。

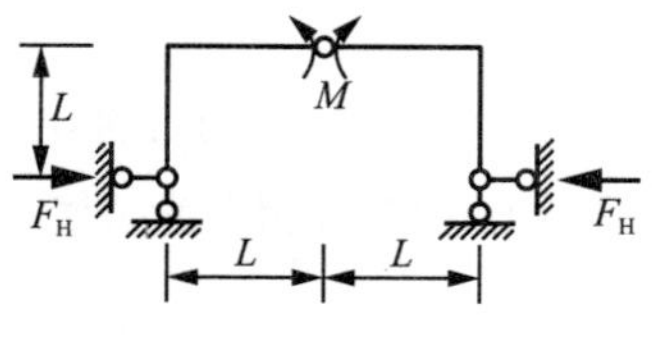

题22图

A. M/L　　B. $-M/L$　　C. $2M/L$　　D. $-2M/L$

23. 单自由度体系受简谐荷载作用 $m\ddot{y}+c\dot{y}+ky=F\sin\theta t$，当简谐荷载频率等于结构自振频率，即 $\theta=\omega=\sqrt{\dfrac{k}{m}}$ 时，与外荷载平衡的力是(　　)。

A. 惯性力　　B. 阻尼力　　C. 弹性力　　D. 弹性力 + 惯性力

24. 图示两桁架温度均匀降低时，则温度改变引起的结构内力状况为(　　)。

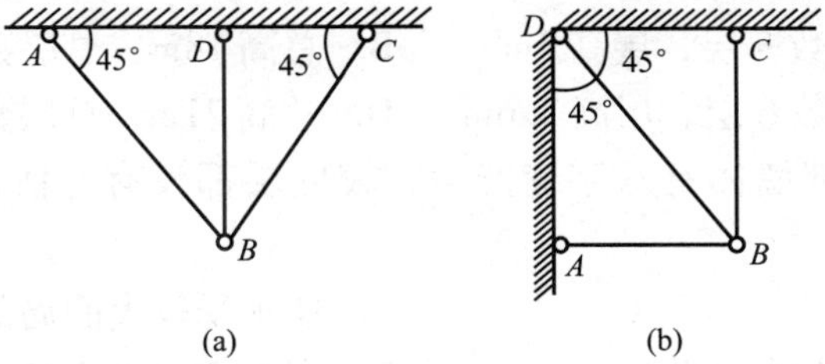

题 24 图

A. (a)无，(b)有　　B. (a)有，(b)无

C. 两者均有　　D. 两者均无

25. 对于双筋矩形截面钢筋混凝土受弯构件，为使配置 HRB335 级受压钢筋达到其屈服强度，应满足下列哪种条件？(　　)

A. 仅需截面受压区高度 $\geqslant 2a_s'$（a_s'为受压钢筋合力点到截面受压面边缘的距离）

B. 仅需截面受压区高度 $\leqslant 2a_s'$

C. 需截面受压区高度 $\geqslant 2a_s'$，且钢筋满足一定的要求

D. 需截面受压区高度 $\leqslant 2a_s'$，且钢筋满足一定的要求

26. 一个钢筋混凝土矩形截面偏心受压短柱，当作用的轴向荷载 N 和弯矩 M 分别为 3000kN 和 350kN · m 时，该构件纵向受拉钢筋达到屈服的同时，受压区混凝土也被压溃。试问下列哪组轴向荷载 N 和弯矩 M 作用下该柱一定处于安全状态？(　　)

A. $N=3200$kN，$M=350$kN · m　　B. $N=2800$kN，$M=350$kN · m

C. $N=0$kN，$M=300$kN · m　　D. $N=3000$kN，$M=300$kN · m

27. 下面关于钢筋混凝土剪力墙结构中边缘构件的说法中正确的是(　　)。

A. 仅当作用的水平荷载较大时，剪力墙才设置边缘构件

B. 剪力墙若设置边缘构件，必须为约束边缘构件

C. 所有剪力墙都需设置边缘构件

D. 剪力墙只需设置构造边缘构件即可

28. 设计我国东北地区露天运行的钢结构焊接吊车梁时宜选用的钢材牌号为(　　)。

A. Q235A　　B. Q345D　　C. Q235B　　D. Q345C

29. 图中所示工形截面简支梁的跨度、截面尺寸和约束条件均相同，根据弯矩图($|M_1|>|M_2|$)，可判断整体稳定性最好的是(　　)。

A. 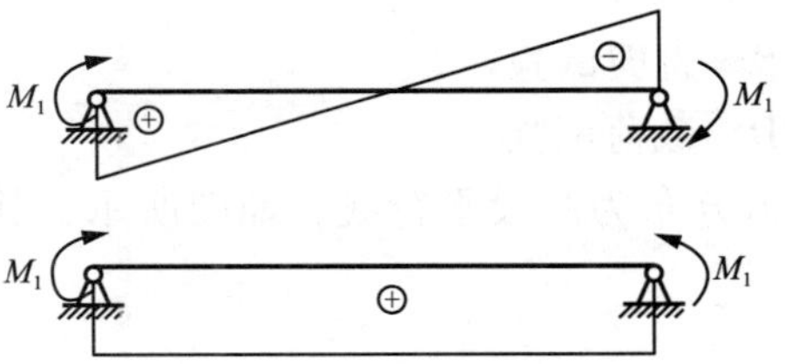

B. 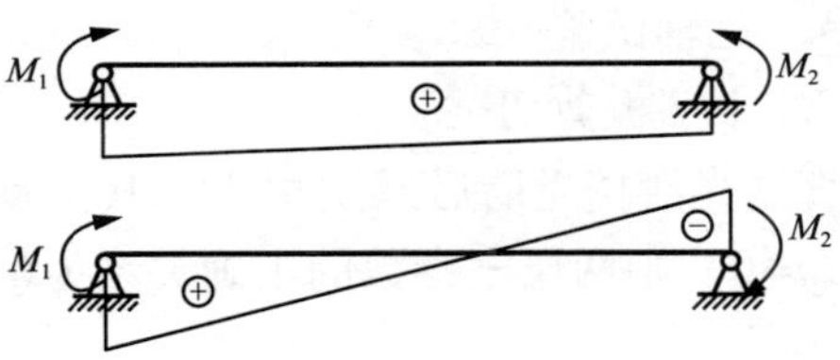

C. 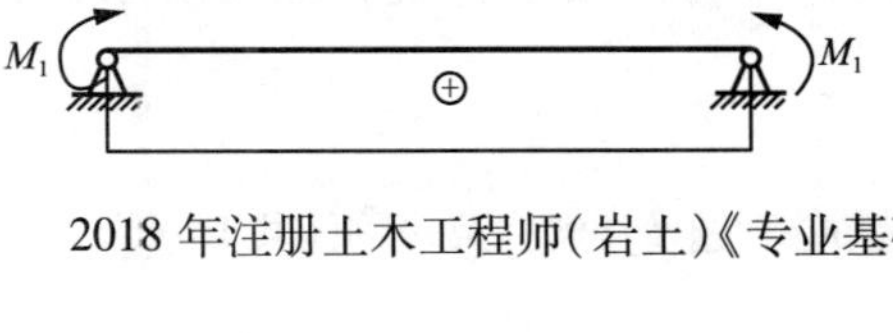

D.

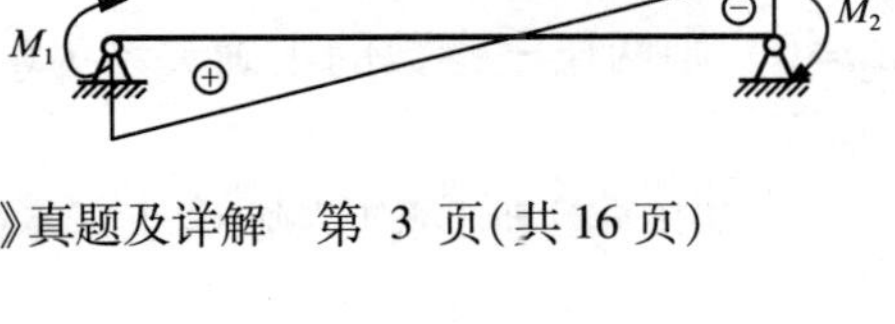

30. 计算拉力和剪力同时作用的普通螺栓连接时，螺栓(　　)。

A. 抗剪承载力设计值取 $N_v^b=0.9n_f\mu P$　　B. 承压承载力设计值取 $N_c^b=d\sum tf_c^b$

C. 抗拉承载力设计值取 $N_t^b=0.8P$　　D. 预拉力设计值应进行折减

31. 抗震设防烈度8度、设计地震基本加速度为0.20g的地区，对普通砖砌体多层房屋的总高度、总层数和层高的限值是(　　)。

A. 总高15m，总层数5层，层高3m　　B. 总高18m，总层数6层，层高3m

C. 总高18m，总层数6层，层高3.6m　　D. 总高21m，总层数7层，层高3.6m

32. 多层砖砌体房屋顶部墙体有八字缝产生，较低层都没有，估计产生这类裂缝的原因是(　　)。

A. 墙体承载力不足　　B. 墙承受较大的局部压力

C. 房屋有过大的不均匀沉降　　D. 温差和墙体干缩

33. 下列有关墙梁的说法中正确的是(　　)。

A. 托梁在施工阶段的承载力不需要验算

B. 墙梁的受力机制相当于“有拉杆的拱”

C. 墙梁墙体中可无约束地开门窗

D. 墙体两侧的翼墙对墙梁的受力没有什么影响

34. 在描述岩石蠕变理论模型中，用弹性模型与粘性模型进行并联时，能描述出下列哪种蠕变阶段？(　　)

A. 瞬时变形　　B. 初期蠕变　　C. 等速蠕变　　D. 加速蠕变

35. 在地下某深度对含有地下水的较完整岩体进行应力测量，一般应选择下列哪种测试方法？(　　)

A. 孔壁应变法　　B. 孔径变形法　　C. 孔底应变法　　D. 表面应变法

36. 关于土的密实程度，下列说法正确的是(　　)。

A. 同一种土，土的孔隙比越大，表明土越密实

B. 同一种土，土的干密度越大，表明土越密实

C. 同一种土，土的相对密度越小，表明土越密实

D. 同一种土，标准贯入试验的锤击数越小，表明土越密实

37. 已知甲土的压缩系数为 0.1MPa^{-1}，乙土的压缩系数为 0.6MPa^{-1}，关于两种土的压缩性比较，下面说法正确的是(　　)。

A. 甲土比乙土的压缩性大

B. 甲土比乙土的压缩性小

C. 不能判断，需要补充两种土的泊松比

D. 不能判断，品要补充两种土的强度指标

38. 下列哪一种试验不能测试土的强度指标？(　　)

A. 三轴试验　　B. 直剪试验

C. 十字板剪切试验　　D. 载荷试验

39. 直立光滑挡土墙后双层填土，其主动土压力分布为两段平行线，如图所示，其中 $c_1=c_2=0$，则两层土参数的正确关系为(　　)。

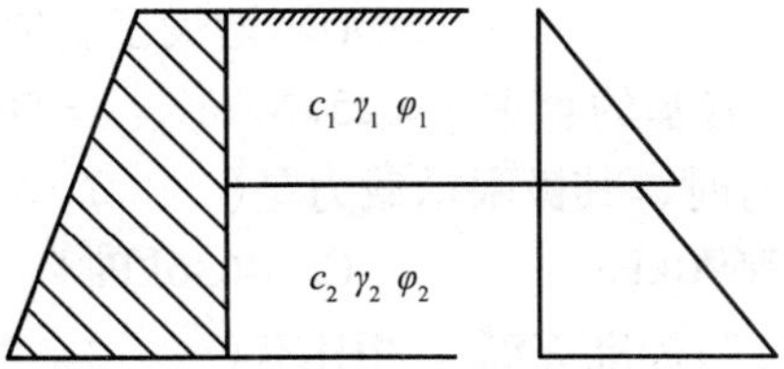

题 39 图

A. $\varphi_2>\varphi_1$，$\gamma_1K_{a1}=\gamma_2K_{a2}$　　B. $\varphi_2<\varphi_1$，$\gamma_1K_{a1}=\gamma_2K_{a2}$

C. $\varphi_2<\varphi_1$，$\gamma_1=\gamma_2$　　D. $\varphi_2>\varphi_1$，$\gamma_1>\gamma_2$

40. 地基极限承载力计算公式 $P_u=\frac{1}{2}\gamma BN_\gamma+qN_q+cN_c$，系数 N_c 主要取决于(　　)。

A. 土的黏聚力 c　　B. 土的内摩擦角 φ

C. 基础两侧载荷 q　　D. 基底以下土的重度 γ

41. 下列岩石中，最容易遇水软化的是(　　)。

A. 白云岩　B. 混积岩　C. 石灰岩　D. 硅质页岩

42. 下列构造中，不属于沉积岩的构造是(　　)。

A. 片理　B. 结核　C. 斜层理　D. 波痕

43. 岩浆岩和沉积岩之间最常见的接触关系是(　　)。

A. 侵入接触　B. 沉积接触　C. 不整合接触　D. 断层接触

44. 距离现代河床越高的古阶地的特点是(　　)。

A. 结构越粗　B. 结构越细　C. 年代越新　D. 年代越老

45. 地球岩体中的主要结构面类型是(　　)。

A. 剪裂隙　B. 张裂隙　C. 层间裂隙　D. 风化裂隙

46. 黏土矿物产生于(　　)。

A. 岩浆作用　B. 风化作用　C. 沉积作用　D. 变质作用

47. 群发性岩溶地面塌陷通常与下列哪项条件有关？(　　)

A. 地震　　B. 煤矿无序开采

C. 过度开采承压水　　D. 潜水位大幅下降

48. 粉质黏土层的渗透系数一般在(　　)。

A. 1cm/s 左右　B. 10^{-2}cm/s 左右　C. 10^{-4}cm/s　D. 10^{-5}cm/s 左右

49. 通过压水试验可以确定地下岩土的(　　)。

A. 含水性　B. 给水性　C. 透水性　D. 吸水性

50. 若需对土样进行颗粒分析试验和含水率试验，则土样的扰动程度最差可以控制到(　　)。

A. 不扰动土　B. 轻微扰动土　C. 显著扰动土　D. 完全扰动土

51. 地震条件下的岩石边坡失稳，下列哪种现象最为普遍？(　　)

A. 开裂与崩塌　B. 岩层倾倒　C. 坡体下滑　D. 坡体错落

52. 通过设置挡墙、抗滑桩、锚杆(索)等支护措施，可改善斜坡力学平衡条件，其原因是(　　)。

A. 提高了地基承载力　　B. 提高了岩土体的抗剪强度

C. 减小了斜坡下滑力　　　　D. 增大了斜坡抗滑力

53. 某岩基作用有竖向荷载，岩基的容重 $\gamma = 25\text{kN/m}^3$，$c = 50\text{kPa}$，$\varphi = 35°$，当条形基础的宽度为 2m、且无附加压力时，其极限承载力是(　　)。

A. 2675kPa　　B. 3590kPa　　C. 4636kPa　　D. 5965kPa

54. 季节性冻土的设计冻深 z_d 与标准冻深 z_0 相比有(　　)。

A. $z_d \geqslant z_0$

B. $z_d \leqslant z_0$

C. $z_d = z_0$

D. 两者不存在总是大或总是小的关系，需要根据影响系数具体计算再确定

55. 软弱下卧层验算公式 $P_z + P_{cz} \leqslant f_{az}$，其中 P_{cz} 为软弱下卧层顶面处土的自重应力值，下列说法正确的是(　　)。

A. P_{cz} 的计算应当从地表算起　　B. P_{cz} 的计算应当从基础顶面算起

C. P_{cz} 的计算应当从基础底面算起　　D. P_{cz} 的计算应当从地下水位算起

56. 基坑工程中的悬臂式护坡桩受到的主要荷载是(　　)。

A. 竖向荷载，方向向下　　B. 竖向荷载，方向向上

C. 水平荷载　　D. 复合受力

57. 均质地基，承台上承受均布荷载，正常工作状态下下面哪根桩的受力最小？(　　)

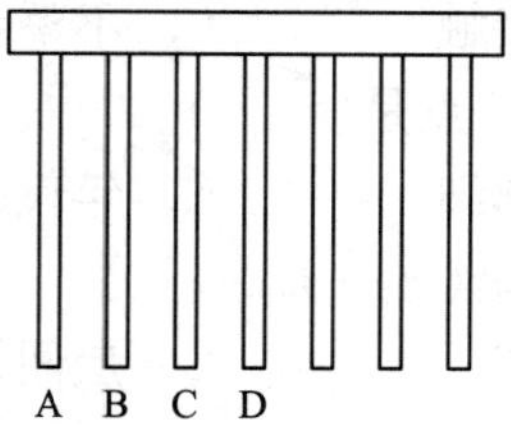

题 57 图

A. 桩 A　　B. 桩 B　　C. 桩 C　　D. 桩 D

58. 下列地基中，最适合使用振冲法处理的是(　　)。

A. 饱和粘性土　　B. 松散的砂土　　C. 中密的砂土　　D. 密实砂土

59. 已知复合地基中桩的面积置换率为 0.15，桩土应力比为 5。基底压力为 p(kPa)，其中桩的应力为(　　)。

A. 3.13p　　B. 0.63p　　C. 0.47p　　D. 1.53p

60. 下面哪一种土工合成材料可以作为防渗材料？(　　)

A. 土工格栅　　B. 有纺布

C. 无纺布　　D. 土工合成材料黏土衬垫

答案及详解

单项选择题(共60题，每题2分，每题的备选项中只有一个最符合题意)

1. A 【**考点**】材料的脆性断裂

【**解析**】在外力作用下，任意一个结构单元上主应力面的拉应力足够大时，尤其在高应力集中的特征点(如内部和表面的缺陷和裂纹)附近的单元上，所受到的局部拉应力为平均应力的数倍时，此时过分集中的拉应力如果超过材料的临界拉应力值。将会产生裂纹或缺陷的扩展，导致脆性断裂。材料开裂越大，可承受拉应力的受力面积越小，此时应力集中越严重，材料越容易发生脆性断裂，因此材料中的最大裂纹长度决定了脆性材料的断裂强度。

2. A 【**考点**】材料的基本性质

【**解析**】表观密度指材料在自然状态下单位体积的质量。同一组成、不同表观密度的无机非金属材料，表观密度越大，强度越高，孔隙率越小，空隙率越小。

3. A 【**考点**】水泥水化

【**解析**】A项，火山灰反应是指水泥中掺入的活性混合材料能够与水泥水化产生的氢氧化钙发生反应，生成水化硅酸钙等水化产物。B项，沉淀反应是指向已知的某种溶液中加入能够与之反应的溶液或试剂，使得溶液中的溶质与所加试剂发生化学反应，而且生成物在此水溶液中微溶或不溶，从而沉淀下来。C项，碳化反应是指氢氧化钙(来自生石灰或水泥水化产物)在潮湿条件下与二氧化碳反应生成碳酸钙的反应。D项，钙矾石延迟生成反应是指早期混凝土经受高温处理后，已经形成的钙矾石部分或全部分解，后期温度降低后，在硬化混凝土内部重新生成钙矾石晶体的过程。

4. C 【**考点**】混凝土的耐久性

【**解析**】碱—骨料反应是指混凝土内水泥中的碱性氧化物(Na_2O、K_2O)与集料中的活性二氧化硅发生化学反应，生成碱硅酸凝胶。这种碱性氧化物和活性氧化硅之间的化学反应通常称为碱—骨料反应。为控制碱—骨料反应，应严格控制水泥中碱(Na_2O、K_2O)的含量，禁止使用含有活性氧化硅(如蛋白石)的骨料。对骨料应进行碱—骨料反应检验，还可在混凝土配制中加入活性混合材料，以吸收Na^+、K^+，使反应不集中于骨料表面。

5. C 【**考点**】混凝土的强度

【**解析**】劈裂试验是指用立方体或圆柱体试件进行，在试件上下支承面与压力机压板之间加一条垫条，使试件上下形成对应的条形加载，造成试件沿立方体中心或圆柱体直径切面的劈裂破坏，将劈裂时的力值进行换算即可得到混凝土的轴心抗拉强度。

6. C 【**考点**】建筑钢材主要力学性能及指标

【**解析**】A项，冷弯性能指钢材在常温下承受弯曲变形的能力；B项，抗拉强度是指钢材在拉断前所能承受的最大应力值；C项，伸长率表征了钢材的塑性变形能力；D项，冲击韧性指钢材抵抗冲击荷载的能力。

7. D 【**考点**】土的物理性质

【**解析**】A项，土的密度一般可用环刀法或蜡封法测得；B项，土粒密度一般可用比重瓶法测得；C 项，土的含水率一般可用烘干法测得；D 项，土的孔隙率一般用$(1-\rho_0/\rho)$换算得到。

8. A 【考点】水平角观测

【解析】工程测量中测站点与两个观测点之间形成一个夹角，该夹角在水平面上的投影称为水平角。使用经纬仪照准同一竖直平面内不同高度的目标点时，由于目标点的水平投影坐标没有发生改变，因此经纬仪不会发生转动，那么水平盘读数并不会发生改变；当目标点在水平方向上有变化时，水平盘读数才发生改变。

9. B 【考点】水准测量

【解析】三等水准测量前后视距差限差为 3m，前后视距差累计值不超过 6m；四等水准测量前后视距差限差为 5m，前后视距差累计值不超过 10m。

10. C 【考点】地形图的测绘

【解析】地形图上一线段 d 与地面相应的水平线段 D 之比称为地形图比例尺，它可分为数字比例尺（以分子为 1 的分数形式，即 $1/M$ 表示）、图示比例尺和复式比例尺。图上 $0.1\text{mm}\times M$，称为地形图比例尺精度。题目中要求的精度为 0.2m，即 $0.1\text{mm}\times M=0.2\text{m}$，可以求出 $M=2000$。

11. C 【考点】水准测量

【解析】微倾式水准仪轴线之间应满足相应的几何条件有：圆水准器轴平行于竖轴；十字丝分划板的横丝垂直于竖轴；管水准器轴平行于视准轴，其中最重要条件是视准轴平行于水准管轴。

12. B 【考点】地形图测绘

【解析】等高距相同时，等高线越密则坡度越陡，等高线越稀则坡度越缓，等高线间隔相等则坡度均匀。

13. C 【考点】部门法规的概念

【解析】《工程建设项目报建管理办法》是住建部制定的部门法规。

14. A 【考点】职业法规

【解析】城镇总体规划定额指标分为：①城市人口规模的划分和规划期人口的计算；②生活居住用地指标；③道路分类和宽度；④城市公共建筑用地；⑤城市公共绿地。

15. A 【考点】职业法规

【解析】B 项，《中华人民共和国城乡规划法》第三十六条规定，按照国家规定需要有关部门批准或者核准的建设项目，以划拨方式提供国有土地使用权的，建设单位在报送有关部门批准或者核准前，应当向城乡规划主管部门申请核发选址意见书；CD 两项，根据中华人民共和国住房和城乡建设部《建设项目选址规划管理办法》第七条规定，建设项目选址意见书，按建设项目计划审批权限实行分级规划管理：小型和限额以下的建设项目，由项目所在地县市人民政府城市规划行政主管部门提出审查意见，报省、自治区、直辖市、计划单列市人民政府城市规划行政主管部门核发选址意见书；大中型核限额以上的建设项目，由项目所在地县市人民政府城市规划行政主管部门提出审查意见，并报国务院城市规划行政主管部门备案。

16. D 【考点】城乡规划

【解析】《中华人民共和国城乡规划法》第四条规定，制定和实施城乡规划，应当遵循城乡统筹、合理布局、节约土地、集约发展和先规划后建设的原则，改善生态环境，促进资源、能源节约和综合利用，保护耕地等自然资源和历史文化遗产，保持地方特色、民族特色和传统风貌，防止污染和其他公害，并符合区域人口发展、国防建设、防灾减灾和公共卫生、公共安全的需要。规定中“改善生态环境”和“防止污染和其他公害”等内容属于“关注民生”；“促进资源、能源节约和综合利用”和“符合区域人口发展、国防建设、防灾减灾和公共卫生、公共安全的需要”等内容属于“可持续发展”；此外，规定中还提到了城乡统筹。因此，该规定不涉及公平、公正、公开的原则。

17. C 【考点】灌注桩成孔

【解析】四种方法都属于施工现场适用的成孔方式，但沉管成孔、泥浆护壁钻孔、螺旋钻成孔三种方法均需要先平整场地且需要大型机械故不适用于狭窄的现场施工。

18. B 【考点】钢管抽芯法

【解析】钢管抽芯法是指预先将钢管埋设在模板内孔道位置处，在混凝土浇筑过程中和浇筑之后，每间隔一段时间慢慢转动钢管，使之不与混凝土黏结，待混凝土初凝后、终凝前抽出钢管，即形成孔道。

19. B 【考点】双代号网络计划

【解析】网络计划中，关键线路有以下特点：①总持续时间最长的线路；②关键线路决定了工期，因此关键线路上的每项工作都是关键工作；③一般情况下(计划工期与计算工期相同)，总时差为零的工作为关键工作；④关键线路上可能存在虚工作。

20. D 【考点】施工组织设计

【解析】施工组织总设计的编制程序：①收集和熟悉编制施工组织总设计所需的有关资料和图纸，进行项目特点和施工条件的调查研究；②计算主要工种工程的工程量；③确定施工的总体部署；④拟定施工方法；⑤编制施工总进度计划；⑥编制资源需求量计划；⑦编制施工准备工作计划；⑧施工总平面图设计；⑨计算主要技术经济指标。

21. A 【考点】流水施工

【解析】横道图比较法是指将在项目实施中检查实际进度收集的信息，经整理后直接用横道线并列标于原计划的横道线外，进行直观比较的方法。若实际进度的横道线右端落在检查日期的右侧，表明实际进度超前。

22. B 【考点】静定结构的受力分析

【解析】该结构为对称结构，受对称荷载作用。对两支座取矩，可得支座竖向反力为零；再对顶铰取矩，由：$F_H L + M = 0$，解得：$F_H = -M/L$。

23. B 【考点】单自由度体系振动

【解析】单自由度体系有阻尼强迫振动，位移及受力特点是：①当$\frac{\theta}{\omega}$很小时，体系振动很慢，惯性力、阻尼力都很小，这时动荷载主要由弹性恢复力平衡，位移与荷载基本同步；②当$\frac{\theta}{\omega}$很大时，体系振动很快，惯性很大，而弹性力和阻尼力较小，这时动荷载主要由惯性力平衡，位移与动荷载方向相反；③当$\frac{\theta}{\omega}\approx 1$时，位移与荷载的相位角相差接近于90°，这时惯性力与弹性恢复力平衡而动荷载与阻尼力平衡。

24. B 【考点】超静定结构在温度变化下的内力

【解析】温度均匀变化时，杆件两侧温差 $\Delta t=0$，那么弯矩的影响为零，因此仅考虑温度作用下轴力的影响。用力法求解，取基本结构，题 24 图(a)中，令 BD 杆长为 l，断开 BD 链杆，用未知力 X_1 代替，如果力法方程中的自由项 $\Delta_{1t}=0$，则未知力 $X_1=0$，即结构在温度作用下无内力产生。根据温度作用下结构的位移计算公式算得自由项 Δ_{1t} 为：

$$\Delta_{1t} = \sum \alpha t \int \overline{F}_{N1} \mathrm{d}s = \alpha t \times \left(-\frac{\sqrt{2}}{2} \times \sqrt{2} l \times 2 + 1 \times l\right) = -\alpha t l \neq 0$$

因此题 24 图(a)结构中有内力。同理，题 24 图(b)中，令 BD 杆长为 l，断开 BD 链杆，用未知力 X_1 代替，自由项：

$$\Delta_{1t} = \alpha t \times \left(-\frac{\sqrt{2}}{2} \times \frac{\sqrt{2}}{2} l \times 2 + 1 \times l\right) = 0$$

则题 24 图(b)中无内力产生。

25. C 【考点】双筋矩形截面梁

【解析】根据《混凝土结构设计规范》(GB 50010—2010)(2015 年版)公式(6.2.10－4)，为保证能充分利用受压区钢筋的强度(达到其屈服强度)，混凝土受压区高度应符合 $x \geq 2a'_s$。而当箍筋配置种类或间距不满足要求时，矩形截面梁可能会提前破坏。

26. D 【考点】偏心受压构件

【解析】根据偏心受压构件 $M-N$ 承载力曲线参考图(见题 26 解图)，包络线以内为安全区，包络线以外为破坏区。偏心程度不同，构件的破坏模式会发生变化。沿着曲线 $A-B-C$，偏心率由小变大，构件破坏模式从受压破坏过渡为临界破坏，再到受拉破坏。在小偏心受压区 AB 段，M 一定时，N 越大，构件越容易发生受压破坏；在大偏心受压区 BC 段，M 一定时，则 N 越小，构件越容易发生受拉破坏；然而不管 N 多大，M 越小，构件越安全。由本题题干可知，当作用的轴向荷载 N 和弯矩 M 分别为 3000kN 和 350kN · m 时，一个钢筋混凝土矩形截面偏心受压短柱的纵向受拉钢筋达到屈服的同时，受压区混凝土也被压溃，说明此构件为临界破坏模式，在临界破坏点，N 不变，M 越小，结构绝对安全。

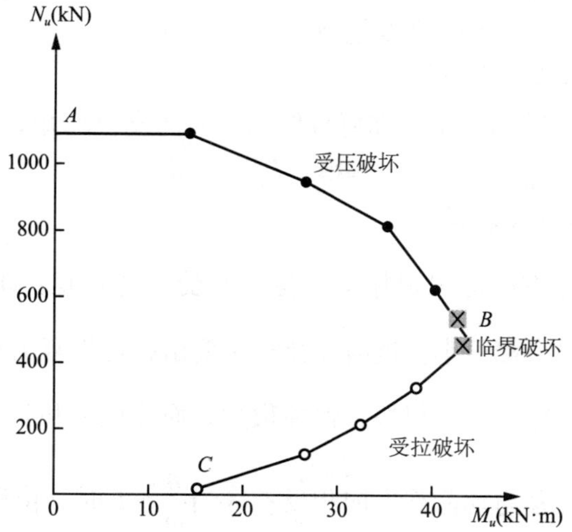

题 26 解图　偏心受压构件 $M-N$ 承载力曲线参考图

27. C 【考点】边缘构件

【解析】边缘构件是剪力墙结构中特有的，设置在剪力墙的边缘，起到改善受力性能的作用。所有剪力墙都需设置边缘构件，它是暗柱和端柱的统称，分为两大类：约束边缘构件和构造边缘构件。约束边缘构件对体积配箍率等要求更严，用在比较重要的受力较大结构部位，对于抗震等级一、二、三级的剪力墙底部加强部位及其上一层的剪力墙肢，应设置约束边缘构件。构造边缘构件要求松一些，在其它部位进行设置。

28. B 【考点】钢材基本性能

【解析】承重结构钢材宜采用 Q235 钢、Q345 钢、Q390 钢和 Q420 钢，其质量应分别符合国家标准《碳素结构钢》(GB/T 700—2006)和《低合金高强度结构钢》(GB/T 1591—2008)的规定。钢材牌号最后的字母代表冲击韧性合格保证，其中 A 级为不要求 V 型冲击试验，B 级为具有常温冲击韧性合格保证。对于 Q235 和 Q345 钢，C 级为具有 0℃(工作温度 $-20℃ < t \leqslant 0℃$)冲击韧性合格保证，D 级为具有 -20℃(工作温度 $t \leqslant -20℃$)冲击韧性合格保证。

29. A 【考点】整体稳定性计算

【解析】根据《钢结构设计标准》(GB 50017—2017)，平面内稳定性的计算公式为：

$$\frac{N}{Q_x Af}+\frac{\beta_{mx}M_x}{\gamma_x W_{1x}(1-0.8N/N'_{Ex})f}\leqslant 1.0$$

则可知，在其他参数相同的情况下，β_{mx}越大，稳定性越差。

由于结构两端支承，且无横向荷载作用，根据《钢结构设计标准》(GB 50017—2017)等效弯矩系数公式：$\beta_{mx}=0.6+0.4M_2/M_1$，计算并比较各弯矩图等效弯矩系数可知，C 项的$\beta_{mx}$值最大，B 项的次之，D 项的更小，A 项的最小，因此 A 项的结构稳定性最好。式中 M_1、M_2 为端弯矩，构件无反弯点时取同号，有反弯点时取异号。

30. B 【考点】普通螺栓连接

【解析】A 项，普通螺栓连接时抗剪承载力设计值取 $N_v^b=n_v\frac{\pi d^2}{4}f_v^b$；

B 项，普通螺栓连接时抗压承载力设计值取 $N_c^b=d\sum tf_c^b$；

C 项，抗拉承载力设计值取 $N_t^b=\frac{\pi d_e^2}{4}f_t^b$；

D 项，仅沿螺栓长度方向受力时，预应力设计值需要进行折减。

31. C 【考点】砌体结构抗震设计

【解析】《建筑抗震设计规范(附条文说明)》(GB 50011—2010)(2016 年版)第 7.1.2 条第 1 款规定：一般情况下，房屋的层数和总高度不应超过下表的规定。

第 7.1.3 条规定，多层砌体承重房屋的层高，不应超过 3.6m。底部框架—抗震墙砌体房屋的底部，层高不应超过 4.5m；当底层采用约束砌体抗震墙时，底层的层高不应超过 4.2m。注：当使用功能确有需要时，采用约束砌体等加强措施的普通砖房屋，层高不应超过 3.9m。

题31解表

房屋类别		最小抗震墙厚度/mm	烈度和设计基本地震加速度											
			6		7				8				9	
			0.05g		0.10g		0.15g		0.20g		0.30g		0.40g	
			高度	层数	高度	层数	高度	层数	高度	层数	高度	层数	高度	层数
多层砌体房屋	普通砖	240	21	7	21	7	21	7	18	6	15	5	12	4
	多孔砖	240	21	7	21	7	18	6	18	6	15	5	9	3
	多孔砖	190	21	7	18	6	15	5	15	5	12	4	—	—
	小砌块	190	21	7	21	7	18	6	18	6	15	5	9	3
底部框架—抗震墙砌体房屋	普通砖 多孔砖	240	22	7	22	7	19	6	16	5	—	—	—	—
	多孔砖	190	22	7	19	6	16	5	13	4	—	—	—	—
	小砌块	190	22	7	22	7	19	6	16	5	—	—	—	—

32. D 【考点】房屋结构设计

【解析】A 项，墙体承载力不足时，较低层会先出现裂缝；B 项，墙承受较大的局部压力时，会在产生较大局部压力处出现裂缝；C 项，不均匀沉降易出现在：建筑平面有转折的部位、建筑物高度差异或荷载差异较大的分界处、房屋的长度超过规定的温度缝间距时，在房屋中部适当部位、地基土的压缩性有显著差异处、在不同建筑结构形式或不同基础类型的分界处、在分期建筑房屋的交界处。D 项，建筑物顶层外露面多，室内外温度差异悬殊，彼此相互牵制，产生的温度应力较大，导致建筑物顶层墙体有八字缝，而低层没有。

33. B 【考点】房屋结构设计

【解析】A 项，施工阶段托梁承载力验算：由施工阶段作用在托梁上的荷载设计值产生的最大弯矩和剪力，按钢筋混凝土受弯构件验算其抗弯和抗剪承载力；C 项，墙梁墙体随意开门洞会降低其整体稳定性，可能使其破坏；D 项，墙梁的墙体抗剪承载力，应按 $V_2=\xi_1\xi_2\left(0.2+\frac{h_b}{l_{0i}}+\frac{h_t}{l_{0i}}\right)fhh_w$ 验算，ξ_1 为翼墙影响系数，对单层墙梁取 1.0，对多层墙梁，当 $b_f/h=3$ 时取 1.3，当 $b_f/h=7$ 或设置构造柱时取 1.5，当 $3<b_f/h<7$ 时，按线性插入取值。

34. C 【考点】岩石的粘弹塑性模型

【解析】弹性模型与粘性模型并联即为开尔文模型，不能对应力或应变产生瞬时弹性效应。当 t 趋近于无穷时，开尔文模型的蠕变趋向于一条渐近线，这是粘弹性固体在稳定蠕变时的特征，即为等速蠕变。

35. B 【考点】地应力测量

【解析】本题对含有地下水的岩体进行应力测量，因此不可忽视地下水对测量手段的影响。四个选项都是地应力测量方法，其中孔壁应变法和孔底应变法以及表面应变法都需要在岩体表面上粘贴应变片，但在含有地下水的岩体表面粘贴应变片比较困难，无法保证其测量质量。相反，孔径变形法是利用引伸计测量钻孔直径的变形，不受地下水的影响。

36. B 【考点】土的物理性质

【解析】A 项，孔隙比是孔隙体积(气相 + 液相)与土颗粒体积(固相)之比。同一种土，土的孔隙比越小，表明土越密实；C 项，相对密度(又称“比重”)$d_s=\frac{M_s}{V_s\gamma_w}$与土密实度无关；D 项，标准贯入试验是指用63.5kg 的锤，自 1900px(76cm)的高度自由落下，将长度 51 厘米、外径 5.1 厘米、内径 3.49 厘米的标准贯入器击入土中 750px(30cm)所需的锤击数，称为标准贯入击数 N。同一种土，标准贯入试验的锤击数越大，表明土越密实。

37. B 【考点】土的压缩性

【解析】常以 $p_1=100\text{kPa}$、$p_2=200\text{kPa}$ 及相对应的孔隙比 e_1 和 e_2 计算土的压缩系数 $\alpha_{1-2}=\frac{e_1-e_2}{p_2-p_1}$，常用单位为 MPa^{-1}，压缩系数越大，同样的压力差下孔隙率减少越多，同等条件下沉降越大，压缩性越大。

38. D 【考点】土的抗剪强度

【解析】三轴试验、直剪试验、十字板剪切试验均可得到土的抗剪强度，载荷试验测的是地基承载力特征值。

39. A 【考点】主动土压力

【解析】无黏性土的主动土压力 $\sigma=\gamma z K_a$，其中 $K_a=\tan^2\left(45°-\frac{\varphi}{2}\right)$。在两种土的分界点可得：$K_{a1}>K_{a2}$，则 $\varphi_2>\varphi_1$。又因为两条线斜率相同，所以 $\gamma_1 K_{a1}=\gamma_2 K_{a2}$。

40. B 【考点】太沙基公式

【解析】公式中 N_γ、N_q、N_c 均为承载力系数，它们都是无量纲系数，仅与土的内摩擦角 φ 有关。

41. B 【考点】岩石的分类

【解析】混积岩是陆源碎屑和碳酸盐颗粒及灰泥混合在一起的沉积岩，属于陆源碎屑岩和碳酸盐岩之间的过渡类型，遇水作用易软化。

42. A 【考点】岩石的构造

【解析】沉积岩最主要的构造是层理构造。层理是由于季节气候的变化、沉积环境的改变使沉积物在颗粒大小、形状、颜色和成分上发生变化，而显示成层的现象，称层理构造。常见的有水平层理、单斜层理、交错层理等。层面上常见结核体、波痕、泥裂、雨痕等。片理构造是变质岩中最常见、最带有特征性的构造。

43. A 【考点】地层接触关系

【解析】A 项，侵入接触是指沉积岩层形成在先，后来火成岩侵入其中，围岩因受岩浆影响产生变质现象；B 项，沉积接触是指侵入岩先形成，之后地壳上升受风化剥蚀，然后地壳又下降接受新的沉积；C 项，不整合接触指上下地层间有明显的沉积间断，接触面上下均为沉积岩，不属于岩浆岩与沉积岩之间的接触；D 项，断层接触是指侵入岩体与围岩之间的界面就是断层面或断层带，这种情况比较少见。

44. D 【考点】河流地貌

【解析】河流下切侵蚀，使原先的河谷底部（河漫滩或河床）超出一般洪水位以上，呈阶梯状分布在河谷谷坡地。阶地由阶地面、阶地陡坎、阶地的前缘、后缘组成。阶地按上下层次分级，级数自下而上按顺序确定，愈向高处年代愈老。

45. A 【考点】岩体结构

【解析】剪裂隙是由剪应力形成的，破裂面两侧岩体产生相对位移，如逆断层、平移断层以及多数正断层等，地球岩体中剪裂隙最多。

46. B 【考点】矿物成因

【解析】黏土是含沙粒很少、有黏性的土壤，水分不容易从中通过并具有较好的可塑性。黏土一般由硅铝酸盐矿物在地球表面风化后形成。但是有些成岩作用也会产生黏土，在这些过程中黏土的出现可以作为成岩作用进展的指示。

47. D 【考点】岩溶地貌

【解析】岩溶地面塌陷指覆盖在溶蚀洞穴之上的松散土体，在外动力或人为因素作用下产生的突发性地面变形破坏，其结果多形成圆锥形塌陷坑。塌陷活动直接诱因除降雨、洪水、干旱等自然因素外，通常还与抽水、排水、蓄水和其他工程活动等人为因素有关。煤矿的无序开采会导致地下出现采空区，承载能力不足，从而可能在煤矿范围内发生联锁性塌陷。过度开采承压水会导致地面不均匀沉降，而不是岩溶地面塌陷。潜水位主要出现在土层或其下的层次中，潜水位大幅下降会造成覆盖性岩溶地区的地面形成群发性地面塌陷。

48. D 【考点】地下水

【解析】各类土的渗透系数经验值分别为：黏土：小于 1.2×10^{-6}、粉质黏土：$1.2\times10^{-6}\sim6.0\times10^{-5}$、粉土：$6.0\times10^{-5}\sim6.0\times10^{-4}$、黄土：$3.0\times10^{-4}\sim6.0\times10^{-4}$、粉砂：$6.0\times10^{-4}\sim1.2\times10^{-3}$、细砂：$1.2\times10^{-3}\sim6.0\times10^{-3}$、中砂：$6.0\times10^{-2}\sim2.4\times10^{-2}$、粗砂：$2.4\times10^{-2}\sim6.0\times10^{-2}$、砾石：$6.0\times10^{-2}\sim1.8\times10^{-1}$（单位：cm/s）。

49. C 【考点】岩土实验

【解析】压水试验是利用水泵或者水柱自重，将清水压入钻孔试验段，根据一定时间内压入的水量和施加压力大小的关系，计算岩体相对透水性和了解裂隙发育程度的试验。

50. C 【考点】岩土原位测试实验

【解析】土样质量实质上是土样的扰动问题。按照取样方法和目的，《岩土工程勘察技术规范》（YS 5202—2004）对试样扰动程度划分为四个等级（见题 50 解表），由于目前在实际工程中不大可能对所取土样的扰动程度作详细的研究和定量的评价，只能对采取某一级别的土样所必须使用的器具和操作方法作出规定。另外，还需考虑土层特点、操作水平和地区经验来进行判断所取土样是否达到质量要求。

题 50 解表

级别	扰动程度	试验内容
Ⅰ	不扰动	土类定名、含水率、密度、强度试验、固结试验
Ⅱ	轻微扰动	土类定名、含水率、密度
Ⅲ	显著扰动	土类定名、含水率
Ⅳ	完全扰动	土类定名

51. A 【考点】边坡变形与破坏

【解析】边坡的岩体结构类型存在诸多种类，不同类型的岩体结构受到地震的影响也各不相同。岩体类型常见结构有块状、碎裂、层状、散体以及层状碎裂。其中块状结构的岩体由于具有较高的整体强度，一般不会受到强烈的地震作用的影响，即使受到地震作用时发生的失稳破坏性也较小；而散体结构的边坡会受到地震较大的影响，会导致大量崩塌、落石的发生。

52. D 【考点】边坡加固

【解析】支挡工程是改善边坡力学平衡条件、提高边坡抗滑力最常用的措施，主要有挡墙、抗滑桩、锚杆(索)和支撑工程等。挡墙也叫挡土墙，是目前较普遍使用的一种抗滑工程。它位于滑体的前缘，借助于自身的重量以支挡滑体的下滑力；抗滑桩是用以支挡滑体的下滑力，使之固定于滑床的桩柱；锚杆(索)是一种防治岩质边坡滑坡和崩塌的有效措施。利用锚杆(索)上所施加的预应力，以提高滑动面上的法向应力，进而提高该面的抗滑力，改善剪应力的分布状况。设置挡墙、抗滑桩、锚杆等支护措施对土体的物理性能并无影响，因此对地基承载力和岩土体的抗剪强度没有提升作用。

53. C 【考点】岩基承载力

【解析】岩基的极限承载力：

$$
\begin{aligned}
q_f &= 0.5\gamma b N_r + cN_c + qN_q \\
&= 0.5\gamma b\left(\tan^6\left(45^\circ+\frac{\varphi}{2}\right)-1\right) + c\cdot 5\tan^4\left(45^\circ+\frac{\varphi}{2}\right) + q\tan^6\left(45^\circ+\frac{\varphi}{2}\right) \\
&= 0.5\times 25\times 2\times\left(\tan^6\left(45^\circ+\frac{35^\circ}{2}\right)-1\right) + 50\times 5\times\tan^4\left(45^\circ+\frac{35^\circ}{2}\right) \\
&= 4635.603\text{kPa}
\end{aligned}
$$

54. D 【考点】浅基础埋置深度

【解析】根据《建筑地基基础设计规范》(GB 50007—2011)第5.1.7条规定，季节性冻土地基的场地冻结深度应按下式进行计算：$z_d = z_0\cdot\psi_{zs}\cdot\psi_{zw}\cdot\psi_{ze}$，其中$\psi_{zs}$为土的类别对冻结深度的影响系数，$\psi_{zw}$为土的冻胀性对冻结深度的影响系数，$\psi_{ze}$为环境对冻结深度的影响系数，这三者的取值如下表。

题54解表1

土的类别	影响系数ψ_{zs}
黏性土	1.00
细砂、粉砂、粉土	1.20
中、粗、砾砂	1.30
大块碎石土	1.40

题54解表2

冻胀性	影响系数ψ_{zw}
不冻胀	1.00
弱冻胀	0.95
冻胀	0.90
强冻胀	0.85
特强冻胀	0.80

题 54 解表 3

周围环境	影响系数 ψ_{ze}
村、镇、旷野	1.00
城市近郊	0.95
城市市区	0.90

55. A 【考点】软弱下卧层验算

【解析】附加应力 P_z 的计算应从基础底面算起，自重应力 P_{cz} 的计算应当从地表算起。

56. C 【考点】基坑支护

【解析】悬臂式排桩主要是作为支护用的支护桩，就是将桩并排打入后，将桩内侧的土挖出，而外侧的土由于受桩的围护不会侧塌至内侧来。一般来说，桩的下部固定，上部受侧面推力的桩就叫做悬臂桩，它的受力情形就像悬臂梁旋转 90°度朝上一样，其主要受方向向内的水平主动土压力荷载。

57. D 【考点】群桩承载力

【解析】承台下群桩在均布荷载作用下，桩力内小外大，沉降内大外小。

58. B 【考点】地基处理

【解析】振冲法，又称振动水冲法，是指砂土地基通过加水振动可以使之密实的原理发展起来的地基加固方法。振冲法是为改善不良地基，以满足建(构)筑物基础要求的地基加固处理方法。振冲法适用于处理砂土、粉土、粉质黏土、素填土和杂填土等地基。对于处理不排水抗剪强度不小于 20kPa 的饱和黏性土和饱和黄土地基，应在施工前通过现场试验确定其适用性。因为如果桩周土强度过低，当其不排水抗剪强度小于 20kPa 时，将导致土的侧向约束力始终不能平衡由于填料挤入孔壁产生的作用力，那就始终不能形成桩体，则不宜采用振冲法。中密的砂土和密实砂土承载能力较好，用振冲法处理效果不明显。

59. A 【考点】挤密桩

【解析】设复合地基面积为 A，已知桩的面积置换率为 0.15，则复合地基中桩总面积 A_p 为 $0.15A$，加固后土面积 A_s 为 $0.85A$；设土承受压(应)力为 p_s，桩承受压(应)力为 p_p，已知桩土抗力比(应力比)为 $p_p/p_s=5$，则有 $pA=p_pA_p+p_sA_s$，即 $pA=p_p\times0.15A+(p_p/5)\times0.85A$，解得：$p_p=3.13p$。

60. D 【考点】土工合成材料

【解析】土工合成材料黏土衬垫俗称土工毯，是将膨润土或膨润土颗粒夹封于两层土工合成材料之间，通过针刺，缝合或粘合而成的一种复合材料，具有较小的渗透系数和良好的自愈能力，故选 D 项。ABC 三项，土工格栅、有纺布、无纺布在防渗透方面，或不具有防渗透性，或防渗透性达不到要求。

2017年注册土木工程师(岩土)执业资格考试《专业基础考试》真题

单项选择题(共60题，每题2分。每题的备选项中只有一个最符合题意)

1. 土木工程中使用的大量无机非金属材料，叙述错误的是(　　)。

   A. 亲水性材料　　B. 脆性材料

   C. 主要用于承压构件　　D. 完全弹性材料

2. 材料孔隙中可能存在三种介质：水、空气、冰，其导热能力顺序为(　　)。

   A. 水 > 冰 > 空气　　B. 冰 > 水 > 空气　　C. 空气 > 水 > 冰　　D. 空气 > 冰 > 水

3. 硬化水泥浆体中的孔隙分为水化硅酸钙凝胶的层间孔隙、毛细孔隙和气孔，其中对材料耐久性产生主要影响的是毛细孔隙，其尺寸的数量级为(　　)。

   A. nm　　B. μm　　C. mm　　D. cm

4. 从工程角度，混凝土中钢筋防锈的最经济有效措施是(　　)。

   A. 使用高效减水剂　　B. 使用环氧树脂涂刷钢筋表面

   C. 使用不锈钢钢筋　　D. 增加混凝土保护层厚度

5. 我国使用立方体试件来测定混凝土的抗压强度，其标准立方体试件的边长为(　　)。

   A. 100mm　　B. 125mm　　C. 150mm　　D. 200mm

6. 下列木材中适宜做装饰材料的是(　　)。

   A. 松木　　B. 杉木　　C. 水曲柳　　D. 柏木

7. 石油沥青的针入度指标反映了石油沥青的(　　)。

   A. 黏滞性　　B. 温度敏感性　　C. 塑性　　D. 大气稳定性

8. 测量中的竖直角是指在同一竖直面内，某一方向线与下列何项之间的夹角？(　　)

   A. 坐标纵轴　　B. 仪器横轴　　C. 正北方向　　D. 水平线

9. 精密量距时，对钢尺量距的结果需要进行下列何项改正，才能达到距离测量精度的要求？(　　)

   A. 尺长改正、温度改正和倾斜改正　　B. 尺长改正、拉力改正和温度改正

   C. 温度改正、读数改正和拉力改正　　D. 定线改正、倾斜改正和温度改正

10. 有一长方形水池，独立地观测得其边长 $a = 30.000\text{m} \pm 0.004\text{m}$，$b = 25.000\text{m} \pm 0.003\text{m}$，则该水池的面积 S 及面积测量的精度 m_s 为(　　)。

    A. $750\text{m}^2 \pm 0.134\text{m}^2$　　B. $750\text{m}^2 \pm 0.084\text{m}^2$

    C. $750\text{m}^2 \pm 0.025\text{m}^2$　　D. $750\text{m}^2 \pm 0.142\text{m}^2$

11. 进行三、四等水准测量，通常是使用双面水准尺，对于三等水准测量红黑面高差之差的限差是(　　)。

    A. 3mm　　B. 5mm　　C. 2mm　　D. 4mm

12. 由地形图上量得某草坪面积为 632mm^2，若此地形图的比例尺为1∶500，则该草坪实地面积 S 为(　　)。

    A. 316m^2　　B. 31.6m^2　　C. 158m^2　　D. 15.8m^2

13. 土地使用权人可对下列房地产进行转让的是(　　)。

A. 依法收回使用权的土地

B. 共有的房地产却未经所有共有人书面同意

C. 办理登记但尚未领取所有权证书

D. 取得土地使用权证书，并已支付全部土地使用权出让金

14. 下列有关开标流程的叙述正确的是(　　)。

A. 开标时间应定于提交投标文件后 15 日

B. 招标人应邀请最有竞争力的投标人参加开标

C. 开标时，由推选的代表确认每一投标文件为密封，由工作人员当场拆封

D. 投标文件拆封后即可立即进入评标程序

15. 有关企业质量体系认证与产品质量认证的比较，下列错误的是(　　)。

A. 企业质量认证的证书与标记都不能在产品上使用，产品质量认证标志可用于产品

B. 国家对企业认证实行强制性的原则，对产品认证实行自愿的原则

C. 企业质量体系认证依据的标准为《质量管理标准》，产品质量认证依据的标准为《产品标准》

D. 产品认证分为安全认证与合格认证，而企业认证则无此分别

16. 某学校与某建筑公司签订一份学生公寓建设合同，其中约定：采用总价合同形式，工程全部费用于验收合格后一次付清，保修期限为 6 个月等。而竣工验收时，学校发现承重墙体有较多裂缝，但建筑公司认为不影响使用而拒绝修复。8 个月后，该学生公寓内的承重墙倒塌而造成 1 人死亡 3 人受伤致残。基于法律规定，下列合同条款认定与后续处理选项正确的是(　　)。

A. 双方的质量期限条款无效，故建筑公司无需赔偿受害者

B. 事故发生时已超过合同质量期限条款，故建筑公司无需赔偿受害者

C. 双方的质量期限条款无效，建筑公司应当向受害者承担赔偿责任

D. 虽事故发生时已超过合同质量期限条款，但人命关天，故建筑公司必需赔偿死者而非伤者

17. 在沉桩前进行现场定位放线时，需设置的水准点应不少于(　　)。

A. 1 个　　B. 2 个　　C. 3 个　　D. 4 个

18. 现浇框架结构中，厚度为 150mm 的多跨连续预应力混凝土楼板，其预应力施工宜采用(　　)。

A. 先张法　　B. 铺设无黏结预应力筋的后张法

C. 预埋螺旋管留孔道的后张法　　D. 钢管抽芯预留孔道的后张法

19. 下列选项中，不是选用履带式起重机时要考虑的因素为(　　)。

A. 起重量　　B. 起重动力设备　　C. 起重高度　　D. 起重半径

20. 在进行网络计划工期—费用优化时，如果被压缩对象的直接费用率等于工程间接费用率时，(　　)。

A. 应压缩关键工作的持续时间　　B. 应压缩非关键工作的持续时间

C. 停止压缩关键工作的持续时间　　D. 停止压缩非关键工作的持续时间

21. 检验批验收的项目包括(　　)。

A. 主控项目和一般项目　　　　B. 主控项目和合格项目
C. 主控项目和允许偏差项目　　　　D. 优良项目和合格项目

22. 图示对称结构 $M_{AD}=ql^2/36$（左拉），$F_{NAD}=-5ql/12$（压），则 M_{BC} 为（以下侧受拉为正）(　　)。

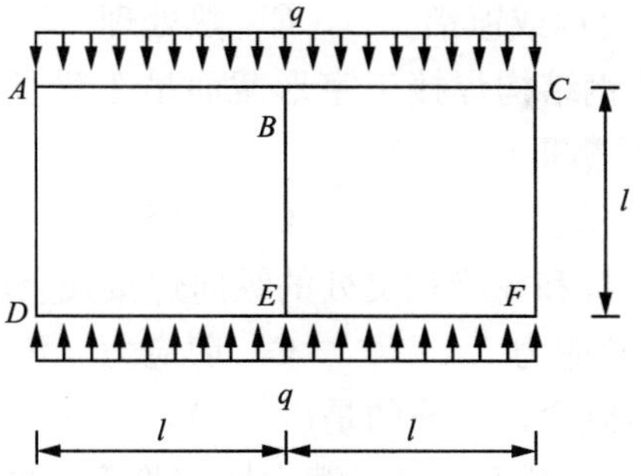

题 22 图

A. $-ql^2/6$　　B. $ql^2/6$　　C. $-ql^2/9$　　D. $ql^2/9$

23. 图示结构 EI = 常数，在给定荷载作用下，水平反力 H_A 为(　　)。

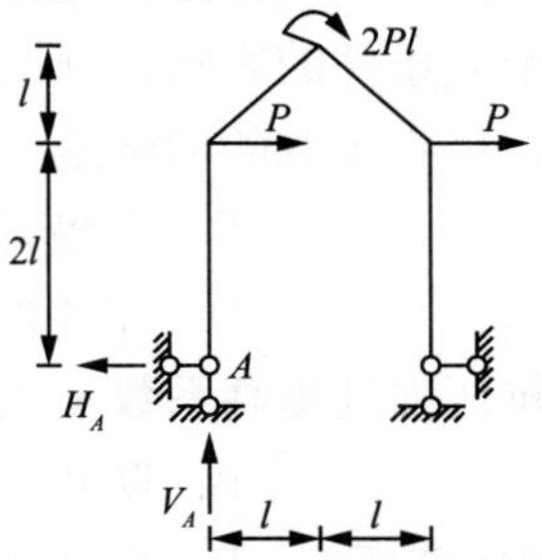

题 23 图

A. P　　B. $2P$　　C. $3P$　　D. $4P$

24. 图示梁的抗弯刚度为 EI，长度为 l，欲使梁中点 C 弯矩为零，则弹性支座刚度 k 的取值应为(　　)。

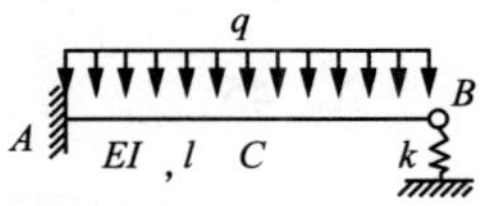

题 24 图

A. $3EI/l^3$　　　　B. $6EI/l^3$
C. $9EI/l^3$　　　　D. $12EI/l^3$

25. 关于混凝土局部受压强度，下列描述中正确的是(　　)。
A. 不小于非局部受压时的强度　　　　B. 一定比非局部受压时强度要大
C. 与局部受压时强度相同　　　　D. 一定比非局部受压时强度要小

26. 关于钢筋混凝土受弯构件正截面即将开裂时的描述，下列哪个不正确？(　　)
A. 截面受压区混凝土应力沿截面高度呈线性分布
B. 截面受拉区混凝土应力沿截面高度近似均匀分布
C. 受拉钢筋应力很小，远未达其屈服强度
D. 受压区高度约为截面高度的 1/3

27. 承受水平荷载的钢筋混凝土框架剪力墙结构中，框架和剪力墙协同工作，但两者之间(　　)。
A. 只在上部楼层，框架部分拉住剪力墙部分，使其变形减小

B. 只在下部楼层，框架部分拉住剪力墙部分，使其变形减小

C. 只在中间楼层，框架部分拉住剪力墙部分，使其变形减小

D. 在所有楼层，框架部分拉住剪力墙部分，使其变形减小

28. 结构钢材冶炼和轧制过程中可提高强度的方法是(　　)。

A. 降低含碳量　　B. 镀锌或镀铝　　C. 热处理　　D. 减少脱氧剂

29. 设计起重量为 $Q=100t$ 的钢结构焊接工字形截面吊车梁且应力变化的循环次数 $n\geqslant 5\times 10^4$ 次时，截面塑性发展系数取(　　)。

A. 1.05　　B. 1.2　　C. 1.15　　D. 1.0

30. 焊接 T 形截面构件中，腹板和翼缘相交处的纵向焊接残余应力为(　　)。

A. 压应力　　B. 拉应力　　C. 剪应力　　D. 零

31. 下列砌体结构抗震设计的概念，正确的是(　　)。

A. 6 度设防，多层砌体结构既不需做承载力抗震验算，也不需考虑抗震构造措施

B. 6 度设防，多层砌体结构不需做承载力抗震验算，但要满足抗震构造措施

C. 8 度设防，多层砌体结构需进行薄弱处抗震弹性变形验算

D. 8 度设防，多层砌体结构需进行薄弱处抗震弹塑性变形验算

32. 设计多层砌体房屋时，受工程地质条件的影响，预期房屋中部的沉降比两端大，为防止地基不均匀沉降对房屋的影响，最宜采取的措施是(　　)。

A. 设置构造柱　　B. 在檐口处设置圈梁

C. 在基础顶面设置圈梁　　D. 采用配筋砌体结构

33. 砌体局部承载力验算时，局部抗压强度提高系数 γ 受到限制的原因是(　　)。

A. 防止构件失稳破坏　　B. 防止砌体发生劈裂破坏

C. 防止局部受压面积以外的砌体破坏　　D. 防止砌体过早发生局压破坏

34. 按照莫尔—库仑强度理论，若岩石强度曲线是一条直线，则岩石破坏时破裂面与最大主应力面的夹角为(　　)。

A. $45°$　　B. $45°-\frac{\varphi}{2}$　　C. $45°+\frac{\varphi}{2}$　　D. $60°$

35. 在均质各向同性的岩体内开挖地下洞室，当洞室的宽高比在 1.5～2 时，从围岩应力有利的角度，应该选择何种形状的洞室(　　)。

A. 圆形　　B. 椭圆形　　C. 矩形　　D. 城门洞形

36. 计算砂土相对密实度 D_r 的公式是(　　)。

A. $D_r=\frac{e_{\max}-e}{e_{\max}-e_{\min}}$　　B. $D_r=\frac{e-e_{\min}}{e_{\max}-e_{\min}}$　　C. $D_r=\frac{\rho_{\text{dmax}}}{\rho_{\text{d}}}$　　D. $D_r=\frac{\rho_{\text{d}}}{\rho_{\text{dmax}}}$

37. 利用土的侧限压缩试验不能得到的指标是(　　)。

A. 压缩系数　　B. 侧限变形模量　　C. 体积压缩系数　　D. 泊松比

38. 土的强度指标 c、φ 涉及下面的哪一种情况(　　)。

A. 一维固结　　B. 地基土的渗流　　C. 地基承载力　　D. 黏性土的压密

39. 下面哪一项不属于盐渍土的主要特点？(　　)

A. 溶陷性　　B. 盐胀性

C. 腐蚀性　　D. 遇水膨胀，失水收缩

40. 下面哪一项关于地基承载力的计算中假定基底存在刚性核？（　　）

A. 临塑荷载的计算

B. 临界荷载的计算

C. 太沙基关于极限承载力的计算

D. 普朗德尔—瑞斯纳关于极限承载力的计算

41. 下列岩石中，最容易遇水软化的是（　　）。

A. 黏土岩　B. 石英砂岩　C. 石灰岩　D. 白云岩

42. 与年代地层“纪”相应的岩石地层单位是（　　）。

A. 代　B. 系　C. 统　D. 层

43. 河流冲积物二元结构与河流的下列作用有关的是（　　）。

A. 河流的裁弯取直　B. 河流的溯源侵蚀

C. 河床的竖向侵蚀　D. 河床的侧向迁移

44. 在构造结构面中，充填以下何种物质成分时的抗剪强度最高？（　　）

A. 泥质　B. 砂质　C. 钙质　D. 硅质

45. 岩体剪切裂隙通常具有以下（　　）特征。

A. 裂隙面倾角较大　B. 裂隙面曲折

C. 平行成组出现　D. 发育在褶皱的转折端

46. 在相同岩性和水文地质条件下，有利于溶洞发育的构造条件是（　　）。

A. 气孔状构造　B. 层理构造　C. 褶皱构造　D. 断裂构造

47. 下列现象中，不是滑坡造成的是（　　）。

A. 双沟同源地貌　B. 直线状分布的泉水

C. 马刀树　D. 醉汉林

48. 每升地下水中以下（　　）成分的总量，称为地下水的总矿化度。

A. 各种离子、分子与化合物　B. 所有离子

C. 所有阳离子　D. Ca^{2+}、Mg^{2+}

49. 利用指示剂或示踪剂来测定地下水流速时，要求钻孔附近的地下水流符合下述（　　）条件。

A. 水力坡度较大　B. 水力坡度较小

C. 呈层流运动的稳定流　D. 腐蚀性较弱

50. 标准贯入试验适用的地层是（　　）。

A. 弱风化至强风化岩石　B. 砂土、粉土和一般黏性土

C. 卵砾石和碎石类　D. 软土和淤泥

51. 对岩石边坡，从岩层面与坡面的关系上，下列哪种边坡形式最易滑动？（　　）

A. 顺向边坡，且坡面陡于岩层面　B. 顺向边坡，且岩层面陡于坡面

C. 反向边坡，且坡面较陡　D. 斜交边坡，且岩层较陡

52. 利用锚杆加固岩质边坡时，锚杆的锚固段不应小于（　　）。

A. 2m　B. 3m　C. 5m　D. 8m

53. 在确定岩基极限承载力时，从理论上看，下列哪一项是核心指标？（　　）

A. 岩基深度　B. 岩基形状　C. 荷载方向　D. 抗剪强度

54. 在保证安全可靠的前提下，浅基础埋深设计时应考虑(　　)。

A. 尽量浅埋　　B. 尽量埋在地下水位以下

C. 尽量埋在冻结深度以上　　D. 尽量采用人工地基

55. 下列哪种情况不能提高地基承载力？(　　)

A. 加大基础宽度　　B. 增加基础深度

C. 降低地下水　　D. 增加基础材料的强度

56. 断桩现象最容易发生在下面哪种桩？(　　)

A. 预制桩　　B. 灌注桩　　C. 旋喷桩　　D. 水泥土桩

57. 均质地基，承台上承受均布荷载，正常工作状态下下面哪根桩的受力最大？(　　)

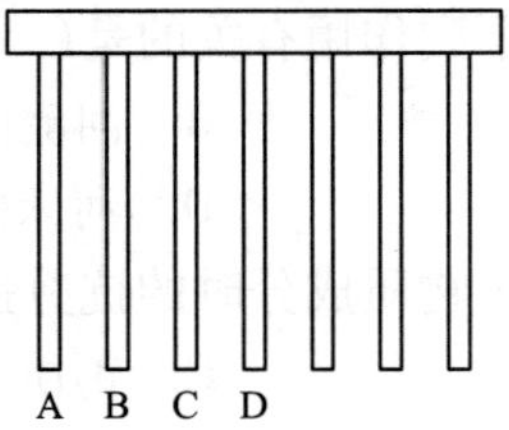

题 57 图

A. 桩 A　　B. 桩 B　　C. 桩 C　　D. 桩 D

58. 下面哪一种属于深层挤密法？(　　)

A. 振冲法　　B. 深层搅拌法　　C. 机械压密法　　D. 高压喷射注浆法

59. 已知复合地基中桩的面积置换率为 0.15，桩土应力比为 5。复合地基承受的已知上部荷载为 P(kN)，其中由桩间土承受的荷载大小为(　　)。

A. 0.47P　　B. 0.53P　　C. 0.09P　　D. 0.10P

60. 下面哪一种土工合成材料不能作为加筋材料？(　　)

A. 土工格栅　　B. 有纺布　　C. 无纺布　　D. 土工膜

答案及详解

单项选择题(共60题，每题2分。每题的备选项中只有一个最符合题意)

1. D **【考点】**材料的基本特征

【解析】材料在外力作用下产生变形，当外力除去后，变形能完全消失的性质称为弹性，材料的这种可恢复的变形称为弹性变形；当外力除去后，有一部分变形不能恢复，这种性质称为材料的塑性，材料的这种不能恢复的变形称为塑性变形。D项，完全的弹性材料是没有的，大部分固体材料在受力不大时，表现为弹性变形，当外力达一定值时，则出现塑性变形。

2. B **【考点】**材料的导热性

【解析】材料传导热量的性质称为导热性。表征导热性的指标是导热系数。导热系数越小，表示材料越不容易导热。冰的导热系数为2.20W/(m·k)，水的导热系数为0.58W/(m·k)，空气的导热系数为0.023W/(m·k)，所以其导热能力为：冰>水>空气。一般情况下，导热能力为：固体>液体>气体。

3. A **【考点】**材料的微观结构

【解析】毛细孔尺寸为10~10000nm；而水化硅酸钙凝胶的层间孔隙尺寸为1~5nm；气孔尺寸为几毫米。

4. A **【考点】**钢材防锈

【解析】混凝土中钢筋防锈的措施包括增加保护层厚度、涂刷防锈漆、掺加防锈剂、使用高效减水剂。然而混凝土中钢筋具有一层碱性保护膜，在碱性介质中不致腐蚀，保证混凝土的密实性，故从工程角度，一般使用高效减水剂是最为经济的措施。BC两项会大幅度增加成本；D项，增加混凝土保护层厚度会增加混凝土用量，减少了有效使用面积，也不经济。

5. C **【考点】**混凝土的强度测定

【解析】根据《混凝土结构设计规范》(GB 50010—2010)(2015年版)第4.1.1条，混凝土强度等级应按立方体抗压强度标准值确定。立方体抗压强度标准值系指按标准方法制作、养护的边长为150mm的立方体试件，在28d或设计规定龄期以标准试验方法测得的具有95%保证率的抗压强度值。

6. C **【考点】**木材的性能及应用

【解析】木材的分类有：①针叶树木材(松、杉、柏、银杏)；②阔叶树木材(柳、樟、榆)；③棕榈、竹。针叶树树干通直高大，纹理平顺，材质均匀，表观密度和胀缩变形小，耐腐蚀性较强，材质较软，多用作承重构件，阔叶树强度较高，纹理漂亮，胀缩翘曲变形较大，易开裂，较难加工，适合作装饰。

7. A **【考点】**石油沥青的性质

【解析】石油沥青的主要技术性质有以下四点：①黏滞性，表示沥青抵抗变形或阻滞塑性流动的能力，对黏稠(半固体或固体)的石油沥青用针入度表示，对液体石油沥青则用黏滞度表示。②温度敏感性，是指沥青的黏性和塑性随温度变化而改变的程度，由软化点表征。③塑性，是指沥青受到外力作用时，产生变形而不破坏，当外力撤销，能保持所获得的变形的能力。④大气稳定性，是指石油沥青在温度、阳光、空气和水的长期综合作用下，保持性能稳定的能力。

8. D 【考点】角度测量的基本知识

【解析】水平角是指测站点至两观测目标点分别连线在水平面上投影后的夹角。竖直角是指在同一竖直面内，倾斜视线与水平线间所夹的锐角。

9. A 【考点】钢尺量距的成果整理

【解析】钢尺量距一般分为一般量距和精密量距两种。钢尺精密量距的三项改正为尺长改正、温度改正和倾斜(高差)改正。

10. A 【考点】误差传播定律

【解析】阐述观测值中误差与观测值的函数中误差关系的定律，即称为误差传播定律。

水池面积为：$S=a\times b=30.000\times 25.000=750\text{m}^2$，计算函数中误差的一般形式：

$$m_Z=\pm\sqrt{\left(\frac{\partial f}{\partial x_1}\right)^2 m_1^2+\left(\frac{\partial f}{\partial x_2}\right)^2 m_2^2+\cdots+\left(\frac{\partial f}{\partial x_n}\right)^2 m_n^2}$$

则误差：$m_s=\pm\sqrt{b^2\times m_a^2+a^2\times m_b^2}=\sqrt{25^2\times 0.004^2+30^2\times 0.003^2}=\pm 0.134\text{m}^2$。

11. A 【考点】测量误差的基本知识

【解析】由题 11 解表可得，三等水准测量红黑面所测高差之差的限差为 3mm。

题 11 解表　三、四等水准测量测站技术要求(用红黑双面尺)

等级	视线长度/m	前后视距离差/m	前后视距离累积差/m	红黑面读数差/mm	红黑面所测高差之差/mm
三等	≤65	≤3	≤6	≤2	≤3
四等	≤80	≤5	≤10	≤3	≤5

12. C 【考点】测量的基本概念

【解析】图上任一线段长度与其相对应地面上的实际水平长度之比，称为地形图的比例尺。此地形图的比例尺为 1∶500，则该草坪的实地面积为：

$$S=632\times 500\times 10^{-3}\times 500\times 10^{-3}=158\text{m}^2$$

13. D 【考点】房地产转让的条件

【解析】根据《中华人民共和国城市房地产管理法》(2009 年修订)第三十九条规定，以出让方式取得土地使用权的，转让房地产时，应当符合下列条件：①按照出让合同约定已经支付全部土地使用权出让金，并取得土地使用权证书。②按照出让合同约定进行投资开发，属于房屋建设工程的，完成开发投资总额的百分之二十五以上，属于成片开发土地的，形成工业用地或者其他建设用地条件。转让房地产时房屋已经建成的，还应当持有房屋所有权证书。

14. C 【考点】招标投标法的开标流程

【解析】A 项，根据《招标投标法》第三十四条规定，开标应当在招标文件确定的提交投标文件截止时间的同一时间公开进行；B 项，第三十五条规定，开标由招标人主持，邀请所有投标人参加；CD 两项，第三十六条规定，开标时，由投标人或者其推选的代表检查投标文件的密封情况，也可以由招标人委托的公证机构检查并公证；经确认无误后，由工作人员当众拆封，宣读投标人名称、投标价格和投标文件的其他主要内容。招标人在招标文件要求提交投标文件的截止时间前收到的所有投标文件，开标时都应当当众予以拆封、宣读。开标过程应当记录，并存档备查。

15. B 【考点】质量管理标准

【解析】在我国，企业质量体系认证遵循自愿原则，任何单位或者个人都不得强制要求企业申请质量体系认证，但是对某些产品是要求强制性的认证制度的。《中华人民共和国认证认可条例》第二十八条规定，为了保护国家安全、防止欺诈行为、保护人体健康或者安全、保护动植物生命或者健康、保护环境，国家规定相关产品必须经过认证的，应当经过认证并标注认证标志后，方可出厂、销售、进口或者在其他经营活动中使用。

16. C 【考点】工程质量管理法规案例分析

【解析】根据《建设工程质量管理条例》第四十条，在正常使用条件下，建设工程的最低保修期限为：①基础设施工程、房屋建筑的地基基础工程和主体结构工程，为设计文件规定的该工程的合理使用年限；②屋面防水工程、有防水要求的卫生间、房间和外墙面的防渗漏，为5年；③供热与供冷系统，为2个采暖期、供冷期；④电气管线、给排水管道、设备安装和装修工程，为2年。其他项目的保修期限由发包方与承包方约定。建设工程的保修期，自竣工验收合格之日起计算。本案中，保修期限为6个月远低于国家规定的最低期限，双方的质量期限条款违反了国家强制性法律规定，因此是无效的。建筑公司应当向受害者承担损害赔偿责任。

17. B 【考点】沉桩施工

【解析】桩基施工的标高控制，应遵照设计要求进行，每根桩的桩顶、桩端均须做标高记录，为此，施工区附近应设置不受沉桩影响的水准点，一般要求不少于2个。该水准点应在整个施工过程中予以保护，不使其受损坏。

18. B 【考点】预应力混凝土工程施工

【解析】A项，先张法需要有固定的台座，适合生产预制构件，不适合现浇结构；B项，后张无黏结预应力混凝土施工方法是将无黏结预应力筋像普通布筋一样先铺设在支好的模板内，然后浇筑混凝土，待混凝土达到设计规定强度后进行张拉锚固的施工方法。无黏结预应力筋施工无需预留孔道与灌浆，施工简便，预应力筋易弯成所需的曲线形状，主要用于现浇混凝土结构；CD两项，预埋螺旋管留孔需要后穿入钢绞线，钢管抽芯留孔需要抽芯并后穿入钢绞线，都需要一定的操作空间，因此不适合现浇楼板施工。

19. B 【考点】起重机的技术性能

【解析】履带式起重机的技术性能主要包括三个参数：起重重量 Q、起重半径 R 和起重高度 H。在选用时，主要考虑的是起重机的稳定问题，防止发生倾覆。

20. C 【考点】网络计划优化

【解析】首先，压缩非关键工作并不能缩短总工期，只会使成本增加，因此直接排除BD两项。间接费与工作持续时间呈线性关系，直接费与工作持续时间是非线性关系，从图中可见，当工期从 T_N 压缩至最佳工期(直接费与间接费相等)时，总成本是降低的。从最佳工期继续压缩时，间接费按比例下降，而直接费并非按比例上升，直接费的增加快于间接费的降低，工程总成本呈上升趋势，故应停止压缩关键工作。

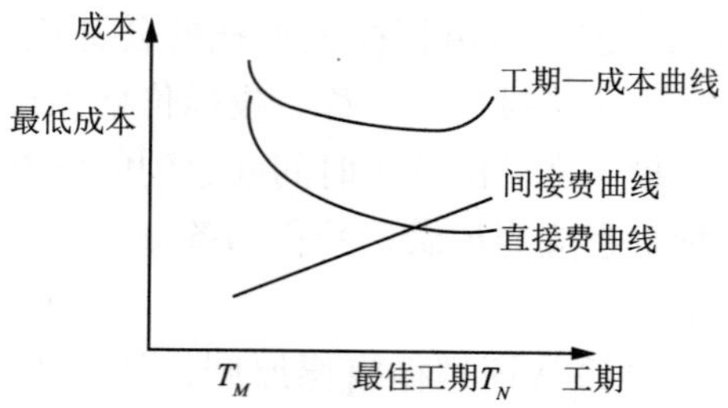

题 20 解图

21. A 【考点】施工质量验收

【解析】根据《建筑工程施工质量验收统一标准》(GB 50300—2013)第 3.0.6 条第 3 款规定，检验批的质量应按主控项目和一般项目验收。

22. C 【考点】超静定结构受力分析

【解析】图示对称结构 $M_{AD}=ql^2/36$(左拉)，$F_{NAD}=-5ql/12$(压)，取杆 AB 为隔离体(如题 22 解图)所示，由于杆 AB 以下侧受拉为正，则隔离体 AB 右端 M_{BA} 以逆时针为正。对 B 点取矩，由 $\sum M_B=0$，$M_{BA}+M_{AD}+F_{NAD}l+ql^2/2=0$，解得：$M_{BA}=-M_{AD}-F_{NAD}l-ql^2/2=-ql^2/36-(-5ql/12)\times l-ql^2/2=-ql^2/9$(上侧受拉)。

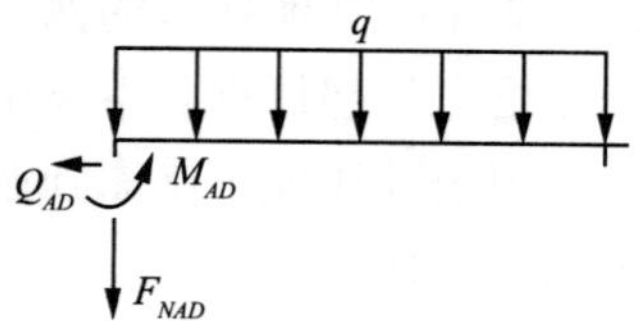

题 22 解图

23. A 【考点】超静定结构受力分析

【解析】图示结构为反对称荷载作用下的对称结构，所以其轴力、弯矩图反对称，剪力图正对称。而支座处的水平反力即为竖杆的剪力，由剪力图对称可得两支座水平反力相等，即 $H_A=H_B$。根据结构平衡方程式：$\sum F_X=0$，$H_A+H_B=2P$，解得：$H_A=P$。

24. B 【考点】超静定结构受力分析

【解析】利用力法求解超静定结构。在弹簧处用力竖直向上未知力 X 代替，假设刚度为 k 已知，列力法基本方程为：$\delta_{11}X+\Delta_{1p}=-X/k$。其中，$\delta_{11}=\dfrac{l^3}{3EI}$，$\Delta_{1p}=-\dfrac{ql^4}{8EI}$。解得：$X=\dfrac{3ql^4}{8(l^3+3kEI)}$，然后根据 C 处的弯矩为 0，取 BC 段受力分析可以得出 B 处的弹性反力为 $ql/4$，即 $\dfrac{3ql^4}{8(l^3+3kEI)}=\dfrac{ql}{4}$，解出 $k=6EI/l^3$。

25. A 【考点】混凝土结构的材料性能

【解析】根据《混凝土结构设计规范》(GB 50010—2010)(2015 年版)第 6.6.1 条规定，混凝土局部受压承载力计算公式中多了一项混凝土局部受压时的强度提高系数 β_l，且 $\beta_l\geq 1$，即混凝土局部受压强度不小于非局部受压时的强度。

26. B 【考点】钢筋混凝土梁正截面受弯承载力

【解析】对于钢筋混凝土受弯构件，在弯矩增加到 M_{cr} 时(下标 cr 表示裂缝 crack)，受拉区边缘纤维的应变值即将到达混凝土受弯时的极限拉应变实验值 ε_{tu}，先出现塑性变形，截面遂处于即将开裂状态，所以受拉区应力图形则呈曲线分布；而受压区边缘纤维应变量测值还很小，故受压区混凝土基本上处于弹性工作阶段，应力图形仍为直线，且受压区应力图形接近三角形呈线性分布。

27. A 【考点】框架剪力墙结构的受力特点

【解析】在框架—剪力墙结构中，框架和剪力墙同时承受竖向荷载和侧向力。当侧向力单独作用于剪力墙结构时，结构侧向位移呈弯曲型，当侧向力单独作用于框架结构时，结构侧移曲线呈剪切型，当侧向力作用于框剪结构时，结构侧移曲线呈弯剪型。在结构底部，框架结构层间水平位移较大，剪力墙结构的层间水平位移较小，剪力墙发挥了较大的作用，框架结构的水平位移受到剪力墙结构的“制约”；而在结构的顶部，框架结构层间位移较小，剪力墙结构层间水平位移较大，剪力墙的水平位移受到框架结构的“拖住”作用。二者协同工作后，在上部楼层，框架部分拉住剪力墙部分，使其变形减小。

28. C 【考点】钢材的加工工艺

【解析】A 项，碳是形成钢材强度的主要成分，随着含碳量的提高，钢的强度逐渐增高，而塑性和韧性下降，冷弯性能、焊接性能和抗锈蚀性能等也变差。B 项，在钢材表面镀氧化性更高的金属锌或镀是防止钢材锈蚀的常用方法。C 项，热处理是将钢在固态下加热到预定的温度，并在该温度下保持一段时间，然后以一定的速度冷却下来的一种热加工工艺。热处理的目的在于取得高强度的同时能够保持良好的塑性和韧性。D 项，钢材在冶炼浇铸过程中根据脱氧程度不同，最终成为镇静钢、半镇静钢以及沸腾钢。镇静钢因浇铸时加入强脱氧剂，如硅，有时还加铝或钛，因而氧气杂质少且晶粒较细，偏析等缺陷不严重，所以钢材性能比沸腾钢好，因此减少脱氧剂会降低钢材强度。

29. D 【考点】钢结构的疲劳计算

【解析】根据《钢结构设计标准》(GB 50017—2017)第 16.1.1 条规定，直接承受动力荷载重复作用的钢结构构件及其连接，当应力变化的循环次数 n 等于或大于 5×10^4 次时，应进行疲劳计算。又根据第 6.1.2 条规定，截面塑性发展系数在需要计算疲劳的梁时，宜取 $\gamma_x=\gamma_y=1.0$。

30. B 【考点】钢材的力学性能

【解析】T 形接头的应力分布较对接接头复杂，如题 30 解图所示为 T 形接头不开坡口角焊缝纵向残余应力分布的情况。由该图可知，当翼板厚度 δ 与腹板高度 h 之比较小时，腹板中的纵向残余应力分布相似于板边堆焊，如图(a)所示，比值较大时与等宽板对接焊情况相似，如图(b)所示，腹板和翼缘相交处的纵向焊接残余应力为拉应力。

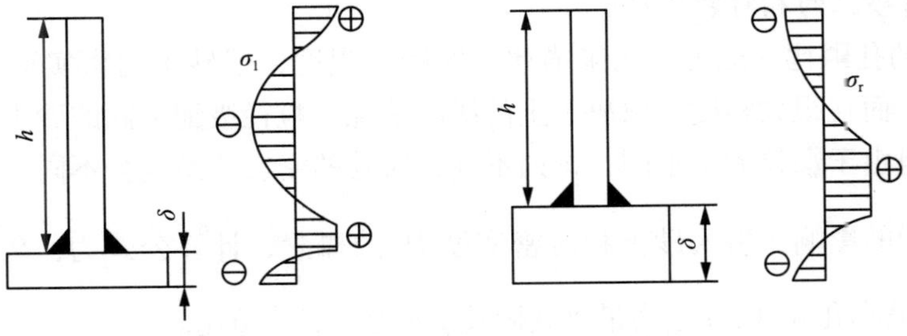

(a) δ/h较小时 (b) δ/h较大时

题 30 解图

31. B 【考点】砌体结构的抗震验算

【解析】AB 两项，《建筑抗震设计规范》(GB 50011—2010)(2016 年版)第 5.1.6 条规定，6 度时的建筑(不规则建筑及建造于Ⅳ类场地上较高的高层建筑除外)，以及生土房屋和木结构房屋等，应符合有关的抗震措施要求，但应允许不进行截面抗震验算。CD 两项，《建筑抗震设计规范》(GB 50011—2010)(2016 年版)第 5.5.2 条第 1 款列出了必须进行罕遇地震作用下弹塑性变形验算的结构，其中不包括多层砌体结构。

32. C 【考点】砌体结构的沉降验算

【解析】圈梁作用包括：①提高楼盖的水平刚度；②增强纵、横墙的连接，提高房屋的整体性；③减轻地基不均匀沉降对房屋的影响；④减小墙体的自由长度，提高墙体的稳定性。BC 两项，设置在基础顶面部位和檐口部位的圈梁对抵抗不均匀沉降作用最为有效。当房屋两端沉降较中部为大时，檐口部位的圈梁作用较大；当房屋中部沉降较两端为大时，位于基础顶面部位的圈梁作用较大。

33. B 【考点】砌体局部受压承载力计算

【解析】砌体局部抗压强度提高系数 γ 与局部受压面积 A_l 和影响砌体局部抗压强度的计算面积 A_0 有关。砌体的局部抗压强度主要取决于砌体原有的轴心抗压强度和周围砌体对局部受压区的约束程度。当 A_0/A_l 不大时，随着压力的增大，砌体会由于纵向裂缝的发展而破坏。当 A_0/A_l 较大时，压力增大到一定数值时，砌体沿竖向突然发生劈裂破坏，这种破坏工程中应避免。因此在进行砌体局部承载力验算时，要限制局部抗压强度提高系数 γ。

34. C 【考点】岩石的物理力学性能

【解析】摩尔—库仑强度准则假设受压下岩石的破坏属于剪切破坏，破坏面的方向取决于两个主应力的大小关系和材料的内摩擦角，理论上剪切破坏面与最大主应力作用面之间的夹角为 $45° + \frac{\varphi}{2}$。

【说明】此题题干不严谨，最大主应力面应为最大主应力作用面或最大主平面。

35. B 【考点】原岩应力与地下洞室的关系

【解析】当岩体中水平与竖直方向上的天然应力相差不大时，以圆形洞室围岩应力分布最均匀，围岩稳定性最好。当岩体中水平与竖直方向上的天然应力相差较大时，则应尽量使洞室长轴平行于最大天然应力的作用方向，此时椭圆形最为合适。而洞室的角点或急转弯处应力集中最大，因此正方形或矩形都不合适。

36. A 【考点】砂土的相对密实度

【解析】土的孔隙比一般可以用来描述土的密实程度，但砂土的密实程度并不单独取决于孔隙比，而在很大程度上取决于土的级配情况。粒径级配不同的砂土即使具有相同的孔隙比，但由于颗粒大小不同，排列不同，所处的密实状态也会不同。为了同时考虑孔隙比和级配的影响，引入砂土相对密实度 D_r 的概念，计算公式为：$D_r = \frac{e_{max} - e}{e_{max} - e_{min}}$。其中，$e_{min}$ 为最小孔隙比；e_{max} 为最大孔隙比；e 为自然孔隙比。

37. D 【考点】土的压缩试验

【解析】侧限压缩试验又称固结试验，土的固结试验是通过测定土样在各级垂直荷载作用下产生的变形，计算各级荷载下相应的孔隙比，用以确定土的压缩系数和压缩模量等。泊松比是指材料在单向受拉或受压时，横向正应变与轴向正应变的绝对值的比值，又称横向变形系数，它是反映材料横向变形的弹性常数，不能通过固结实验得出。

38. C 【考点】土的抗剪强度指标

【解析】土的内摩擦角 φ 与黏聚力 c 是土抗剪强度的两个力学指标。地基破坏主要是由于基础下持力层抗剪强度不够，土体产生剪切破坏，因而土的抗剪强度理论是研究和确定地基承载力的理论基础。在实际工程中与土的抗剪强度有关的工程问题主要有三类：建筑物地基承载力问题、土压力问题、构筑物稳定性问题。A 项，固结理论是指研究土中孔隙水压力和有效应力的相互关系以及土体变形达到最终稳定值的理论，相关参数为渗透系数、压缩系数等；B 项，土中渗流是指水或其他流体在土体孔隙中的流动，其有关参量有水头、流速、孔隙水压力、水力坡降、渗透力、渗流量等；D 项，一般用密实度来表征压密程度，而密实度与孔隙率有关。

39. D 【考点】特殊性土的性质

【解析】盐渍土的工程特性有以下三点：①溶陷性。盐渍土浸水后由于土中易溶盐的溶解，在自重压力作用下产生沉陷现象。②盐胀性。硫酸盐沉淀结晶时体积增大，失水时体积减小，致使土体结构破坏而疏松，碳酸盐渍土中 Na_2CO_3 含量超过0.5%时，也具有明显的盐胀性。③腐蚀性。硫酸盐渍土具有较强的腐蚀性，氯盐渍土、碳酸盐渍土也有不同程度的腐蚀性。遇水膨胀，失水收缩是膨胀土的特性。

40. C 【考点】地基承载力

【解析】地基极限承载力是土力学研究的一个经典课题，其中太沙基理论是基于极限平衡理论确定条形地基极限承载力的重要方法。在该理论中考虑了地基土的自重，基于以下三条假定：①基础底面完全粗糙；②基底以上两侧土体当作均布荷载(不考虑基底以上两侧土体的抗剪强度影响)；③地基中滑动土体分为三角形压密区(刚性核)、朗肯被动区以及对数螺旋线过渡区。在该假定的基础上，可以从刚性核的静力平衡条件求得太沙基极限承载力公式。

41. A 【考点】常见岩石的特征

【解析】A 项，黏土岩在成分以黏土矿物为主，泥状结构，呈厚层状或页片状，与水作用易软化。BCD 三项，遇水没有太大的性状改变，但是与稀盐酸等酸性溶液会发生化学反应。

42. B 【考点】地质年代表

【解析】根据地层形成顺序、岩性变化特征、生物演化阶段、构造运动性质及古地理环境等综合因素，把地质历史划分为隐生宙和显生宙两个大阶段。宙以下分为代，隐生宙分为太古代和元古代；显生宙分为古生代、中生代和新生代。代以下分纪，纪以下分世，依此类推。相应每个时代单位宙、代、纪、世，形成的地层单位为宇、界、系、统，如古生代形成的地层称为古生界。代(界)、纪(系)、世(统)是国际统一规定的时代名称和地层划分单位。

43. D 【考点】地貌形态

【解析】经常受洪水淹没的浅滩称为河漫滩。平原区河流河漫滩发育且宽广，常在河床两侧凸岸分布。山区河流比较狭窄，河漫滩的宽度较小。河漫滩的堆积物，下层是河床相冲积物粗砂和砾石，上部是河漫滩相细砂和黏土，构成了河漫滩的二元结构。反映了河流横向环流作用特征，即河床侧向迁移的结果。

44. D 【考点】岩体结构面的特征

【解析】构造结构面中填充物影响结构的抗剪强度，结构面间常见的充填物质成分有黏土质、砂质、角砾质、钙质及石膏质沉淀物和含水蚀变矿物等，其相对强度的次序为：钙质≥角砾质>砂质≥石膏质>含水蚀变矿物≥黏土。结构面经胶结后强度会提高，其中以铁或硅质胶结的强度最高，泥质、易溶盐类胶结的强度低，抗水性差。

45. C 【考点】活动断裂的分类

【解析】剪切裂隙是指在地质应力作用下，剪应力达到或超过岩石抗剪强度时发生的两组共轭剪切的破裂面。它的主要特征有：一般延伸较长；裂隙面比较平直光滑，有时因剪切滑动而留下擦痕；“X”形裂隙发育良好时，可将岩石切割成菱形、棋盘格式岩块或岩柱；若只发育一组剪裂隙，则裂隙会相互平行延伸；剪裂隙排列往往具等距性。故剪切裂隙一般平行成组出现。

46. D 【考点】溶洞的形成条件

【解析】溶洞为地下岩溶地貌的主要形态，是地下水流沿可溶性岩层的各种构造面(如层面、断裂面、节理裂隙面)进行溶蚀及侵蚀作用所形成的地下洞穴。在形成初期，岩溶作用以溶蚀为主。而断裂构造最有利于水的流动循环，可加剧溶蚀。

47. B 【考点】滑坡的特征

【解析】滑坡是指斜坡上的岩、土体，由于地表水或地下水的影响，在重力作用下，沿着滑动面向下滑动的自然现象。ACD 三项均为滑坡造成的地貌；B 项是断层的特征。

48. A 【考点】地下水的化学成分

【解析】存在干地下水中的离子、分子与化合物的总含量称为矿化度，以 g/L 或 mg/L 为单位。矿化度通常以在 105～110℃下将水蒸干后所得的干涸残余物的重量表示。

49. C 【考点】地下水的化学性质

【解析】当地下水呈层流运动的稳定流时，水流速度较慢，示踪剂沿着地下水流流动方向均匀扩散，有利于取样和观察。

50. B 【考点】标准贯入试验

【解析】标准贯入试验是利用规定重量的穿心锤从恒定的高度上自由下落，将一定规格的探头打入土中，根据贯入的难易程度判别土的性质。标准贯入试验适用于砂土、粉土和一般黏性土。

51. A 【考点】边坡稳定性

【解析】岩体结构类型、结构面产状及其与坡面的关系是岩体边坡稳定性的控制因素。根据结构与坡面的相互关系，层状岩质边坡分为：水平层状岩质边坡、顺倾向层状岩质边坡和反倾向层状岩质边坡。其中顺倾向层状岩质边坡又分为：①结构面倾角 $\alpha<$ 坡角 β，产生顺层滑坡，稳定性最差，最常见。②结构面倾角 $\alpha>$ 坡角 β，比较稳定。同时顺向边坡的稳定性较反向坡要差，故 A 项边坡稳定性最差，最容易发生滑动。

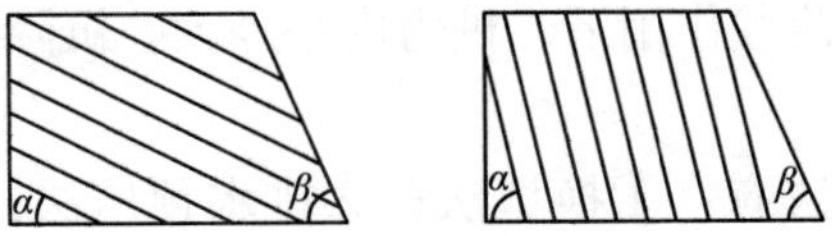

顺向坡

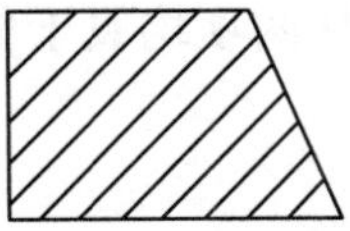

逆向坡

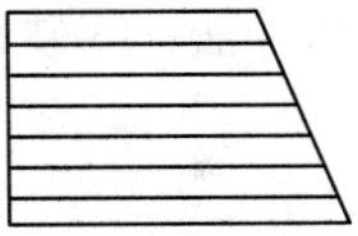

水平坡

52. B 【考点】边坡稳定性

【解析】根据《建筑边坡工程技术规范》(GB 50330—2013)第 8.4.1 条第 2 款规定，土层锚杆的锚固段长度不应小于 4.0m，并不宜大于 10.0m；岩石锚杆的锚固段长度不应小于 3.0m，且不宜大于 45d 和 6.5m，预应力锚索不宜大于 55d 和 8.0m。

53. D 【考点】岩基承载力

【解析】岩基承载能力的确定方法有三种：规范法、试验确定法和理论计算法。岩基浅基础的承载力理论计算方法，一般多根据基础下的岩体的极限平衡条件推出。但是由于基础下岩体性质及其构造复杂多变，破坏模式多种多样，造成其承载力计算的困难，目前尚无通用的计算公式。常见到的、比较简易的两种方法为：①按压缩张裂破坏模式近似计算岩基承载力；②按楔体剪切滑移模式近似计算岩基承载力。这两种方法都以抗剪强度为核心指标。

54. A 【考点】浅基础的埋置深度

【解析】一般埋深小于 5m 的称为浅基础，大于 5m 的称为深基础。地基作为支承建筑物的地层，如为自然状态则为天然地基，若经过人工处理则为人工地基。B 项，根据《建筑地基基础设计规范》(GB 50007—2011)第 5.1.5 条规定，基础宜埋置在地下水位以上，当必须埋在地下水位以下时，应采取地基土在施工时不受扰动的措施。C 项，根据《建筑地基基础设计规范》(GB 50007—2011)第 5.1.8 条规定，季节性冻土地区基础埋置深度宜大于场地冻结深度。D 项，一般应优先选择天然地基上的浅基础，条件不允许时，可比较天然地基上的深基础和人工地基上的浅基础两方案，选定其一，必要时才选人工地基上的浅基础。

55. D 【考点】地基承载力确定

【解析】根据《建筑地基基础设计规范》(GB 50007—2011)第 5.2.4 条规定，地基承载力公式是：$f_a = f_{ak} + \eta_b \gamma (b-3) + \eta_d \gamma_m (d-0.5)$。式中，$\gamma$ 为基础底面以下土的重度，地下水位以下取浮重度；b 为基础底面的宽度；γ_m 为基础底面以上土的加权平均重度，地下水位以下取有效重度；d 为基础埋置深度。由公式可知，加大基础宽度、增加基础深度、降低地下水均能提高地基承载力。而增加基础材料的强度与地基承载力无关。

56. B 【考点】桩基础类型与性质

【解析】根据桩的施工方法不同，将桩分为预制桩和灌注桩。断桩是指钻孔灌注桩在灌注混凝土的过程中，泥浆或砂砾进入水泥混凝土，把灌注的混凝土隔开并形成上下两段，造成混凝土变质或截面积受损，从而使桩不能满足受力要求。

57. A 【考点】群桩基础承载力

【解析】承台下群桩在均布荷载作用下，桩力内小外大，沉降内大外小。

58. A 【考点】地基处理方法

【解析】常用的地基处理方法有：①换填法；②排水预压法；③碾压、夯实法；④强夯法；⑤深层挤密法；⑥化学加固法。在我国，技术上较为成熟的深层挤密法有：①土和灰土挤密桩法；②振动水冲法；③砂石法。BD 两项均属于化学加固法；C 项属于碾压、夯实法。

59. B 【考点】地基承载力计算

【解析】土承受的荷载为土的有效荷载与桩土总有效荷载之比乘以外荷载的大小。设基础面积为 A，则桩的面积为 $0.15A$，桩间土的面积为 $0.85A$；设桩承载力为 $5f$，桩间土体承载力为 f。因此，桩的有效荷载为：$0.15A \times 5f = 0.75Af$，土的有效荷载为 $0.85A \times f = 0.85Af$。从而桩间土承受的荷载为：$P \times 0.85Af/(0.85Af + 0.75Af) = 0.53P$。

60. D 【考点】土工合成材料

【解析】土工加筋材料是指应用于岩土工程中可增加岩土稳定性或提高承载能力的土工合成材料。A 项，土工格栅本身强度刚度高、可与土之间形成咬合力，摩擦力大，它与土的摩擦系数可高达 0.8～1.0，是一种理想的加筋材料；B 项，强度高是有纺布的特点，由于使用塑料扁丝，其在干湿状态下都能保持充分的强力和伸长；C 项，无纺布具有防潮、透气、柔韧、质轻的特点，在土木工程，建筑中用于加固、加筋、过滤；D 项，土工膜是指由聚合物制成的相对不透水膜，不能作为加筋材料。用作加筋材料的土工合成材料按不同的结构需求可分为：土工格栅、土工织物、土工带和土工格室等。

2016年注册土木工程师（岩土）执业资格考试《专业基础考试》真题

单项选择题（共60题，每题2分。每题的备选项中只有一个最符合题意）

1. 材料的孔隙率降低，则其（　　）。

A. 密度增大而强度提高　　B. 表观密度增大而强度提高

C. 密度减小而强度降低　　D. 表观密度减小而强度降低

2. 密度为2.6g/cm^{3}的岩石具有10%的孔隙率，其表观密度为（　　）。

A. 2340kg/m^3　　B. 2680kg/m^3　　C. 2600kg/m^3　　D. 2364kg/m^3

3. 水泥中不同矿物水化速率有较大差别，因此可以通过调节其在水泥中的相对含量来满足不同工程对水泥水化速率与凝结时间的要求。早强水泥要求水泥水化速度快，因此以下矿物含量较高的是（　　）。

A. 石膏　　B. 铁铝酸四钙　　C. 硅酸三钙　　D. 硅酸二钙

4. 混凝土的干燥收缩和徐变规律相似，而且最终变形量也相互接近，原因是两者有相同的微观机理，均为（　　）。

A. 毛细孔的排水　　B. 过渡区的变形

C. 骨料的吸水　　D. 凝胶孔水分的移动

5. 描述混凝土用砂的粗细程度的指标是（　　）。

A. 细度模数　　B. 级配曲线　　C. 最大粒径　　D. 最小粒径

6. 下列几种矿物粉料中，适合做沥青的矿物填充料的是（　　）。

A. 石灰石粉　　B. 石英砂粉　　C. 花岗岩粉　　D. 滑石粉

7. 衡量钢材的塑性高低的技术指标为（　　）。

A. 屈服强度　　B. 抗拉强度　　C. 断后伸长率　　D. 冲击韧性

8. 水准测量实际工作时，计算出每个测站的高差后，需要进行计算检核，如果$\sum h = \sum a - \sum b$算式成立，则说明（　　）。

A. 各测站高差计算正确　　B. 前、后视读数正确

C. 高程计算正确　　D. 水准测量成果合格

9. 经纬仪有四条主要轴线，如果视准轴不垂直于横轴，此时望远镜绕横轴旋转时，则视准轴的轨迹是（　　）。

A. 一个圆锥面　　B. 一个倾斜面

C. 一个竖直面　　D. 一个不规则的曲面

10. 设在三角形A、B、C中，直接观测了$\angle A$和$\angle B$，$m_A = \pm 4''$、$m_B = \pm 5''$，由$\angle A$、$\angle B$计算$\angle C$，则$\angle C$的中误差m_C为（　　）。

A. $\pm 9''$　　B. $\pm 6.4''$　　C. $\pm 3''$　　D. $\pm 4.5''$

11. 导线测量的外业工作在踏勘选点工作完成后，然后需要进行下列何项工作？（　　）

A. 水平角测量和竖直角测量　　B. 方位角测量和距离测量

C. 高程测量和边长测量　　D. 水平角测量和边长测量

12. 建筑场地高程测量，为了便于建(构)筑物的内部测设，在建(构)筑物内设 ±0 点，一般情况建(构)筑物的室内地坪高程作为 ±0，因此，各个建(构)筑物的 ±0 应该是(　　)。

A. 同一高程　　B. 根据地形确定高程

C. 依据施工方便确定高程　　D. 不是同一高程

13. 有关我国招投标的一般规定，下列理解错误的是(　　)。

A. 采用书面合同　　B. 禁止行贿受贿

C. 承包商必须有相应资格　　D. 可肢解分包

14. 有关建设单位的工程质量责任与义务，下列理解错误的是(　　)。

A. 可将一个工程的各部位分包给不同的设计或施工单位

B. 发包给具有相应资质等级的单位

C. 领取施工许可证或者开工报告之前，办理工程质量监督手续

D. 委托具有相应资质等级的工程监理单位进行监理

15. 国家规定的安全生产责任制度中，对单位主要负责人、施工项目经理、专职人员与从业人员的共同规定是(　　)。

A. 报告生产安全事故　　B. 确保安全生产费用有效使用

C. 进行工伤事故统计、分析和报告　　D. 由有关部门考试合格

16. 就下列叙述中，职工没有侵犯所属单位的知识产权的是(　　)。

A. 职工离职一年后将形成的知识产权视为己有或转让他人

B. 在职期间，职工未经许可将所属企业的勘察设计文件转让其他单位或个人

C. 职工在离开企业前复制技术资料

D. 将应属于职务发明创造的科技成果申请成非职务专利

17. 灌注桩的承载能力与施工方法有关，其承载力由低到高的顺序依次为(　　)。

A. 钻孔桩、复打沉管桩、单打沉管桩、反插沉管桩

B. 钻孔桩、单打沉管桩、复打沉管桩、反插沉管桩

C. 钻孔桩、单打沉管桩、反插沉管桩、复打沉管桩

D. 单打沉管桩、反插沉管桩、复打沉管桩、钻孔桩

18. 影响混凝土受冻临界强度的因素是(　　)。

A. 水泥品种　　B. 骨料粒径　　C. 水灰比　　D. 构件尺寸

19. 对平面呈板式的六层钢筋混凝土预制结构吊装时，宜使用(　　)。

A. 人字桅杆式起重机　　B. 履带式起重机

C. 轨道式塔式起重机　　D. 附着式塔式起重机

20. 在双代号时标网络计划中，若某项工作的箭线上没有波形线，则说明该工作(　　)。

A. 为关键工作　　B. 自由时差为 0

C. 总时差等于自由时差　　D. 自由时差不超过总时差

21. 施工单位的计划系统中，下列哪类计划是编制各种资源需要量计划和施工准备工作计划的依据？(　　)

A. 施工准备工作计划　　B. 工程年度计划

C. 单位工程施工进度计划　　D. 分部分项工程进度计划

22. 图示对称结构 C 点的水平位移 $\Delta_{CH}=\Delta(\rightarrow)$，若 AC 杆 EI 增大一倍，BC 杆 EI 不变，则 Δ_{CH}变为(　　)。

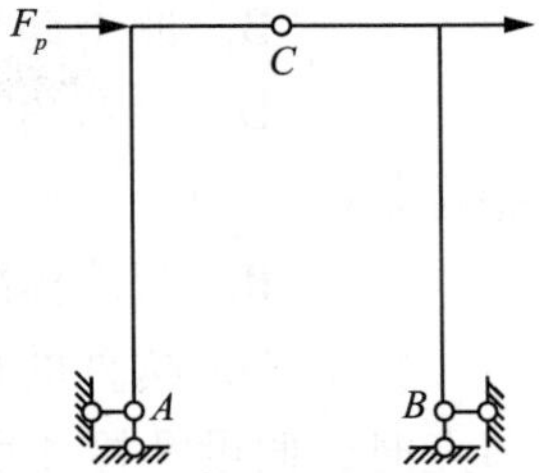

题 22 图

A. 2Δ　　B. 1.5Δ　　C. 0.5Δ　　D. 0.75Δ

23. 在图示结构中，若要使其自振频率 ω 增大，可以(　　)。

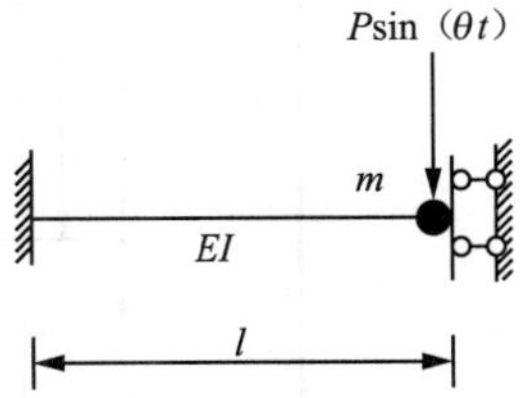

题 23 图

A. 增大 P　　B. 增大 m　　C. 增大 EI　　D. 增大 l

24. 图示结构 M_{BA}值的大小为(　　)。

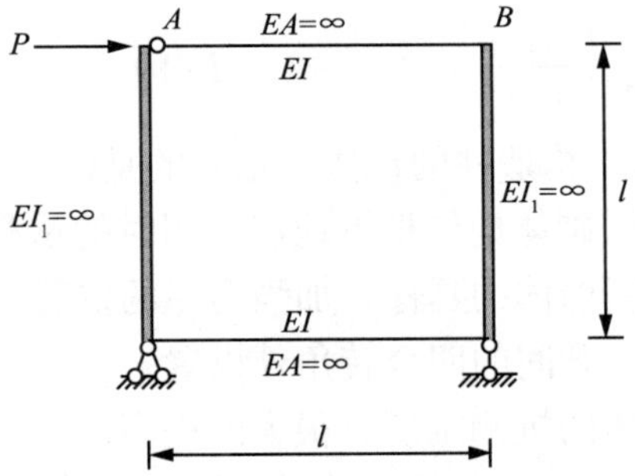

题 24 图

A. $Pl/2$　　B. $Pl/3$　　C. $Pl/4$　　D. $Pl/5$

25. 钢筋混凝土受扭构件随受扭箍筋配筋率的增加，将发生的受扭破坏形态是(　　)。

A. 少筋破坏　　B. 适筋破坏

C. 超筋破坏　　D. 部分超筋破坏或超筋破坏

26. 关于预应力混凝土受弯构件的描述，正确的是(　　)。

A. 受压区设置预应力钢筋目的是增强该受压区的强度

B. 预应力混凝土受弯构件的界限相对受压区高度计算公式与钢筋混凝土受弯构件相同

C. 承载力极限状态时，受拉区预应力钢筋均能达到屈服，且受压区混凝土被压溃

D. 承载力极限状态时，受压区预应力钢筋一般未能达到屈服

27. 与钢筋混凝土框架—剪力墙结构相比，钢筋混凝土筒体结构所特有的规律是(　　)。

A. 弯曲型变形与剪切型变形叠加　　B. 剪力滞后

C. 是双重抗侧力体系　　D. 水平荷载作用下是延性破坏

28. 结构钢材牌号 Q345C 和 Q345D 的主要区别在于(　　)。

A. 抗拉强度不同　　B. 冲击韧性不同

C. 含碳量不同　　D. 冷弯角不同

29. 钢结构轴心受拉构件的刚度设计指标是(　　)。

A. 荷载标准值产生的轴向变形　　B. 荷载标准值产生的挠度

C. 构件的长细比　　D. 构件的自振频率

30. 计算图示高强度螺栓摩擦型连接节点时，假设螺栓 A 所受的拉力为(　　)。

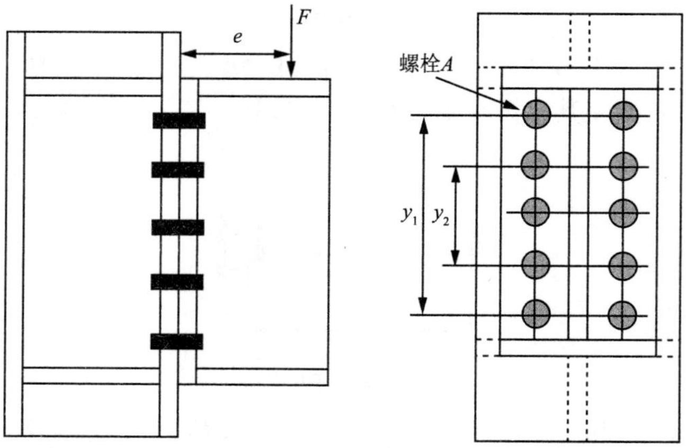

题 30 图

A. $\dfrac{Fey_1}{5.5y_1^2+y_2^2}$　　B. $\dfrac{Fey_1}{2y_1^2+2y_2^2}$　　C. $F/10$　　D. $F/5$

31. 多层砖砌体房屋钢筋混凝土构造柱的说法，正确的是(　　)。

A. 设置构造柱是为了加强砌体构件抵抗地震作用时的承载力

B. 设置构造柱是为了提高墙体的延性、加强房屋的抗震能力

C. 构造柱必须在房屋每个开间的四个转角处设置

D. 设置构造柱后砌体墙体的抗侧刚度有很大的提高

32. 砌体结构房屋，当梁跨度大到一定程度时，在梁支承处宜加设壁柱。对砌块砌体而言，现行规范规定的该跨度限值是(　　)。

A. 4.8m　　B. 6.0m　　C. 7.2m　　D. 9m

33. 影响砌体结构房屋空间工作性能的主要因素是下面哪一项？(　　)

A. 房屋结构所用块材和砂浆的强度等级

B. 外纵墙的高厚比和门窗洞口的开设是否超过规定

C. 圈梁和构造柱的设置是否满足规范的要求

D. 房屋屋盖、楼盖的类别和横墙的距离

34. 下列哪种现象可以代表岩石进入破坏状态？(　　)

A. 体积变小　　B. 体积增大　　C. 应力变小　　D. 应变增大

35. 在均质各向同性的岩体内开挖一圆形洞室，当水平应力与垂向应力的比值为多少时，在围岩内会出现拉应力？(　　)

A. 1∶4　　B. 1∶3　　C. 1∶2　　D. 1∶1

36. 关于土的塑性指数，下面说法正确的是(　　)。

A. 可以作为黏性土工程分类的依据之一

B. 可以作为砂土工程分类的依据之一

C. 可以反映黏性土的软硬情况

D. 可以反映砂土的软硬情况

37. 在相同的地基上，甲、乙两条形基础的埋深相等，基底附加压力相等、基础甲的宽度为基础乙的2倍。在基础中心以下相同深度 $Z(Z>0)$ 处基础甲的附加应力 σ_A 与基础乙的附加应力 σ_B 相比(　　)。

A. $\sigma_A>\sigma_B$，且 $\sigma_A>2\sigma_B$

B. $\sigma_A>\sigma_B$，且 $\sigma_A<2\sigma_B$

C. $\sigma_A>\sigma_B$，且 $\sigma_A=2\sigma_B$

D. $\sigma_A>\sigma_B$，但 σ_A 与 $2\sigma_B$ 的关系尚要根据深度 Z 与基础宽度的比值确定

38. 下面哪一个可以作为固结系数的单位？(　　)

A. 年/m　　B. m^2/年　　C. 年　　D. m/年

39. 关于膨胀土，下列说法不正确的是(　　)。

A. 膨胀土遇水膨胀，失水收缩，两种情况的变形量都比较大

B. 膨胀土遇水膨胀量比较大，失水收缩的变形量则比较小，一般可以忽略

C. 对地基预浸水可以消除膨胀土的膨胀性

D. 反复浸水—失水后可以消除膨胀土的膨胀性

40. 无水情况的均质无黏性土边坡，不考虑摩擦角随应力的变化，滑动面形式一般为(　　)。

A. 深层圆弧滑动　　B. 深层对数螺旋形滑动

C. 表面浅层滑动　　D. 深层折线形滑动

41. 一种岩石，具有如下特征：灰色、结构细腻、硬度比钥匙大且比玻璃小，滴盐酸不起泡但其粉末滴盐酸微弱起泡。这种岩石是(　　)。

A. 白云岩　　B. 石灰岩　　C. 石英岩　　D. 玄武岩

42. 具有交错层理的岩石通常是(　　)。

A. 砂岩　　B. 页岩

C. 燧石条带石灰岩　　D. 流纹岩

43. 上盘相对上升，下盘相对下降的断层是(　　)。

A. 正断层　　B. 逆断层　　C. 平移断层　　D. 迭瓦式构造

44. 地质图上表现为中间新、两侧变老的对称分布地层，这种构造通常是(　　)。

A. 向斜　　B. 背斜　　C. 正断层　　D. 逆断层

45. 典型冰川谷的剖面形态是(　　)。

A. U形　　B. V形　　C. 蛇形　　D. 笔直

46. 一个产状接近水平的结构面在赤平面上的投影圆弧的位置(　　)。

A. 位于大圆和直径中间　　B. 靠近直径

C. 靠近大圆　　D. 不知道

47. 在荒漠地区，风化作用主要表现为(　　)。

A. 被风吹走　　B. 重结晶　　C. 机械破碎　　D. 化学分解

48. 下列条件中不是岩溶发育的必需条件为(　　)。

A. 岩石具有可溶性　　B. 岩体中具有透水结构面

C. 具有溶蚀能力的地下水　　D. 岩石具有软化性

49. 存在干湿交替作用时，侵蚀性地下水对混凝土的腐蚀强度比无干湿交替作用时(　　)。

A. 相对较低　　B. 相对较高　　C. 不变　　D. 不一定

50. 关于黄土的湿陷性判断，下列哪个陈述是正确的？(　　)

A. 只能通过现场载荷试验

B. 不能通过现场载荷试验

C. 可以采用原状土样做室内湿陷性试验

D. 可以采用同样密度的扰动土样的室内试验

51. 在高应力条件下的岩石边坡开挖，最容易出现的破坏现象是(　　)。

A. 岩层弯曲　　B. 岩层错动　　C. 岩层倾倒　　D. 岩层断裂

52. 排水对提高边坡的稳定性具有重要作用，主要是因为(　　)。

A. 增大抗滑力　　B. 减小下滑力

C. 提高岩土体的抗剪强度　　D. 增大抗滑力、减小下滑力

53. 对一水平的均质岩基，其上作用三角形分布的垂直外荷载，下列所述的岩基内附加应力分布中，哪一个叙述是不正确的？(　　)

A. 垂直应力分布均为压应力

B. 水平应力分布均为压应力

C. 水平应力分布既有压应力又有拉应力

D. 剪应力既有正值又有负值

54. 如果扩展基础的冲切验算不能满足要求，可以采取以下哪种措施？(　　)

A. 降低混凝土标号　　B. 加大基础底板的配筋

C. 增大基础的高度　　D. 减小基础宽度

55. 在相同的砂土地基上，甲、乙两基础的底面均为正方形，且埋深相同。基础甲的面积为基础乙的 2 倍。根据载荷试验得到的承载力进行深度和宽度修正后，有(　　)。

A. 基础甲的承载力大于基础乙

B. 基础乙的承载力大于基础甲

C. 两个基础的承载力相等

D. 根据基础宽度不同，基础甲的承载力可能大于或等于基础乙的承载力，但不会小于基础乙的承载力

56. 下面哪种措施有利于减轻不均匀沉降的危害？(　　)

A. 建筑物采用较大的长高比　　B. 复杂的建筑物平面形状设计

C. 增强上部结构的整体刚度　　D. 增大相邻建筑物的高差

57. 下面哪种情况下的群桩效应比较突出？(　　)

A. 间距较小的端承桩　　B. 间距较大的端承桩

C. 间距较小的摩擦桩　　D. 间距较大的摩擦桩

58. 在进行地基处理时，淤泥和淤泥质土的浅层处理宜采用下面哪种方法？(　　)

A. 换土垫层法　　B. 砂石桩挤密法

C. 强夯法　　D. 振冲挤密法

59. 复合地基中桩的直径为0.36m，桩的间距(中心距)为1.2m，当桩按正方形布置时，面积置换率为(　　)。

A. 0.142　　B. 0.035　　C. 0.265　　D. 0.070

60. 采用真空预压法加固地基，计算表明在规定时间内达不到要求的固结度，加快固结进程时，下面哪种措施是正确的？(　　)

A. 增加预压荷载　　B. 减小预压荷载

C. 减小井径比　　D. 将真空预压法改为堆载预压

答案及详解

单项选择题(共60题，每题2分。每题的备选项中只有一个最符合题意)

1. B 【考点】材料的基本性质

【解析】AC两项，由密度公式$\rho=m/V$可知，V为绝对密实下的体积，其值保持不变，m的大小也不变，故材料的孔隙率降低，其密度不会发生变化。BD两项，表观密度$\rho_0=m/V_0$，V_0为材料在自然状态下的体积，孔隙率降低意味着密实度增大，从而导致V_0减小，使ρ_0增大，则强度提高。

2. A 【考点】材料的基本性质

【解析】密度的公式为：$\rho=m/V$，孔隙率的公式为：$P=1-\rho_0/\rho$，则表观密度$\rho_0=(1-P)\rho=(1-10\%)\times2.6=2.34\text{g/cm}^3=2340\text{kg/m}^3$。

3. C 【考点】水泥的水化与凝结机理

【解析】早强水泥要求水泥水化速度快，早期强度高。硅酸盐水泥四种熟料矿物中，水化速度最快的是铝酸三钙，其次是硅酸三钙；早期强度最高的是硅酸三钙。故早强水泥中硅酸三钙的含量较高。

4. D 【考点】混凝土徐变与干缩规律

【解析】混凝土干燥收缩时，先失去自由水；继续干燥时，毛细水蒸发，使毛细孔中产生负压收缩；再继续干燥则使吸附水蒸发，从而引起凝胶体失水而收缩。混凝土徐变时，水泥石中的凝胶体产生黏性流动，向毛细孔中迁移，或者凝胶体中的吸附水或结晶水向内部毛细孔迁移渗透。可见，这两种现象都是由于凝胶孔水分的迁移所致。

5. A 【考点】砂的粗细程度指标

【解析】考虑混凝土用砂时，用细度模数(M_x)表示粗细，根据M_x的大小将砂分为粗、中、细、特细四级。M_x越大，砂越粗；M_x越小，砂越细。

6. D 【考点】沥青及改性沥青

【解析】在石油沥青中加入某些矿物填充料等改性材料，得到改性石油沥青，或进而生产各种防水制品。其中，加入的粉状矿物填充材料，如滑石粉，可提高沥青的黏性耐热性，减少沥青对温度的敏感性。

7. C 【考点】钢材的塑性变形能力指标

【解析】C项，钢材的断后伸长率δ表征钢材的塑性变形能力，其数值越大，塑性越强。A项，屈服强度f_y是指应力应变曲线开始产生塑性流动时对应的应力，它是衡量钢材的承载能力和确定钢材强度设计值的重要指标；B项，抗拉强度f_u是指应力应变曲线最高点对应的应力，它是钢材最大的抗拉强度；D项，冲击韧性是指钢材抵抗冲击荷载的能力。

8. A 【考点】水准测量方法及成果整理

【解析】A项，在水准测量中，内业成果整理中出现$\sum h=\sum a-\sum b$($\sum h$为观测计算的每一站的高差之和；$\sum a$为观测的后视读数之和；$\sum b$为观测的前视读数之和)，计算校核只能说明各站的高差值计算正确。B项，再次测量读数可以检验前、后视读数是否正确；

C 项，计算校核检验的是高差，与高程值无关；D 项，水准测量的成果是否合格，需要检验高差闭合差 f_h 是否在规定的允许误差范围内。

9. A 【考点】经纬仪的检验与校正

【解析】横轴和竖轴是经纬仪上最重要的两个轴，它们应当相互垂直成 90°。若竖轴铅垂，视准轴垂直于横轴，但横轴不是处于水平位置时，会给测量带来误差，这个误差称为横轴倾斜误差。假定横竖轴垂直度为 i，即当仪器竖轴处于铅垂位置时，横轴相对水平位置倾斜 $i°$，望远镜绕横轴旋转时，视准轴扫出的将不是铅垂面，而是一个圆锥面。

10. B 【考点】中误差的计算

【解析】和函数的中误差传播定律为：

$$Z = x_1 + x_2 + \cdots + x_n,\ m_z = \pm\sqrt{m_1^2 + m_2^2 + \cdots m_n^2}$$

又因为 $180° - \angle C = \angle A + \angle B$，180°是常数，则 $360° - \angle C$ 的中误差为 $\angle C$ 的中误差，即 $m_C = \pm\sqrt{m_A^2 + m_B^2} = \pm 6.4''$。

11. D 【考点】导线测量外业工作工序

【解析】导线测量的外业工作包括：踏勘选点、建立标志、导线边长测量、导线转折角（水平角）测量和导线连接测量等。

12. D 【考点】相对高程

【解析】将建（构）筑物的室内地坪高程作为 ±0 点，说明采用的是相对高程。由于地势的起伏或地基基础的高低等不同，每个建筑物的绝对高程值不一定相同，即使每层楼每个房间采用不同的室内地坪高程作为 ±0 点都有可能不相同（相对参照零点不同），则各个建（构）筑物的 ±0 点不是同一高程。

13. D 【考点】招投标规定

【解析】《招标投标法》第四十八条规定，中标人应当按照合同约定履行义务，完成中标项目。中标人不得向他人转让中标项目，也不得将中标项目肢解后分别向他人转让。《建设工程质量管理条例》第七条规定，建设单位应当将工程发包给具有相应资质等级的单位。建设单位不得将建设工程肢解发包。

14. A 【考点】建设单位的责任与义务

【解析】AB 两项，《建设工程质量管理条例》第七十八条规定，本条例所称肢解发包，是指建设单位将应当由一个承包单位完成的建设工程分解成若干部分发包给不同的承包单位的行为；第七条规定，建设单位应当将工程发包给具有相应资质等级的单位。建设单位不得将建设工程肢解发包。

C 项，第十三条规定，建设单位在领取施工许可证或者开工报告前，应当按照国家有关规定办理工程质量监督手续。

D 项，第十二条规定，实行监理的建设工程，建设单位应当委托具有相应资质等级的工程监理单位进行监理，也可以委托具有工程监理相应资质等级并与被监理工程的施工承包单位没有隶属关系或者其他利害关系的该工程的设计单位进行监理。

15. A 【考点】安全生产责任制度

【解析】A 项，安全生产责任制度相关法律规定，单位主要负责人、施工项目经理、专职人员与从业人员都有报告生产安全事故的责任。BC 两项，确保安全生产费用有效使用、进行工伤事故统计、分析和报告是单位负责人、项目经理的责任；D项，单位主要负责人、施工项目经理是单位的人事安排，不需要经过考试（项目经理至少是二级建造师），专职人员与从业人员需要通过考试合格后，持证上岗。

16. A 【考点】知识产权的归属

【解析】A项，相关法律规定，职工在职期间及离开企业一年内，独自开发或与他人合作开发的与其在企业相关的所有知识产权归企业所有，离职一年后形成的知识产权可视为己有。B项，职工在职期间负有保密责任，不得将期间的材料、技术、营销手段等等未经许可交予他人。C项，该技术资料属单位所有，未经著作权人许可，不得复制其作品。D项，职工在职期间属于职务发明创造的科技成果应申请成为职务专利，属公司所有，公司需根据情况对其进行奖励。

17. C 【考点】灌注桩施工与承载力

【解析】根据灌注桩的施工方法不同，可将灌注桩分为钻孔灌注桩、挖孔灌注桩、沉管灌注桩和爆扩灌注桩。其中，钻孔灌注桩的承载能力较低，沉降量也较大；沉管灌注桩根据承载力的要求不同，可分别采用单打法、复打法和反插法，其承载力由低到高的顺序依次为：单打沉管桩→反插沉管桩→复打沉管桩。

18. A 【考点】混凝土临界强度的影响因素

【解析】混凝土受冻临界强度是指混凝土遭受冻害，后期强度损失在5%以内的预养护强度值。影响混凝土受冻临界强度的首要因素是水泥品种，不同水泥品种的水泥强度不同，水化反应产生的水化热不同，直接影响混凝土的温度和强度增长。普通硅酸盐水泥配置的混凝土，其临界强度定为混凝土标准强度的30%；矿渣硅酸盐水泥配置的混凝土为40%。

19. C 【考点】起重安装机械的种类及适用条件

【解析】A项，人字桅杆式起重机将构件起吊后活动范围小，一般仅用于安装重型构件或作为辅助设备以吊装厂房屋盖体系上的轻型构件；B项，履带式起重机在单层工业厂房装配式结构吊装中得到了广泛的应用，不适宜超负荷吊装；C项，轨道式塔式起重机能负荷行走，能同时完成水平运输和垂直运输，且能在直线和曲线轨道上运行，使用安全，生产效率高；D项，附着式塔式起重机紧靠拟建的建筑物布置，适用于高层建筑施工。本题中，平面呈板式的六层钢筋混凝土预制结构吊装时需要较大的起重高度和起重重量，则更适宜使用轨道式塔式起重机。

20. B 【考点】双代号网络图时间参数

【解析】B项，在双代号时标网络计划中，某项工作的箭线上没有波形线说明该工作的自由时差为0。A项，非关键工作的自由时差也可能为0；CD两项，波形线的定义只是该工作的自由时差，和总时差没有关系。

21. C 【考点】单位工程施工进度管理

【解析】CD两项，单位工程施工进度计划是编制各种资源需要量计划和施工准备工作计划的依据，分部分项工程进度计划包含在单位工程施工进度计划之内。A项，施工准备计划没有具体到各种资源量的分配和施工资金的到位；B项，工程年度计划是管理层进行效率管理、绩效考核的依据，与工程本身的具体进度无太大关系。

22. D 【考点】结构的位移计算与对称性利用

【解析】正对称结构在反对称荷载作用下只有反对称力和反对称位移，取半结构，C 处只有竖向的支撑链杆，如题 22 解图所示。根据单位荷载法，AC 杆 EI 增大一倍，左侧半结构的水平位移为原来的一半，即 $\dfrac{\Delta}{4}$ ；BC 杆 EI 不变，右侧半结构的水平位移不变仍为 $\dfrac{\Delta}{2}$。故总的水平位移为：$\Delta_{CH}=\dfrac{\Delta}{4}+\dfrac{\Delta}{2}=\dfrac{3\Delta}{4}=0.75\Delta$。

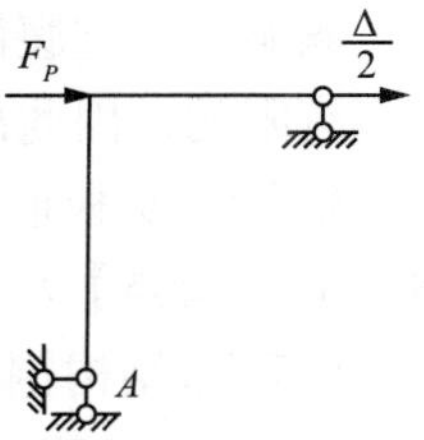

题 22 解图

23. C 【考点】单自由度体系的自振频率

【解析】根据柔度法求解体系的自振频率，图示超静定结构的柔度为：$\delta=\dfrac{l^3}{12EI}$。根据自振频率的公式 $\omega=\sqrt{\dfrac{1}{m\delta}}$，计算可得：$\omega=\sqrt{\dfrac{12EI}{ml^3}}$，故只有增大 EI 才会使自振频率增大。

24. D 【考点】剪力分配法

【解析】根据平衡条件求出支座反力，AB 杆的抗剪刚度为 $3i/l^2$，与 AB 杆平行的杆的抗剪刚度为 $12i/l^2$。图示结构水平和竖直长度均为 l，因此可以看作水平力 P 作用处加一水平支座，右下角支座去掉，代之以竖向力 P，方向向上。竖向的力 P 按抗剪刚度分配，故 AB 杆在 A 处的剪力大小为：$F_{QAB}=(3i/l^2)/(3i/l^2+12i/l^2)=P/5$，计算得：$M_{BA}=F_{QAB}\cdot l=P/5\cdot l=Pl/5$。

25. D 【考点】纯扭构件破坏形态

【解析】钢筋混凝土受扭构件的破坏形态包括：受扭少筋破坏、受扭适筋破坏、受扭部分超筋破坏和受扭超筋破坏。当 ρ_{t1}、ρ_{sv}（箍筋配筋率）之中的一个值太大，ζ 值过大或过小，受压面混凝土压坏时，钢筋混凝土受扭构件将发生部分超筋破坏；当 ρ_{t1}、ρ_{sv} 均太大，受压面混凝土压坏时，钢筋混凝土受扭构件将发生超筋破坏。故随受扭箍筋配筋率的增加将发生的受扭破坏形态是部分超筋破坏或超筋破坏。

26. D 【考点】预应力混凝土受弯构件破坏过程、机理

【解析】A 项，受压区设置预应力钢筋目的是减小构件在受到外力作用下的变形。

B 项，预应力混凝土受弯构件相对受压区高度计算公式为：$\xi_b=\dfrac{\beta_1}{1+\dfrac{f_{py}-\sigma_{p0}}{E_s\varepsilon_{cu}}}$。

普通混凝土界限相对受压区高度计算公式为：$\xi_b=\dfrac{\beta_1}{1+\dfrac{f_y}{E_s\varepsilon_{cu}}}$。

显然由于预应力的存在两者的计算公式不同。

CD 两项，预应力混凝土受弯构件在达到承载力极限状态时，受拉区钢筋一般都能达到屈服状态，而受压区预应力钢筋一般未能达到屈服状态。

27. B 【考点】框架—剪力墙结构与筒体结构的特点

【解析】筒体结构是特殊的框架—剪力墙结构。钢筋混凝土筒体结构是由四片密柱深梁框架所组成的立体结构。在水平荷载作用下，四片框架同时参与工作。水平剪力主要由平行于荷载方向的“腹板框架”承担，倾覆力矩则由垂直于荷载方向的“翼缘框架”和“腹

板框架”共同承担。由于“翼缘”和“腹板”是由密柱深梁的框架所组成，相当于墙面上布满洞口的空腹筒体。尽管深梁的跨度很小，截面高度很大，深梁的竖向弯剪刚度仍然是有限的，因此出现剪力滞后现象，使得柱的轴向力愈接近角柱愈大。框筒的“翼缘框架”和“腹板框架”的各柱轴向力分布均呈曲线变化。

28. B 【考点】结构钢材牌号的意义

【解析】结构钢材牌号中的“Q”是汉字“屈服”的汉语拼音的第一个字母，表示屈服强度，后面的“345”则是屈服强度的具体数值。最后的字母是指该强度级别的钢的质量等级符号，一般分为A、B、C、D、E等级别(越往后级别越高)，主要区别是冲击功的要求不同，即冲击韧性不同。

29. C 【考点】钢结构轴心受拉构件的刚度设计指标

【解析】为防止制作、运输安装和使用中出现刚度不足现象，对于桁架、支撑等受拉构件应验算其长细比，故钢结构轴心受拉构件的刚度设计指标是构件的长细比。A项，钢结构轴心受拉构件的轴向变形一般不需要计算。B项，荷载标准值产生的挠度为受弯构件的一个刚度设计指标。D项，自振频率为构件的固有动态参数。

30. B 【考点】摩擦型高强螺栓的连接与强度计算

【解析】高强螺栓摩擦型螺栓群在弯矩作用下所受拉力的计算公式为：$N=\dfrac{My_1'}{\sum y_i^2}$，中和轴位于中间位置。本题中，$\sum y_i^2=2\times\sum y_i'^2=2\times\left[2\times\left(\dfrac{y_2}{2}\right)^2+2\times\left(\dfrac{y_1}{2}\right)^2\right]=y_1^2+y_2^2$，$y_1'=\dfrac{y_1}{2}$，弯矩 $M=Fe$，$N=\dfrac{My_1'}{\sum y_i^2}=\dfrac{Fey_1}{2y_1^2+2y_2^2}$，故B项正确。

31. B 【考点】砌体构造要求与构造柱设置

【解析】AB两项，构造柱能够从竖向加强楼层间墙体的连接，与圈梁一起构成空间骨架，从而加强建筑物的整体刚度，提高墙体的抗变形能力和抗剪承载力，但不能提高竖向承载力；C项，根据《建筑抗震设计规范》(GB 50011—2010)(2016年版)第7.3.1第1款规定，构造柱设置部位，一般情况下应符合表7.3.1(见题31解表)的要求。

题31解表

<table>
<tr><th colspan="4">房屋层数</th><th colspan="2" rowspan="2">设置部位</th></tr>
<tr><th>6度</th><th>7度</th><th>8度</th><th>9度</th></tr>
<tr><td>四、五</td><td>三、四</td><td>二、三</td><td></td><td rowspan="3">楼、电梯间四角，楼梯斜梯段上下端对应的墙体处；
外墙四角和对应转角；
错层部位横墙与外纵墙交接处；
大房间内外墙交接处；
较大洞口两侧</td><td>隔12m或单元横墙与外纵墙交接处；
楼梯间对应的另一侧内横墙与外纵墙交接处</td></tr>
<tr><td>六</td><td>五</td><td>四</td><td>二</td><td>隔开间横墙(轴线)与外墙交接处；
山墙与内纵墙交接处</td></tr>
<tr><td>七</td><td>≥六</td><td>≥五</td><td>≥三</td><td>内墙(轴线)与外墙交接处；
内墙的局部较小墙垛处；
内纵墙与横墙(轴线)交接处</td></tr>
</table>

注：较大洞口，内墙指不小于2.1m的洞口；外墙在内外墙交接处已设置构造柱时应允许适当放宽，但洞侧墙体应加强。

D 项，设置构造柱之后抗侧刚度会有一定提高，并非有很大提高。

32. A 【考点】砌体结构中壁柱的设置

【解析】《砌体结构设计规范》(GB 50003—2011)第 6.2.8 条规定，当梁跨度大于或等于下列数值时，其支撑处宜加设壁柱，或采取其他加强措施：①对 240mm 厚的砖墙为 6m，对 180mm 厚的砖墙为 4.8m；②对砌块、料石墙为 4.8m。

33. D 【考点】砌体结构房屋空间工作性能的主要影响因素

【解析】影响砌体结构房屋空间工作性能的因素有：①房屋结构所用的块材和砂浆的强度等级；②外纵墙的高厚比和门窗洞口的开设是否超过规定；③房屋屋盖、楼盖的类别和横墙的间距；④圈梁和构造柱的设置是否满足规范的要求。其中最主要的因素是房屋屋盖、楼盖的类别和横墙的刚度和间距。屋盖或楼盖类别与砌体结构房屋的横墙间距最大间距限值有关，即楼(屋)盖结构的整体性不同，横墙的最大间距限值要求也不同；横墙的最大间距可确定房屋的静力计算方案，且直接影响砌体结构房屋的抗震性能，抗震设防烈度越高，横墙的最大间距的限值越小。

34. B 【考点】岩石三轴试验与破坏标准

【解析】根据岩石在压应力作用下的变形与破坏规律和特征可知，当应力超过了岩石的弹性极限后，由于岩石内部微裂隙的产生与扩展，体积开始增大(扩容)，进入塑性变形阶段，所以工程上将体积增大作为岩石破坏的标准。

35. B 【考点】各向同性岩体破坏准则

【解析】围岩出现拉应力即其在某一个角度上的正应力大于零，根据围岩在角度 $\theta_1=\pi$ 的正应力计算公式：$\sigma_{\theta 1}=-\sigma_x+3\sigma_y>0$，可得：$\sigma_x:\sigma_y=1:3$。

36. A 【考点】土的塑性指数

【解析】A 项，土的塑性指数是指黏性土的液限与塑限之差，反应土在可塑状态下的含水率范围，可作为黏性土分类的指标；C 项，液性指数可反应黏性土的软硬情况；BD 两项，砂土没有塑性指数。

37. B 【考点】基础的附加应力分布

【解析】由于甲、乙两条形基础的埋深相等，且基底附加压力相等、基础甲的宽度为基础乙的 2 倍，则基础甲的基底附加应力比基础乙的基底附加应力大。根据土中附加应力计算公式：$\sigma_z=\alpha p_0$，基底附加压力 p_0 不变，只要比较两基础的土中附加应力系数即可。设 $b=1\text{m}$，基础的埋深相等，即 $Z_A=Z_B$，$Z_A/b=Z_B/b$。由矩形面积受均布荷载作用时角点下应力系数表，当 $l_A=2l_B$ 时，$\alpha_A<2\alpha_B$，故 $\sigma_A<2\sigma_B$。

38. B 【考点】固结系数

【解析】土的固结系数 $C_v=T_vH^2/t$。式中，T_v 为无量纲数；H^2 的单位为 m^2；t 的单位为年。则固结系数 C_v 的单位为 m^2/年。

39. B 【考点】膨胀土的性质

【解析】AB 两项，膨胀土遇水膨胀，失水收缩，两种情况的变形量都比较大，所以失水收缩的变形量不能忽略不计；C 项，预浸水法是在施工前用人工方法增加地基土的含水量，使膨胀土层全部或部分膨胀，并维持高含水量，从而消除或减少膨胀变形量；D 项，反复浸水—失水可看做干—湿循环过程，会使膨胀土内部裂隙和微观结构发生改变，进而从工程特性上减弱甚至消除膨胀土的膨胀特性，来改良膨胀土。

40. C 【考点】边坡破坏形式分类

【解析】黏性土的滑动面为深层圆弧滑动，无黏性土的滑动面为表面浅层滑动，岩石边坡一般为深层折线滑动。

41. A 【考点】白云岩的物理及化学特性

【解析】白云岩是一种以白云石为主要组分的碳酸盐岩，常混入方解石、黏土矿物、石膏等杂质。外貌与石灰岩很相似，呈灰色或灰白色，滴稀盐酸(浓度为5%)会极缓慢地微弱发泡或不发泡，研成粉末后滴稀盐酸会发泡。B项，石灰岩中含大量方解石，遇盐酸会大量起泡；CD两项，石英岩以石英为主要成分，玄武岩以辉石和斜长石为主要成分，它们遇酸均不会起泡。

42. A 【考点】岩石层理面

【解析】A项，砂岩属于沉积岩，沉积岩最主要的构造是层理构造，层理构造包括水平层理、单斜层理和交错层理，它是沉积岩区别于变质岩、火成岩的最主要标志，砂岩表明沉积时动水条件剧烈，特别是在海岸潮起潮落带，易形成交错层理，BC两项，虽然也属于沉积岩，但反映出明显的静水沉积特征。D项，流纹岩是火成岩，不会形成交错层理。

43. B 【考点】断层的种类

【解析】B项，逆断层是指上盘沿断层面相对上移，下盘相对下移的断层。A项，正断层是指上盘沿断层面相对下移，下盘相对上移的断层；C项，平移断层是指断层两盘沿断层走向作相对平移运动的断层；D项，迭瓦式构造是指由多个逆断层(冲断层或逆掩断层)平行重叠出现而形成的一种构造，在此构造中，断层层面基本平行，且其倾向与伴生的褶曲轴面倾向几乎一致。

44. A 【考点】向斜与背斜

【解析】AB两项，背斜是岩层向上拱起弯曲，核部的岩层时代较老，两侧的岩层时代较新；向斜是岩层向下凹陷弯曲，核部的岩层时代较新，两侧的岩层时代较老。CD两项，下盘相对上移，上盘相对下移的断层称为正断层；上盘相对上移，下盘相对下移的断层称为逆断层。

45. A 【考点】冰川地貌

【解析】冰川移动的山谷称为冰川谷，又称幽谷、槽谷，由于冰川的底蚀和侧蚀作用很强烈，使幽谷两壁陡立，横剖面呈“U”字形，且具有明显的冰川擦痕及磨光面等特征。

46. C 【考点】赤平投影结构面图示方法

【解析】在赤平极射投影图中，越靠近圆的边缘说明结构面的倾角越小，越接近水平；越靠近圆的直径说明结构面的倾角越大，越接近垂直。

47. C 【考点】风化作用

【解析】在荒漠地区，由于气候炎热干燥，风化作用中的化学风化作用较弱，物理风化作用主要表现为颗粒之间的相互碰撞、摩擦，从而导致颗粒变碎、变小。而被风吹走只是形式，吹走之后与地面岩石的碰撞、破碎才是荒漠地区风化的主要原因。

48. D 【考点】岩溶地貌的成因

【解析】岩溶形成的条件包括：具有可溶性的岩石、可溶岩具有透水性、具有溶蚀能力的地下水以及循环交替的水流。D项，岩石具有软化性不是岩溶发育的必备条件。

49. B 【考点】干湿交替下的溶蚀作用

【解析】混凝土无论是在地上还是在地下，有干湿交替作用时，其腐蚀性比无干湿交替作用下的腐蚀性高。原因是在干湿的交替情况下，能够促进水中有害离子的迁移，加大对钢筋混凝土的腐蚀。

50. C 【考点】湿陷性试验

【解析】黄土湿陷的机理通常认为是由黄土的大孔隙结构特性和胶结物质的水理特性决定的。因此在判断黄土的湿陷性时不能改变其原有结构。ABC 三项，对黄土的湿陷性判断，可采用现场载荷试验，也可利用现场采集的不扰动土样，通过室内浸水试验得到结果。D 项，不能采用同样密度的扰动土样进行试验，这是因为已经改变了湿陷性黄土的结构。

51. D 【考点】地应力形式

【解析】岩质边坡常见的破坏形式主要包括崩塌、坍塌、滑塌、倾倒、错落、落石，这些几乎都与高应力无关。D 项，岩层断裂一般指顺倾边坡坡脚开挖后上部岩层失去支撑发生的断裂现象，水平应力较大的边坡，岩层的变形往往较大，在高地应力作用下，开挖岩石边坡时，高地应力突然释放，最容易导致岩层断裂。A 项，岩层弯曲是指岩层倾角与坡面倾角相同的边坡开挖后坡面最前面岩层下滑弯曲的现象；BC 两项，边坡内外界因素(河流下切、开挖、地下水等)的改变，坡顶岩体在自重力矩和侧向卸荷的影响下，开始向临空方向发生悬臂梁式弯曲(即弯曲变形)，随着变形加剧逐渐出现岩层错动，分离，拉裂，倾倒。

52. D 【考点】边坡稳定性与水的作用

【解析】排水后滑面上的静水压力消失，法向应力增大，抗滑力提高，同时下滑力减小。另一方面，排水后不仅滑面的抗剪强度提高，而且坡体内部岩土体的强度也会提高。

53. B 【考点】岩基三角形荷载的分布规律

【解析】BC 两项，水平均质岩基上作用呈三角形分布的垂直外荷载，其水平方向上既有拉应力也有压应力；A 项，其垂直方向上只有压应力；D 项，其产生的剪应力既有正值也有负值。

54. C 【考点】基础抗冲切验算

【解析】CD 两项，扩展基础应满足抗冲切验算的要求，当不能满足时应增加基础的高度，或者增加基础的宽度。AB 两项，降低混凝土标号和加大基础底板的配筋会影响基础底板的抗弯能力，但不能提高其抗冲切能力。

55. D 【考点】地基承载力

【解析】地基承载力的修正公式为：$f_a = f_{ak} + \eta_b\gamma(b-3) + \eta_d\gamma_m(d-0.5)$。本题中，基础甲的面积为基础乙的 2 倍，则基础甲的基础宽度为基础乙的基础宽度的$\sqrt{2}$倍(基础宽度大于 6m 时按 6m 计算)。故当基础乙的宽度大于 6m 时，甲、乙两基础的基础宽度均取 6m，此时地基承载力相同；当基础乙的宽度小于 6m 时，基础甲的地基承载力大于乙的地基承载力。

56. C 【考点】不均匀沉降的控制方法

【解析】减少不均匀沉降的方法有：尽量使建筑物体形力求简单、合理设置纵横墙和纵横比、设置沉降缝、控制相邻建筑物基础间的净距，采用较小的长高比、增强上部结构的整体刚度等等。

57. C 【考点】群桩效应

【解析】群桩效应主要是由于各桩所引起的地基应力的叠加造成的。对于端承桩和桩数少于3根的非端承桩，不考虑群桩效应；对于桩的中心距小于6倍(摩擦桩)桩径，而桩数超过三根的桩基，则需考虑群桩效应。端承桩基由于桩端面积较小且土(岩)较硬而使各桩引起的应力叠加作用较小，故间距较小的摩擦桩群桩效应比较突出。

58. A 【考点】淤泥与淤泥质土的地基处理

【解析】A项，浅层淤泥质土的地基处理常用换土垫层法，且较为经济。B项，砂石桩挤密法适用于较深的地基处理；C项，淤泥质软土(淤泥和淤泥质土的统称)由于土的高含水量，通常作为饱和软黏土进行考虑，而强夯法在饱和黏土中使用效果不易掌握，故不宜采用；D项，振冲挤密法是利用振冲器和水冲过程，使砂土结构重新排列挤密而不必另加砂石填料的方法，仅适用于处理松砂地基。

59. D 【考点】复合地基的面积置换率

【解析】圆形桩直径 $d=0.36\text{m}$，桩间距 $B=1.2\text{m}$，正方形布置时的等效直径：$d_e=1.13B=1.356\text{m}$，故复合地基面积置换率为：

$$m=\frac{A_p}{A_e}=\frac{\pi\left(\frac{d}{2}\right)^2}{\pi\left(\frac{e}{2}\right)^2}=\frac{\pi\times0.18^2}{\pi\times0.678^2}=0.070$$

60. C 【考点】真空预压法

【解析】C项，减小井径比可以增加砂井的有效排水直径，加大排水量，加快固结。A项，加快堆载速度和增加预压荷载会造成土体结构破坏，故不宜采用；B项，减小预压荷载显然是无法加快固结进程的；D项，将真空预压法改为堆载预压会浪费更多时间，不宜采用。

2014年注册土木工程师(岩土)执业资格考试《专业基础考试》真题

单项选择题(共60题，每题2分。每题的备选项中只有一个最符合题意)

1. 弹性体受拉应力时，所受应力与纵向应变之比称为(　　)。

A. 弹性模量　　B. 泊松比　　C. 体积模量　　D. 剪切模量

2. 材料在绝对密实状态下，单位体积的质量称为(　　)。

A. 密度　　B. 表观密度　　C. 密实度　　D. 堆积密度

3. 普通硅酸盐水泥的水化反应为放热反应，并且有两个典型的放热峰，其中第二个放热峰对应(　　)。

A. 硅酸三钙的水化　　B. 硅酸二钙的水化

C. 铁铝酸四钙的水化　　D. 铝酸三钙的水化

4. 混凝土材料在单向受压条件下的应力—应变曲线呈现明显的非线性特征，在外部应力达到抗压强度的30%左右时，图线发生弯曲，这时应力—应变关系的非线性主要是由于(　　)。

A. 材料出现贯穿裂缝　　B. 骨料被压碎

C. 界面过渡区裂缝的增长　　D. 材料中孔隙被压缩

5. 从工程角度，混凝土中钢筋防锈的最经济措施是(　　)。

A. 使用高效减水剂　　B. 使用钢筋阻锈剂

C. 使用不锈钢钢筋　　D. 增加混凝土保护层厚度

6. 地表岩石经长期风化、破碎后，在外力作用下搬运、堆积，再经胶结、压实等再造作用而形成的岩石称为(　　)。

A. 变质岩　　B. 沉积岩　　C. 岩浆岩　　D. 火成岩

7. 钢材牌号(如Q390)中的数值表示钢材的(　　)。

A. 抗拉强度　　B. 弹性模量　　C. 屈服强度　　D. 疲劳强度

8. 经纬仪的操作步骤是(　　)。

A. 整平、对中、瞄准、读数　　B. 对中、瞄准、精平、读数

C. 对中、整平、瞄准、读数　　D. 整平、瞄准、读数、记录

9. 用视距测量方法求A、B两点间距离，通过观测得尺间距$l=0.386$m，竖直角$\alpha=6°42'$，则A、B两点间水平距离为(　　)。

A. 38.1m　　B. 38.3m　　C. 38.6m　　D. 37.9m

10. 测量误差按其性质的不同可分为两类，它们是(　　)。

A. 读数误差和仪器误差　　B. 观测误差和计算误差

C. 系统误差和偶然误差　　D. 仪器误差和操作误差

11. 图根平面控制可以采用图根导线测量，对于图根导线作为首级控制时，其方位角闭合差应符合下列(　　)规定。

A. 小于$40''\sqrt{n}$　　B. 小于$45''\sqrt{n}$　　C. 小于$50''\sqrt{n}$　　D. 小于$60''\sqrt{n}$

12. 沉降观测的基准点是观测建筑物垂直变形值的基准，为了相互校核并防止由于个别基准点的高程变动造成差错，沉降观测布设基准点一般不能少于(　　)。

A. 2 个　　B. 3 个　　C. 4 个　　D. 5 个

13. 有关 ISO 9000 国标标准中的质量保证体系，下列正确的是(　　)。

A. ISO 9002：生产、安装和服务的质量保证模式

B. ISO 9004：最终检验和试验的质量保证模式

C. ISO 9001：仅设计与开发的质量保证模式

D. ISO 9003：业绩改进指南

14. 某超高层建筑施工中，一个塔吊分包商的施工人员因没有佩戴安全带加上作业疏忽而从高处坠落死亡。按我国《建筑工程安全生产管理条例》的规定，除工人本身的责任外，请问此意外的责任应(　　)。

A. 由分包商承担所有责任，总包商无需负责

B. 由总包商与分包商承担连带责任

C. 由总包商承担所有责任，分包商无需负责

D. 视分包合约的内容确定

15. 下列非我国城乡规划的要求的是(　　)。

A. 优先规划城市　　B. 利用现有条件

C. 优先安排基础设施　　D. 保护历史传统文化

16. 下列不属于招标人必须具备的条件是(　　)。

A. 招标人须有法可依的项目　　B. 招标人有充足的专业人才

C. 招标人有与项目相应的资金来源　　D. 招标人为法人或其他基本组织

17. 在锤击沉桩施工中，如发现桩锤经常回弹大，桩下沉量小，说明(　　)。

A. 桩锤太重　　B. 桩锤太轻　　C. 落距小　　D. 落距大

18. 冬季施工时，混凝土的搅拌时间应比常温搅拌时间(　　)。

A. 缩短 25%　　B. 缩短 30%　　C. 延长 50%　　D. 延长 75%

19. 某项工作有三项紧后工作，其持续时间分别为 4 天、5 天、6 天，其最迟完成时间分别为第 18 天、16 天、14 天末，本工作的最迟完成时间是第几天末？(　　)

A. 14　　B. 11　　C. 8　　D. 6

20. 进行网络计划"资源有限，工期最短"优化时，前提条件不包括(　　)。

A. 任何工作不得中断

B. 网络计划一经确定，在优化过程中不得改变各工作的持续时间

C. 各工作每天的资源需要量为常数，而且是合理的

D. 在优化过程中不得改变网络计划的逻辑关系

21. 有关施工过程质量验收的内容正确的是(　　)。

A. 检验批可根据施工及质量控制和专业验收需要按楼层、施工段、变形缝等进行划分

B. 一个或若干个分项工程构成检验批

C. 主控项目可有不符合要求的检验结果

D. 分部工程是在所含分项验收基础上的简单相加

22. 图示刚架 M_{DC} 为(下侧受拉为正)(　　)。

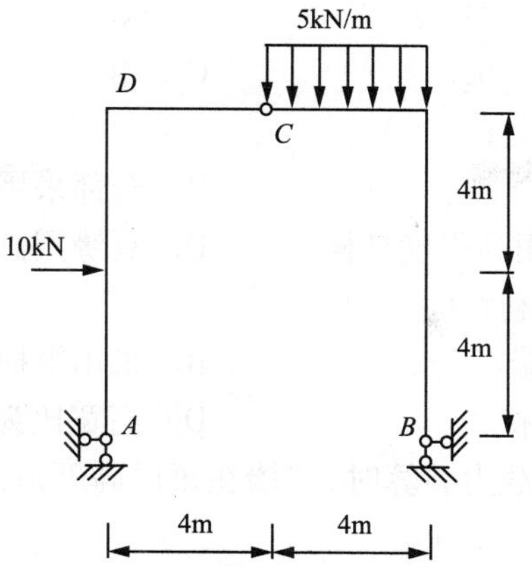

题 22 图

A. 0kN · m　　B. 20kN · m　　C. 40kN · m　　D. 60kN · m

23. 图示桁架 a 杆轴力为(　　)。

A. 15kN　　B. 20kN　　C. 25kN　　D. 30kN

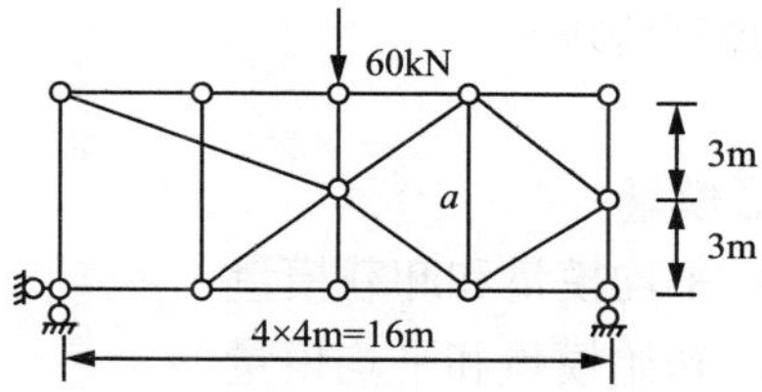

题 23 图

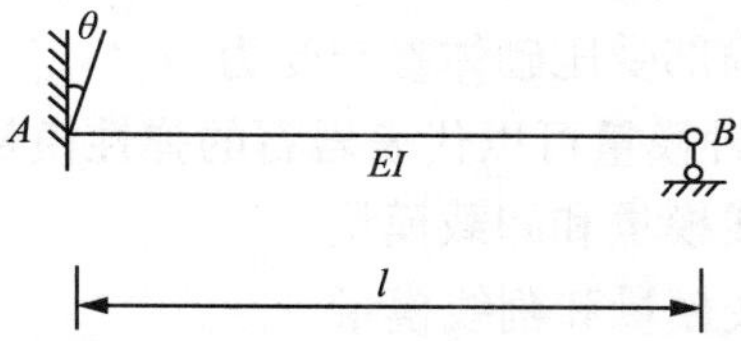

题 24 图

24. 图示梁 EI = 常数，固定端 A 发生顺时针方向角位移 θ，则铰支端 B 的转角(以顺时针方向为正)为(　　)。

A. $\frac{1}{2}\theta$　　B. θ　　C. $-\frac{1}{2}\theta$　　D. θ

25. 下列哪种情况是钢筋混凝土适筋梁达到承载能力极限状态时不具有的？(　　)

A. 受压混凝土被压溃　　B. 受拉钢筋达到其屈服强度

C. 受拉区混凝土裂缝多而细　　D. 受压区高度小于界限受压区高度

26. 提高钢筋混凝土矩形截面受弯构件的弯曲刚度最有效的措施是(　　)。

A. 增加构件截面的有效高度　　B. 增加受拉钢筋的配筋率

C. 增加构件截面的宽度　　D. 提高混凝土强度等级

27. 钢筋混凝土排架结构中承受和传递横向水平荷载的构件是(　　)。

A. 吊车梁和柱间支撑　　B. 吊车梁和山墙

C. 柱间支撑和山墙　　D. 排架柱

28. 建筑钢结构经常采用的钢材牌号是 Q345，其中 345 表示的是(　　)。

A. 抗拉强度　　B. 弹性模量　　C. 屈服强度　　D. 合金含量

29. 设计一悬臂钢梁，最合理的截面形式是(　　)。

题 29 图

A. 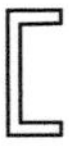　B. 　C. 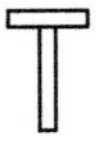　D. 

30. 钢框架柱拼接不常用的是(　　)。

A. 全部采用坡口焊缝　B. 全部采用高强度螺栓

C. 翼缘用焊缝而腹板用高强度螺栓　D. 翼缘用高强度螺栓而腹板用焊缝

31. 下列哪种情况对抗震不利?(　　)

A. 楼梯间设在房屋尽端　B. 采用纵横墙混合承重的结构布置方案

C. 纵横墙布置均匀对称　D. 高宽比为1:2

32. 对多层砌体房屋进行承载力验算时,“墙在每层高度范围内可近似视作两端铰支的竖向构件”所适用的荷载是(　　)。

A. 风荷载　B. 水平地震作用　C. 竖向荷载　D. 永久荷载

33. 砌体局部受压强度的提高,是因为(　　)。

A. 局部砌体处于三向受力状态

B. 非局部受压砌体有起拱作用而卸载

C. 非局部受压面积提供侧压力和力的扩散的综合影响

D. 非局部受压砌体参与受力

34. 下列哪种模量可以代表岩石的弹性模量和变形模量?(　　)

A. 切线模量和卸载模量　B. 平均模量和卸载模量

C. 切线模量和割线模量　D. 初始模量和平均模量

35. 关于地应力的分布特征,海姆(Haim)假说认为(　　)。

A. 构造应力为静水压力状态

B. 地应力为静水压力状态

C. 地表浅部的自重应力为静水压力状态

D. 地表深部的自重应力为静水压力状态

36. 某土样液限 $w_L = 25.8\%$,塑限 $w_P = 16.1\%$,含水率(含水量)$w = 13.9\%$,可以得到其液性指数 I_L 为(　　)。

A. $I_L = 0.097$　B. $I_L = 1.23$　C. $I_L = 0.23$　D. $I_L = -0.23$

37. 关于附加应力,下面说法正确的是(　　)。

A. 土中的附加应力会引起地基的压缩,但不会引起地基的失稳

B. 土中的附加应力除了与基础底面压力有关外,还与基础埋深等有关

C. 土中的附加应力主要发生在竖直方向,水平方向上则没有附加应力

D. 土中的附加应力一般小于土的自重应力

38. 饱和土中总应力为200kPa,孔隙水压力为50kPa,孔隙率0.5,那么土中的有效应力为(　　)。

A. 100kPa　B. 25kPa　C. 150kPa　D. 175kPa

39. 关于湿陷性黄土,下列说法不正确的是(　　)。

A. 湿陷性黄土地基遇水后会发生很大的沉降

B. 湿陷性特指黄土,其他种类的土不具有湿陷性

C. 湿陷性黄土的湿陷变形与所受到的应力也有关系

D. 将湿陷性黄土加密到一定密度后就可以消除其湿陷性

40. 对于下图的均质堤坝，上下游的边坡坡度相等，稳定渗流时哪一段边坡的安全系数最大？(　　)

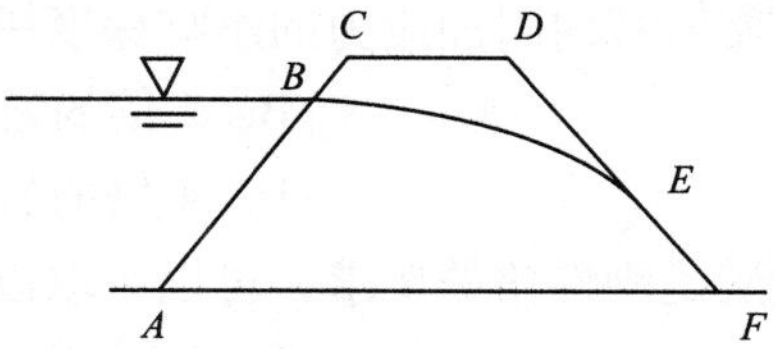

题40图

A. *AB*　　B. *BC*　　C. *DE*　　D. *EF*

41. 石灰岩经热变质重结晶后变成(　　)。

A. 白云岩　　B. 大理岩　　C. 辉绿岩　　D. 板岩

42. 上盘相对下降，下盘相对上升的断层是(　　)。

A. 正断层　　B. 逆断层　　C. 平移断层　　D. 阶梯断层

43. 形成蘑菇石的主要地质营力是(　　)。

A. 冰川　　B. 风　　C. 海浪　　D. 地下水

44. 张性裂隙通常具有以下(　　)特征。

A. 平行成组出现　　B. 裂隙面平直光滑

C. 裂隙面曲折粗糙　　D. 裂隙面闭合

45. 以下岩体结构条件，不利于边坡稳定的情况是(　　)。

A. 软弱结构面和坡面倾向相同，软弱结构面倾角小于坡角

B. 软弱结构面和坡面倾向相同，软弱结构面倾角大于坡角

C. 软弱结构面和坡面倾向相反，软弱结构面倾角小于坡角

D. 软弱结构面和坡面倾向相反，软弱结构面倾角大于坡角

46. 下列地质条件中，对风化作用影响最大的因素是(　　)。

A. 岩体中的断裂发育情况　　B. 岩石的硬度

C. 岩石的强度　　D. 岩石的形成时代

47. 下面几种现象中，能够作为活断层的标志是(　　)。

A. 强烈破碎的断裂带　　B. 两侧地层有牵引现象的断层

C. 河流凸岸内凹　　D. 全新世沉积物被错断

48. 下列地层中，能够形成含水层的是(　　)。

A. 红黏土层　　B. 黄土层　　C. 河床沉积　　D. 牛轭湖沉积

49. 地下水按其埋藏条件可分为(　　)。

A. 包气带水、潜水和承压水三大类　　B. 上层滞水、潜水和承压水三大类

C. 孔隙水、裂隙水和岩溶水三大类　　D. 结合水、毛细管水、重力水三大类

50. 为取得原状土样，可采用下列哪种方法？(　　)

A. 标准贯入器　　B. 洛阳铲

C. 厚壁敞口取土器　　D. 探槽中刻取块状土样

51. 岩质边坡发生曲折破坏时，一般是在下列哪种情况下？(　　)

A. 岩层倾角大于坡面倾角　　B. 岩层倾角小于坡面倾角

C. 岩层倾角与坡面倾角相同　　D. 岩层是直立岩层

52. 对数百米陡倾的岩石高边坡进行工程加固时，下列措施中哪种是经济可行的？(　　)

A. 锚杆和锚索　　B. 灌浆和排水　　C. 挡墙和抗滑桩　　D. 削坡减载

53. 在垂直荷载作用下，均质岩基内附加应力的影响深度一般情况是(　　)。

A. 1 倍的岩基宽度　　B. 2 倍的岩基宽度

C. 3 倍的岩基宽度　　D. 4 倍的岩基宽度

54. 如果无筋扩展基础不能满足刚性角的要求，可以采取以下哪种措施？(　　)

A. 增大基础高度　　B. 减小基础高度

C. 减小基础宽度　　D. 减小基础埋深

55. 对于相同的场地，下面哪种情况可以提高地基承载力并减少沉降？(　　)

A. 加大基础埋深，并加做一层地下室

B. 基底压力 p(kPa)不变，加大基础宽度

C. 建筑物建成后抽取地下水

D. 建筑物建成后，填高室外地坪

56. 先修高的、重的建筑物，后修矮的、轻的建筑物能够达到下面哪一种效果？(　　)

A. 减小建筑物的沉降量　　B. 减小建筑物的沉降差

C. 改善建筑物的抗震性能　　D. 减小建筑物以下土层的附加应力分布

57. 对混凝土灌注桩进行载荷试验，从成桩到开始试验的间歇时间为(　　)。

A. 7 天　　B. 15 天

C. 25 天　　D. 桩身混凝土达设计强度

58. 对软土地基采用真空预压法进行加固后，下面哪一项指标会减小？(　　)

A. 压缩系数　　B. 抗剪强度　　C. 饱和度　　D. 土的重度

59. 复合地基中桩的直径为 0.36m，桩的间距(中心距)为 1.2m，当桩按梅花形(等边三角形)布置时，面积置换率为(　　)。

A. 12.25　　B. 0.082　　C. 0.286　　D. 0.164

60. 采用堆载预压法加固地基时，如果计算表明在规定时间内达不到要求的固结度，加快固结进程时，不宜采取下面哪种措施？(　　)

A. 加快堆载速率　　B. 加大砂井直径

C. 减小砂井间距　　D. 减小井径比

答案及详解

单项选择题(共60题，每题2分。每题的备选项中只有一个最符合题意)

1. A　**【考点】**建筑材料的基本性质

【解析】A项，弹性变形范围内，应力与纵向应变的比值称为弹性模量，它是衡量材料抵抗变形能力的指标，又称刚度。弹性模量越大，材料越不易变形。B项，泊松比是指材料在单向受拉或受压时，横向正应变与轴向正应变的绝对值的比值，也叫横向变形系数，它是反映材料横向变形的弹性常数。C项，体积模量是弹性模量的一种，它用来反映材料的宏观特性，即物体的体应变与平均应力(某一点三个主应力的平均值)之间的关系的一个物理量。D项，剪切模量是剪切应力与应变的比值。又称切变模量或刚性模量。是材料在剪切应力作用下，在弹性变形比例极限范围内，切应力与切应变的比值。它表征材料抵抗切应变的能力。模量大，则表示材料的刚性强。

2. A　**【考点】**建筑材料的基本性质

【解析】A项，材料在绝对密实状态下，单位体积的质量称为密度。B项，材料在自然状态(不含开口孔)，单位体积的质量称为表观密度；C项，材料中固体体积占自然状态体积的百分比称为密实度；D项，散粒材料或粉状材料在自然堆积状态下，单位体积的质量称为堆积密度。

3. A　**【考点】**水泥的水化

【解析】普通硅酸盐水泥的水化反应为放热反应，按其成分分为硅酸三钙水化、硅酸二钙水化、铝酸三钙水化和铁铝酸四钙水化。其水化反应有两个典型的放热峰：①反应最快的是铝酸三钙，对应第一个放热峰；②其次是硅酸三钙，对应第二个放热峰。

4. C　**【考点】**混凝土的强度性能

【解析】混凝土材料在单向受压条件下的应力—应变曲线表现出明显的非线性特征。在外部应力达到抗压强度的30%左右前，混凝土的变形主要是骨料和水泥结晶体受力产生的弹性变形，而水泥胶体的黏性流动以及初始微裂缝变化的影响一般很小，所以应力—应变关系接近直线；当外部应力达到抗压强度的30%左右时，混凝土内部界面过渡区的裂缝增长，进入裂缝稳定扩展阶段，曲线发生弯曲；当外部应力达到抗压强度的90%左右时，试件中所积蓄的弹性应变能保持大于裂缝发展所需要的能量，从而形成裂缝快速发展的不稳定状，出现贯穿裂缝；当外部应力达到峰值应力，即材料的抗压强度之后，骨料被压碎。

5. A　**【考点】**钢材防锈

【解析】混凝土中钢筋防锈的措施包括增加保护层厚度、涂刷防锈漆、掺加防锈剂、使用高效减水剂，然而混凝土中钢筋具有一层碱性保护膜，在碱性介质中不致腐蚀，保证混凝土的密实性，此外，由于钢筋锈蚀的必备条件是一定量的水，高效减水剂可以大量减少水的用量从而防止钢筋锈蚀，故从工程角度，一般使用高效减水剂是最为经济的措施。

6. B　**【考点】**岩石的分类

【解析】B项，岩石按成因分为岩浆岩、沉积岩和变质岩。其中，沉积岩是由原岩(即岩浆岩、变质岩和早期形成的沉积岩）经风化剥蚀作用而形成的岩石碎屑、溶液析出物或有机质等，经流水、风、冰川等作用搬运到陆地低洼处或海洋中沉积。在温度不高、压力不大的条件下，经长期压密、胶结、重结晶等复杂的地质过程而形成的。A 项，变质岩是地壳中的原岩由于地壳运动、岩浆活动等，改变了原来岩石的结构、构造甚至矿物成分，形成的一种新的岩石；CD 两项，岩浆岩又称火成岩，是由地壳下面的岩浆沿地壳薄弱地带上升侵入地壳或喷出地表后冷凝而成的。

7. C　**【考点】**建筑钢材的种类

【解析】根据国家标准《低合金高强度结构钢》（GB/T 1591—2008）的规定，低合金高强度结构钢分为 8 个牌号，即 Q345、Q390、Q420、Q460、Q500、Q550、Q620 和 Q690。低合金高强度结构钢的牌号由三部分组成：①代表屈服点的汉语拼音字母 Q；②屈服点数值（MPa）；③质量等级符号 A、B、C、D、E 等。

8. C　**【考点】**经纬仪的使用

【解析】经纬仪的操作步骤是对中、整平、瞄准和读数。具体内容如下：①对中的目的是把仪器的纵轴安置到测站的铅垂线上，对中可利用垂球或光学对中器；②整平的目的是使经纬仪的纵轴铅垂，从而使水平度盘和横轴处于水平位置，垂直度盘位于铅垂平面内；③瞄准的方法是目镜调焦、粗瞄目标、物镜调焦、消除视差和精确瞄准；④读数的方法是按测微尺与度盘刻划相交处读取“度”数，从测微尺上的格子读取“分”数，1/10 分的小数用目估读取。

9. A　**【考点】**视距测量

【解析】视距测量是一种不受地形限制，间接地测定出地面两点间距离和高差的光学间接测距方法。利用测量望远镜内十字丝平面上的视距丝及刻有厘米分划的视距标尺，就可以测定测站与目标点之间的水平距离和高差（垂直距离）。按视距测量水平距离计算公式得：$D=Kl\cos^2\alpha=100\times0.386\cos^2(6°42')=38.1\text{m}$。式中，$K$ 为视距乘常数，设计时取 $K=100$。

10. C　**【考点】**测量误差基本知识

【解析】测量误差按性质主要分为系统误差和偶然误差。系统误差是指在相同的观测条件下，对某一量进行一系列的观测，误差在大小、符号上表现出系统性，或者在观测过程中按一定的规律变化；偶然误差是指在相同的观测条件下，对某一量进行一系列的观测，误差在大小、符号上都表现出偶然性，即从单个误差来看，没有任何规律性，但就大量的误差的总体而言，又具有一定的统计规律。

11. A　**【考点】**导线测量

【解析】根据《工程测量规范》（GB 50026—2007）第 5.2.7 条规定，图根导线测量宜采用 6″级仪器 1 测回测定水平角。其主要技术要求不应超过表 5.2.7（见题 11 解表）的规定。由表可知，图根导线作为首级控制时，方位角闭合差应小于 $40''\sqrt{n}$。

题 11 解表　图根导线测量的主要技术要求

导线长度/m	相对闭合差	测角中误差（″）		方位角闭合差（″）	
		一般	首级控制	一般	首级控制
$\leqslant\alpha\times M$	$\leqslant1/(2000\times\alpha)$	30	20	$60\sqrt{n}$	$40\sqrt{n}$

12. B 【考点】建筑工程的沉降观测

【解析】建筑物的沉降观测是根据基准点进行的。根据《工程测量规范》(GB 50026—2007)第10.1.4条第1款规定，基准点应选在变形影响区域之外稳固可靠的位置。每个工程至少应有3个基准点。大型的工程项目，其水平位移基准点应采用带有强制归心装置的观测墩，垂直位移基准点宜采用双金属标或钢管标。

13. A 【考点】国标标准中的质量保证体系

【解析】A项，ISO 9002是《质量体系生产安装和服务的质量保证模式》；B项，ISO 9004是《质量管理体系—业绩改进指南》；C项，ISO 9001不是指一个标准，而是一类标准的统称，是由TC176(TC176指质量管理体系技术委员会)制定的所有国际标准；D项，ISO 9003是《质量体系最终检验和试验的质量保证模式》。

14. B 【考点】安全生产的责任归属

【解析】根据《建设工程安全生产管理条例》第二十四条规定，建设工程实行施工总承包的，由总承包单位对施工现场的安全生产负总责。总承包单位依法将建设工程分包给其他单位的，分包合同中应当明确各自的安全生产方面的权利、义务。总承包单位和分包单位对分包工程的安全生产承担连带责任。

15. A 【考点】我国城乡规划的基本要求

【解析】根据《中华人民共和国城乡规划法》第四条规定，制定和实施城乡规划，应当遵循城乡统筹、合理布局、节约土地、集约发展和先规划后建设的原则，改善生态环境，促进资源、能源节约和综合利用，保护耕地等自然资源和历史文化遗产，保持地方特色、民族特色和传统风貌，防止污染和其他公害，并符合区域人口发展、国防建设、防灾减灾和公共卫生、公共安全的需要。A项，优先规划城市违背了城乡统筹的原则。

16. B 【考点】招标人的条件

【解析】AD两项，根据《招标投标法》第八条，招标人是依照本法规定提出招标项目、进行招标的法人或者其他组织。B项，《招标投标法实施条例》第十条规定，招标人具有编制招标文件和组织评标能力，是指招标人具有与招标项目规模和复杂程度相适应的技术、经济等方面的专业人员。《招标投标法》第十二条第二款规定，招标人具有编制招标文件和组织评标能力。C项，根据《招标投标法》第九条规定，招标项目按照国家有关规定需要履行项目审批手续的，应当先履行审批手续，取得批准。招标人应当有进行招标项目的相应资金或者资金来源已经落实，并应当在招标文件中如实载明。由上可知，B项与《招标投标法实施条例》第十条规定和《招标投标法》第十二条第二款规定不符。

17. B 【考点】桩基础施工

【解析】在锤击沉桩施工中，为防止桩受冲击应力过大而损坏，宜用重锤轻击，桩锤对桩头的冲击力小，回弹也小，桩头不易损坏，大部分能量都用于克服桩身与土的摩阻力和桩尖阻力上，桩能较快地沉入土中；如用轻锤重打，虽然桩锤对桩头的冲击力较大且回弹也大，但是锤击功大部分被桩身吸收，桩不易打入，且桩头易打碎。

18. C 【考点】混凝土冬季施工

【解析】冬季施工时，气温较低，热水拌水泥不容易拌制均匀，因此需要比常温搅拌时间延长50%；若砂、石已加热，搅拌时为防止水泥的假凝现象，应先使水和砂石搅拌一定时间后再加入水泥。

19. C 【考点】网络计划技术

【解析】本工作的最迟完成时间应为其各项紧后工作最迟开始时间中的最小值。每项工作最迟开始时间 = 工作最迟完成时间 - 该工作持续时间。三项紧后工作的最迟开始时间分别为：18 - 4 = 14d，16 - 5 = 11d，14 - 6 = 8d。在14、11、8中取小值为8，则本工作的最迟完成时间是第8天末。

20. A 【考点】网络计划优化

【解析】“资源有限，工期最短”优化的前提条件包括：①优化过程中不改变网络计划的逻辑关系；②在优化过程中，网络计划的各工作持续时间不予变更；③各工作的每天资源需要量是常数，且是合理的；④除规定可中断的工作外，一般不允许中断工作，应保持其连续性。

21. A 【考点】施工管理的竣工验收

【解析】A项，检验批可根据施工及质量控制和专业验收需要按楼层、施工段、变形缝进行划分，更能反映有关施工过程质量状况；B项，分项工程可由一个或若干个检验批组成；C项，根据质量验收规定，主控项目的验收必须严格要求，不允许有不符合要求的检验结果；D项，分部工程所含的各分项工程性质不同，不是在所含分项验收基础上的简单相加。

22. A 【考点】静定结构受力分析

【解析】该结构为静定结构。对结构整体进行分析，由 B 点力矩平衡可知，$\sum M_B = 10 \times 4 - 5 \times 4 \times 2 + F_{Ay} \times 8 = 0$，解得：$F_{Ay} = 0$。将结构沿铰 C 分为两部分，对 ADC 部分进行受力分析，由竖直方向受力平衡可知，C 点的竖向力 $F_{Cy} = 0$，故 CD 段无剪力作用，则 D 点弯矩 $M_{DC} = 0\text{kN} \cdot \text{m}$。

23. D 【考点】静定结构受力分析

【解析】见题23解图，判断零杆后，已知外力为60kN，左右铰支座竖向力均为30kN，方向向上，由节点法可得：$N_a = 30\text{kN}$(压)。

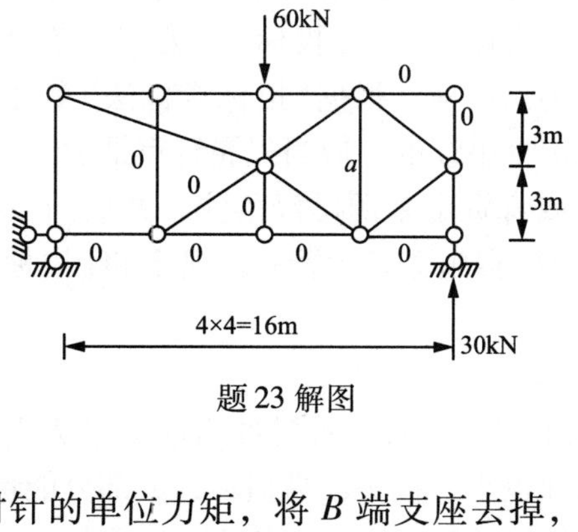

题23解图

24. C 【考点】力矩分配法

【解析】在 B 点施加一顺时针的单位力矩，将 B 端支座去掉，加未知力取得基本结构，由力法基本方程可以得到原结构的弯矩图，其中 A 点弯矩 $M_A = \frac{1}{2}$，则由虚位移原理可以得 B 处转角为 $-\theta \times \frac{1}{2}$，即 $-\frac{\theta}{2}$。

25. C 【考点】钢筋混凝土适筋梁的承载能力

【解析】当正截面混凝土受压区高度 $x \leq \xi_b h_0$、$\rho = \frac{A_s}{bh_0} \geq \rho_{\min}$时，构件纵向受拉钢筋先达到屈服，然后受压区混凝土被压碎，呈塑性破坏，有明显的塑性变形和裂缝预示，这种破坏形态是适筋破坏。

26. A 【考点】抗弯刚度的概念

【解析】抗弯刚度与 EI 有关，E 为弹性模量，I 为材料横截面对弯曲中性轴的惯性矩。对于矩形截面，$I = \frac{bh_0^3}{12}$。提高弯曲刚度，即使得 EI 增大。因此，增加构件截面的有效高度是提高混凝土受弯构件抗弯刚度最有效的措施。

27. D 【考点】单层厂房的组成与布置

【解析】吊车梁承受吊车横向水平制动力，并传递纵向水平制动力。柱间支撑是为保证建筑结构整体稳定、提高侧向刚度和传递纵向水平力而在相邻两柱之间设置的连系杆件。山墙又称为外横墙，横墙是指沿建筑物短轴方向布置的墙。承受和传递横向水平荷载的构件是排架柱。具体横向水平荷载传递如题 27 解图所示。

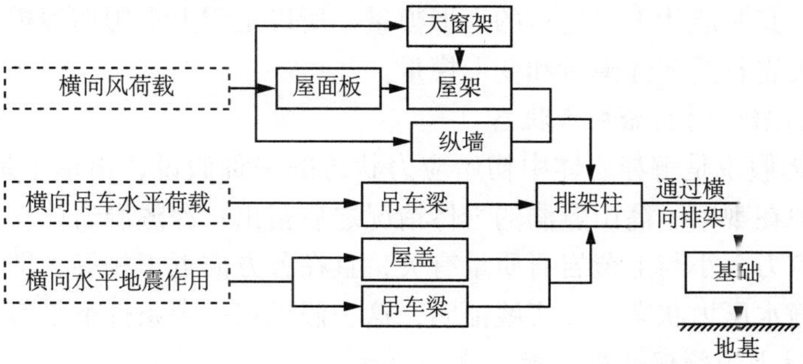

题 27 解图　钢筋混凝土排架结构横向水平荷载传递路径

28. C 【考点】结构钢种类

【解析】根据国家标准《低合金高强度结构钢》(GB/T 1591—2008)的规定，低合金高强度结构钢分为 8 个牌号，即 Q345、Q390、Q420、Q460、Q500、Q550、Q620 和 Q690。低合金高强度结构钢的牌号由三部分组成：①代表屈服点的汉语拼音字母 Q；②屈服点数值(MPa)；③质量等级符号 A、B、C、D、E 等。

29. B 【考点】钢结构构件的设计

【解析】根据悬臂梁的受力特点可知，上翼缘承受拉应力，下翼缘承受压应力，钢材的抗拉、抗压强度相同，故应选择上、下翼缘面积相同的工字钢截面形式。

30. D 【考点】构件间的连接

【解析】框架柱安装拼接接头的拼接方法包括：①高强螺栓和焊接组合节点；②全焊缝节点；③全高强度螺栓节点。采用高强度螺栓和焊缝组合节点时，腹板应采用高强度螺栓连接，翼缘板应采用单面 V 形坡口加衬垫全焊透焊缝连接；采用全焊缝节点时，翼缘板应采用单面 V 形坡口加衬垫全焊透焊缝，腹板宜采用 K 形坡口双面部分焊透焊缝。

31. A 【考点】抗震设计要点

【解析】A 项，根据《建筑抗震设计规范》(GB 50011—2010)(2016 年版)第 7.1.7 条第 4 款规定，楼梯间不宜设置在房屋的尽端或转角处；B 项，第 7.1.7 条第 1 款规定，多层砌体房屋应优先采用横墙承重或纵横墙共同承重的结构体系；C 项，第 7.1.7 条第 2 款第 1 项规定，纵横向砌体抗震墙的布置宜均匀对称；D 项，第 7.1.4 条规定了多层砌体房屋总高度与总宽度的最大比值，1∶2 为较小的高宽比，对抗震有利。

32. C 【考点】砌体房屋承载力验算

【解析】根据《砌体结构设计规范》(GB 50003—2011)第 4.2.5 条第 2 款的规定，多层砌体刚性房屋在静力计算时，在竖向荷载作用下，墙、柱在每层高度范围内，可近似视作两端铰支的竖向构件；在水平荷载作用下，墙、柱可视作竖向连续梁。

33. C 【考点】砌体结构的受压性能

【解析】砌体在局部受压情况下，抵抗压力的能力有所提高，是因为局部受压砌体有套箍作用及应力扩散的存在。所以在计算砌体局部抗压承载力时，用局部抗压提高系数 γ 来修正。

34. C 【考点】岩石的变形特性

【解析】在国标工程岩体试验方法标准中，弹性模量是用应力—应变直线段的斜率来表示，该值被称作平均模量；割线模量 E_{50} 是指岩石峰值应力的一半(50%)时的应力、应变之比值，其实质代表了岩石的变形模量。所以工程上常用切线模量、平均模量及割线模量来代表岩石的弹性模量和变形模量。

35. B 【考点】岩体的初始应力状态

【解析】海姆假说是解释岩体中初始应力状态的一种假说，由瑞士地质学家海姆于 1878 年提出。他在观察了高山隧洞的岩体情况之后指出：深隧洞岩体在各方向具有很大的应力，这些应力大小与上覆岩石质量有关，且在各方向近于相等，即岩体深处的地应力分布符合于静水压力状态。经实践证明，这一假说在一定条件下是符合实际的。

36. D 【考点】土的物理性质指标

【解析】液性指数 I_L 是表示天然含水量与界限含水量相对关系的指标。根据其表达式可得：$I_L = \frac{w - w_P}{w_L - w_P} = \frac{13.9\% - 16.1\%}{25.8\% - 16.1\%} = -0.23$。

37. B 【考点】土中附加应力

【解析】B 项，土中的附加应力除了与基础底面压力有关外，还与基础埋深等有关；若基础埋深增大，附加应力减小。A 项，附加应力是由于修建建筑物以后在地基内新增加的应力，因此它是使地基发生变形、引起建筑物沉降的主要原因；C 项，土的附加应力不只发生在竖直方向，有的还作用在水平方向；D 项，当上部荷载过大时，土中的附加应力将大于土的自重应力。

38. C 【考点】土中应力分布及计算

【解析】饱和土的有效应力原理主要包括：①饱和土体内任一平面上受到的总应力等于有效应力与孔隙水压力之和；②土的强度的变化和变形只取决于土中有效应力的变化。依据有效应力的公式 $\sigma = \sigma' + u$ 计算，该土中的有效应力为：$\sigma' = \sigma - u = 200 - 50 = 150\text{kPa}$。

39. B 【考点】特殊性土

【解析】B 项，湿陷性不特指黄土，有些杂填土也具有湿陷性。湿陷性土是指土体在一定压力下浸水后产生附加沉降，湿陷系数大于或等于 0.015，湿陷性是黄土最主要的工程特性。A 项，湿陷性黄土浸水后在外荷载或自重的作用下会发生较大下沉的现象；C 项，在天然孔隙比和含水率不变的情况下，压力增大，黄土湿陷量也增加。但当压力超过某一数值后，再增加压力，湿陷量反而减少；D 项，天然孔隙比越大或天然含水率越小，则湿陷性越强。

40. A 【考点】边坡稳定分析

【解析】A 项，如题 40 图所示，*BE* 线是水渗流作用在坝体内的浸润线。*AB* 段静水压力垂直于坡面，渗流方向和动水力有利于边坡稳定性，安全系数最高；BC 两项，边坡 *BC*、*DE* 段稳定与否和 *EF* 段关系很大；D 项，*EF* 段由于动水压力作用方向与边坡方向相同，不利于边坡稳定，安全系数最低。随着边坡 *EF* 段稳定失去平衡，边坡 *BC*、*DE* 段也会失去平衡破坏。

41. B 【考点】常见岩石的成分及主要特征

【解析】B 项，石灰岩经高温变质后形成大理岩，其成分不变。A 项，白云岩是一种沉积碳酸盐岩，主要由白云石组成；C 项，辉绿岩是一种基性浅成侵入岩，主要由辉石和基性长石组成；D 项，板岩是具有板状结构，基本没有重结晶的岩石，是一种变质岩。

42. A 【考点】断层的形态和分类

【解析】根据两盘相对错动的情况，断层可分为：①正断层，指上盘沿断层面相对下降，下盘相对上升的断层；②逆断层，指上盘沿断层面相对上升，下盘相对下降的断层；③平移断层，指断层两盘沿断层走向作相对平移运动的断层；④阶梯断层是一组产状大致相近的正断层，各自的上盘依次下降，剖面上呈阶梯状的断层组合。

43. B 【考点】常见岩石的成因

【解析】蘑菇石是一种发育在水平节理和裂隙上的孤立突起的岩石。因其受风蚀作用后形成基部小，上部大的蘑菇形状，又称风蚀蘑菇。蘑菇石的形成原因主要是距地面一定高度的气流含沙量少，磨蚀作用弱，而近地面处的气流含沙量多，磨蚀作用强，因此下部就被磨蚀得越来越细小，从而形成类似蘑菇一样形状的岩石。

44. C 【考点】张性裂隙

【解析】张性裂隙是岩体受拉破坏后产生的破裂面，拉裂破坏面一般粗糙不平，而且呈张开状态。张性裂隙的主要特征包括：①裂隙短而弯曲；②裂隙面粗糙不平，无擦痕；③裂隙多开口；④裂隙有时呈不规则的树枝状、各种网络状，有时也构成放射状或同心圆状组合形式。

45. A 【考点】边坡稳定性分析

【解析】在多种边坡情况的稳定性中，反倾边坡较顺倾边坡（即软弱结构面和坡面倾向相同）稳定，结构面倾角大于边坡倾角情况较结构面倾角小于边坡倾角稳定。若软弱结构面和坡面倾向相同，软弱结构面倾角小于坡角，非常容易产生顺层滑坡。

46. A 【考点】各种地貌形态的特征和成因

【解析】风化作用是指使岩石、矿物在物理性状或化学组分上发生变化，使其强度降低或发生崩解，形成与原来岩石有差异的新的物质组合的过程。岩石的风化速度，风化的深度和厚度与下列因素有关：①岩石的性质；②断裂的发育程度；③水文地质动态条件；④周围环境、气候条件；⑤现代物理地质作用等。其中岩体的断裂发育情况的影响最为显著。

47. D 【考点】断层的形态和分类

【解析】活断层是指现今仍在活动着的断层，或是近期曾有过活动，不久的将来可能活动的断层。后一种情况也可称为潜在活断层。活断层的标志包括：①地质方面。保留在最新沉积物中的地层错开(需注意与地表滑坡产生的地层错断的区别)；松散、未胶结的断层破碎带；强震过程中沿断裂带常出现地震断层陡坎和地裂缝。②地貌方面。两种截然不同的地貌单元直线相接；沉积物厚度的显著差别；河流、沟谷方向发生明显的变化；一系列的河谷向一个方向同步错移。③灾害方面。滑坡、崩塌和泥石流等工程动力地质现象常呈线形密集分布。

48. C 【考点】地下水的含水层

【解析】在正常水力梯度下，饱水、透水并能给出一定水量的岩土层称为含水层。含水层的形成必须具备以下条件：①有较大且连通的空隙，与隔水层组合形成储水空间，以便地下水汇集不致流失；②要有充分的补水来源。AD 两项，红黏土、牛轭湖沉积物空隙细小，是隔水层；B 项，由于黄土是垂直裂隙发育，所以不易形成储水空间；C 项，河床沉积物颗粒粗大，孔隙较大，富含水，可以形成含水层。

49. A 【考点】地下水的分类

【解析】A 项，地下水按埋藏条件分为包气带水、潜水和承压水。包气带水是指存在于地表面与潜水面之间包气带中的地下水；潜水是指饱水带中第一个具有自由表面的含水层中的地下水；承压水是指充满于两个稳定的隔水层(弱透水层)之间的含水层中的地下水。B 项，上层滞水是包气带中隔水层之上的局部包水带；C 项，地下水按照岩土空隙类型分为裂隙水、孔隙水和岩溶水；D 项，结合水、毛细管水、重力水是地下水存在的形式。

50. D 【考点】岩土原位测试技术

【解析】ABC 三项，取土器的扰动会使得土样发生变化；无论何种取土器都有一定的壁厚、长度和面积，在压入过程中对土体有一定的扰动。对土体扰动程度的评定有三种情况：①采用薄壁取土器所采得的土试样定为不扰动或轻微扰动；②对于采用中厚壁或厚壁取土器所采得的土试样定为轻微扰动或显著扰动；③对于采用标准贯入器、螺纹钻头或岩芯钻头所采得的黏性土、粉土、砂土和软岩的试样皆定为显著扰动或完全扰动。D 项，在场地直接采用人工或机械的探槽能够直接观测地基岩土体情况，并能够刻取高质量原状土样进行试验分析。

51. C 【考点】岩土的变形和破坏特征

【解析】当岩层成层状沿坡面分布时，由于岩层本身的重力作用，或由于裂隙水的冰胀作用，增加了岩层之间的张拉应力，使坡面岩层曲折，导致岩层破坏，岩块沿坡向下崩落。根据曲折破坏的特点，只有岩层平行于坡面分布时，即岩层倾角与坡面倾角相同，才会发生曲折破坏。

52. A 【考点】边坡治理的工程措施

【解析】A 项，锚杆(索)是一种受拉结构体系，其直接在滑面上产生抗滑阻力，增大抗滑摩擦阻力，使结构面处于压紧状态，以提高边坡岩体的整体性，从而从根本上改善岩体的力学性能，有效地控制岩体的位移，促使其稳定，达到整治顺层、滑坡及危岩、危石的目的，适用于加固高陡边坡。B 项，灌浆的目的在于提高岩体的完整性，不能完全改变边坡的下滑趋势，排水有利于边坡的稳定，但只能作为辅助措施。C 项，挡墙和抗滑桩原则上仅适用于高度有限的缓倾斜边坡。D 项，削坡减载，既可减小滑力，又可清除可能引起斜坡破坏（即岩崩和滑坡）的不稳定或潜在不稳定的部分，但对于高边坡而言，全部采用削坡减载成本高，不经济。

53. B 【考点】岩基内的应力和应变

【解析】根据《建筑地基基础设计规范》（GB 50007—2011）第 5.3.8 条规定，当无相邻荷载影响，基础宽度在 1～30m 范围内时，基础中点的地基变形计算深度也可按简化公式 $z_n = b(2.5 - 0.4\ln b)$ 进行计算。当 $z_n = b$ 时，求得：$z_n = b = e = 2.718$m。此时均质岩基内附加应力的影响深度为 2.718m，这和实践经验不符合。当 $z_n = 2b$ 时，代入公式可求得：$b = 7.39$m，此时均质岩基内附加应力的影响深度 $z_n = 2b = 14.78$m，符合工程实践经验。当 $z_n = 3b$ 或 $z_n = 4b$ 时，代入公式无意义，故不符合。综上所述，在垂直荷载作用下，均质岩基内附加应力的影响深度一般情况是 2 倍的岩基宽度。

54. A 【考点】基础的基本概念

【解析】刚性角 α 是基础台阶宽高比的允许值，可用 $\tan\alpha = b/h$ 表示。式中，b 为基础挑出墙外宽度；h 为基础放宽部分高度。当无筋扩展基础不能满足刚性角的要求时，为满足 $\alpha < \alpha_{max}$，可采取增大基础高度和减小基础挑出长度来调整 α 大小。

55. A 【考点】减少地基不均匀沉降损害的措施

【解析】A 项，增大基础埋深可减小基底附加应力，进而减小基础沉降；由地基承载力特征值计算公式 $f_a = f_{ak} + \eta_b\gamma(b-3) + \eta_d\gamma_m(d-0.5)$ 可知，埋深 d 值增大，可适当提高地基承载力；B 项，加大基础宽度可提高地基承载力，但当基础宽度过大时，沉降的计算深度会随之加深，而其基底的附加应力不变，基础的沉降量会增加；C 项，抽取地下水会减小孔隙水压力，进而增大土体的有效应力，增大基础沉降量；D 项，提高室外地坪，增大了基底附加应力，进而会增大基础沉降量。

56. B 【考点】地基基础与上部结构共同工作的概念

【解析】B 项，组织施工程序，应先建高、重部分，后建低、轻部分，先主体后附属建筑，以控制不均匀沉降。先修高的、重的建筑物，基础将产生较大的沉降量，再修矮的、轻的建筑物，则后者将产生较小的沉降量，对前者的影响也较小，从而减少两者的沉降差。ACD 三项，两者施工顺序的不同，对建筑物沉降量、建筑物的抗震性能及建筑物以下土层的附加应力分布无明显影响。

57. D 【考点】桩基础设计

【解析】根据《建筑地基基础设计规范》（GB 50007—2011）附录 Q.0.4 规定，开始试验的时间：预制桩在砂土中入土 7d 后。黏性土不得少于 15d。对于饱和软黏土不得少于 25d。灌注桩应在桩身混凝土达到设计强度后，才能进行。

58. A 【考点】地基处理方法的加固机理

【解析】真空预压是指通过覆盖于地面的密封膜下抽真空，使膜内外形成气压差，使黏土层产生固结压力，即在总应力不变的情况下，通过减小孔隙水压力来增加有效应力的方法。对软土地基进行真空预压法加固，孔隙水和封闭气泡排出，孔隙、孔隙比、压缩系数和渗透系数减小，黏聚力、土的重度和抗剪强度增加；因为软土地基接近饱和，真空预压加固后地基仍然接近饱和，其变化程度也小。

59. B 【考点】复合地基的面积置换率

【解析】复合地基中，一根桩和它所承担的桩间土体为一个复合土体单元。在这一个复合土体单元中，桩的断面面积和复合土体单元面积之比，称为面积置换率，其计算公式为：$m=d^2/d_e^2$。式中，d 为桩的直径；d_e 为一根桩分担的处理地基面积的等效圆直径，对于梅花形(等边三角形)布桩，$d_e=1.05s$，s 为桩间距。因此，该复合地基的面积置换率为：$m=\frac{0.36^2}{(1.05\times1.2)^2}=0.082$。

60. A 【考点】地基处理方法的加固机理

【解析】A 项，加快堆载速率有可能造成土体因加载速率过快发生结构破坏，故不宜采用。B 项，加大砂井直径可以加大固结排水的量，可以加快固结进程。C 项，减小砂井间距在一定范围内人为地增加土层固结排水通道，加快固结过程。D 项，减小井径比可以增加砂井的有效排水直径，加大排水量，加快固结。

2013年注册土木工程师(岩土)执业资格考试《专业基础考试》真题

单项选择题(共60题，每题2分。每题的备选项中只有一个最符合题意)

1. 两种元素化合形成离子化合物，其阴离子将(　　)。

A. 获得电子　　B. 失去电子

C. 既不获得也不失去电子　　D. 与别的阴离子共用自由电子

2. 在组成一定时，为使材料的导热系数降低，应(　　)。

A. 提高材料的孔隙率　　B. 提高材料的含水率

C. 增加开口大孔的比例　　D. 提高材料的密实度

3. 水泥颗粒的大小通常用水泥的细度来表征，水泥的细度是指(　　)。

A. 单位质量水泥占有的体积　　B. 单位体积水泥的颗粒总表面积

C. 单位质量水泥的颗粒总表面积　　D. 单位颗粒表面积的水泥质量

4. 混凝土强度是在标准养护条件下达到标准养护龄期后测量得到的，如实际工程中混凝土的环境温度比标准养护温度低了10℃，则混凝土的最终强度与标准强度相比(　　)。

A. 一定较低　　B. 一定较高　　C. 不能确定　　D. 相同

5. 在寒冷地区的混凝土发生冻融破坏时，如果表面有盐类作用，其破坏程度(　　)。

A. 会减轻　　B. 会加重

C. 与有无盐类无关　　D. 视盐类浓度而定

6. 衡量钢材塑性变形能力的技术指标为(　　)。

A. 屈服强度　　B. 抗拉强度　　C. 断后伸长率　　D. 冲击韧性

7. 土的塑性指数越高，土的(　　)。

A. 黏聚性越高　　B. 黏聚性越低

C. 内摩擦角越大　　D. 粒度越粗

8. “从整体到局部、先控制后碎部”是测量工作应遵循的原则，遵循这个原则的目的包括下列何项？(　　)

A. 防止测量误差的积累　　B. 提高观察值精度

C. 防止观测值误差积累　　D. 提高控制点测量精度

9. 经纬仪有四条主要轴线，当竖轴铅垂，视准轴垂直于横轴时，但横轴不水平，此时望远镜绕横轴旋转时，则视准轴的轨迹是(　　)。

A. 一个圆锥面　　B. 一个倾斜面

C. 一个竖直面　　D. 一个不规则的曲面

10. 某双频测距仪设置的第一个调制频率为15MHz，其光尺长度为10m，设置的第二个调制频率为150kHz，它的光尺长度为1000m，若测距仪测相精度为1∶1000，则测距仪的测尺精度可达到(　　)。

A. 1cm　　B. 100cm　　C. 1m　　D. 10cm

11. 已知直线AB方位角$\alpha_{AB}=60°30'18''$，$\angle BAC=90°22'12''$，若$\angle BAC$为左角，则直线AC

的方位角 α_{AC} 等于(　　)。

A. 150°52′30″　　B. 29°51′54″　　C. 89°37′48″　　D. 119°29′42″

12. 施工控制网一般采用建筑方格网，对于建筑方格的首级控制技术要求应符合《工程测量规范》的要求，其主要技术要求为(　　)。

A. 边长：100m～300m，测角中误差：5″，边长相对中误差：1/30000

B. 边长：150m～350m，测角中误差：8″，边长相对中误差：1/10000

C. 边长：100m～300m，测角中误差：6″，边长相对中误差：1/20000

D. 边长：800m～200m，测角中误差：7″，边长相对中误差：1/15000

13. 有关评标方法的描述，错误的是(　　)。

A. 最低投标价法适合没有特殊要求的招标项目

B. 综合评估法可用打分的方法或货币的方法评估各项标准

C. 最低投标价法通常用来恶性削价竞争，反而工程质量更为低落

D. 综合评估法适合没有特殊要求的招标项目

14. 建设项目对环境可能造成轻度影响的，应当编制(　　)。

A. 环境影响报告书　　B. 环境影响报告表

C. 环境影响分析表　　D. 环境影响登记表

15. 下列国家标准的编制工作顺序，正确的是(　　)。

A. 准备、征求意见、送审、报批　　B. 征求意见、准备、送审、报批

C. 征求意见、报批、准备、送审　　D. 准备、送审、征求意见、报批

16. 有关招标的叙述，错误的是(　　)。

A. 邀请招标，又称有限性招标

B. 邀请招标中，招标人应向 3 个以上的潜在投标人发出邀请

C. 国家重点项目应公开招标

D. 公开招标适合专业性较强的项目

17. 压实松土时，应采用(　　)。

A. 先用轻碾后用重碾　　B. 先振动碾压后停振碾压

C. 先压中间再压边缘　　D. 先快速后慢速

18. 混凝土施工缝宜留置在(　　)。

A. 结构受剪力较小且便于施工的位置

B. 遇雨停工处

C. 结构受弯矩较小且便于施工的位置

D. 结构受力复杂处

19. 在柱子吊装时，采用斜吊绑扎法的条件是(　　)。

A. 柱平卧起吊时抗弯承载力满足要求

B. 柱平卧起吊时抗弯承载力不满足要求

C. 柱混凝土强度达到设计强度 50%

D. 柱身较长，一点绑扎抗弯承载力不满足要求

20. 某土方工程总挖方量为 1 万 m^3。预算单价 45 元/m^3，该工程总预算为 45 万，计划用 25 天完成，每天 400m^3。开工后第 7 天早晨刚上班时，经业主复核确认的挖方量为

$2000m^3$，承包商实际付出累计 12 万元。应用挣值法（赢得值法）对项目进展进行评估，下列哪项评估结论不正确？（　　）

A．进度偏差 = －1.8 万元，因此工期拖延

B．进度偏差 = 1.8 万元，因此工期超前

C．费用偏差 = －3 万元，因此费用超支

D．工期拖后 1 天

21．下列关于单代号网络图表述正确的是（　　）。

A．箭线表示工作及其进行的方向，节点表示工作之间的逻辑关系

B．节点表示工作，箭线表示工作进行的方向

C．节点表示工作，箭线表示工作之间的逻辑关系

D．箭线表示工作及其进行的方向，节点表示工作的开始或结束

22．图示静定三铰拱，拉杆 AB 的轴力等于（　　）。

A．6kN　　B．8kN　　C．10kN　　D．12kN

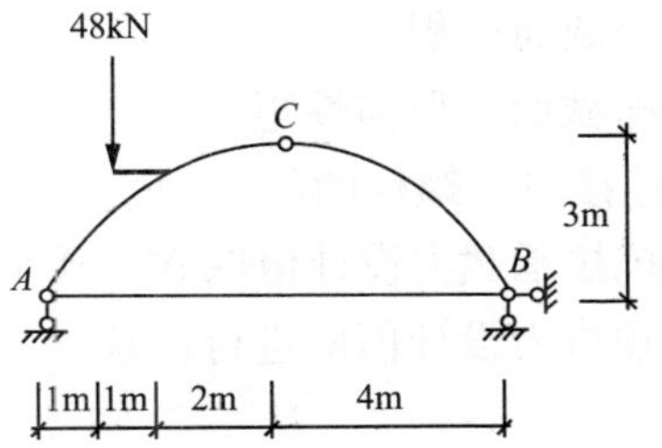

题 22 图

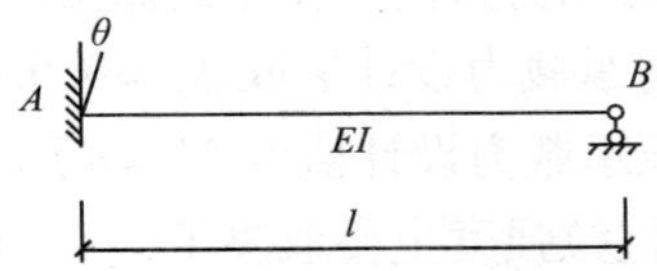

题 23 图

23．图示梁 AB，EI 为常数，固支端 A 发生顺时针的支座转动 θ，由此引起的 B 端转角为（　　）。

A．θ，顺时针　　B．θ，逆时针　　C．$\theta/2$，顺时针　　D．$\theta/2$，逆时针

24．用力矩分配法分析图示结构。先锁住节点 B，然后再放松，则传递到 C 支座的力矩为（　　）。

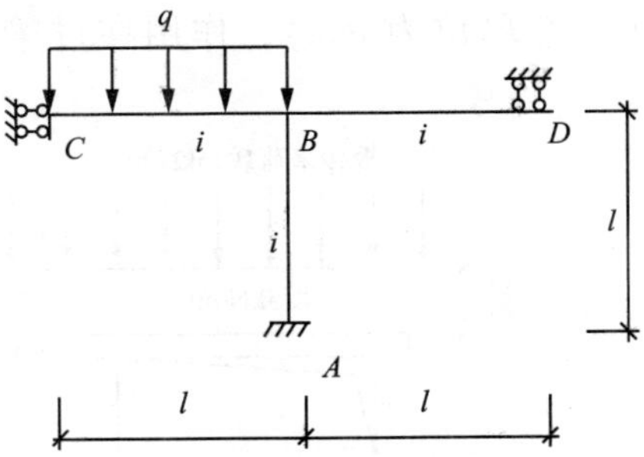

题 24 图

A．$ql^2/27$　　B．$ql^2/54$　　C．$ql^2/23$　　D．$ql^2/46$

25．若钢筋混凝土双筋矩形截面受弯构件的正截面受压区高度小于受压钢筋混凝土保护层厚度，表明（　　）。

A．仅受拉钢筋未达到屈服　　B．仅受压钢筋未达到屈服

C．受拉钢筋和受压钢筋均达到屈服　　D．受拉钢筋和受压钢筋均未达到屈服

26．关于钢筋混凝土简支梁挠度验算的描述，不正确的是（　　）。

A. 作用荷载应取其标准值

B. 材料强度应取其标准值

C. 对带裂缝受力阶段的截面弯曲刚度按截面平均应变符合平截面假定计算

D. 对带裂缝受力阶段的截面弯曲刚度按截面开裂处的应变分布符合平截面假定计算

27. 钢筋混凝土结构中抗震设计要求“强柱弱梁”是为了防止出现的破坏模式是(　　)。

A. 梁中发生剪切破坏，从而造成结构倒塌

B. 柱先于梁进入受弯屈服，从而造成结构倒塌

C. 柱出现失稳破坏，从而造成结构倒塌

D. 柱出现剪切破坏，从而造成结构倒塌

28. 结构钢材的主要力学性能指标包括(　　)。

A. 屈服强度、抗拉强度和伸长率　　B. 可焊性和耐候性

C. 碳、硫和磷含量　　D. 冲击韧性和屈强比

29. 设计螺栓连接的槽钢柱间支撑时，应计算支撑构件的(　　)。

A. 净截面惯性矩　　B. 净截面面积

C. 净截面扭转惯性矩　　D. 净截面扇形惯性矩

30. 计算拉力和剪力同时作用的高强度螺栓承压型连接时，螺栓的(　　)。

A. 抗剪承载力设计值取 $N_v^b = 0.9 n_f \mu P$　　B. 抗拉承载力设计值取 $N_t^b = 0.8P$

C. 承压承载力设计值取 $N_c^b = d \sum t f_c^b$　　D. 预拉力设计值应进行折减

31. 砌体的抗拉强度主要取决于(　　)。

A. 块材的抗拉强度　　B. 砂浆的抗压强度

C. 灰缝厚度　　D. 块材的整齐程度

32. 在相同荷载、相同材料、相同几何条件下，用弹性方案、刚弹性方案和刚性方案计算砌体结构的柱(墙)底端弯矩，结果分别为 $M_{弹}$、$M_{刚弹}$ 和 $M_{刚}$，三者的关系是(　　)。

A. $M_{刚弹} > M_{刚} > M_{弹}$　　B. $M_{弹} < M_{刚弹} < M_{刚}$

C. $M_{弹} > M_{刚弹} > M_{刚}$　　D. $M_{刚弹} < M_{刚} < M_{弹}$

33. 图示砖砌体中的过梁(尺寸单位为 mm)，作用在过梁上的荷载为(　　)。(梁自重不计)

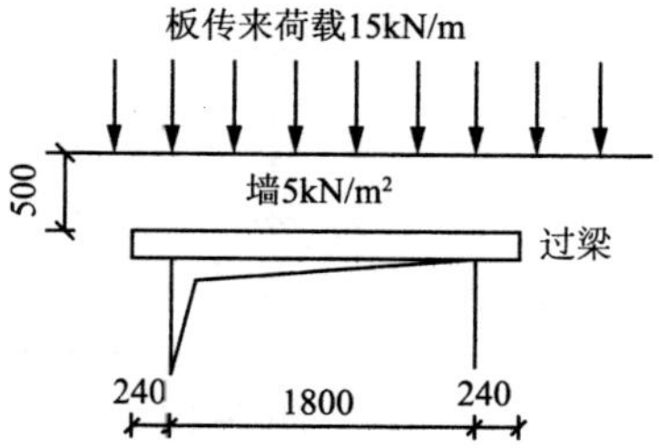

题 33 图

A. 20kN/m　　B. 18kN/m　　C. 17.5kN/m　　D. 2.5kN/m

34. 能直接给出岩石的弹性模量和弹性抗力系数的现场试验是(　　)。

A. 承压板法试验　　B. 狭缝法试验

C. 钻孔环向加压法试验　　D. 双轴压缩法试验

35. 已知均质各向异性岩体呈水平层状分布，其水平向与垂直向的弹模比为 2:1，岩石的泊

松比为0.3，岩石的容重为γ，问深度h处的自重应力状态是(　　)。

A. $\sigma_x=\sigma_y=0.25\sigma_z$　　B. $\sigma_x=\sigma_y=0.5\sigma_z$

C. $\sigma_x=\sigma_y=1.0\sigma_z$　　D. $\sigma_x=\sigma_y=1.25\sigma_z$

36. 某土样液限$w_L=24.3\%$，塑限$w_P=15.4\%$，含水量$w=20.7\%$，可以得到其塑性指数I_P为(　　)。

A. $I_P=0.089$　　B. $I_P=8.9$　　C. $I_P=0.053$　　D. $I_P=5.3$

37. 关于土的自重应力，下列说法正确的是(　　)。

A. 土的自重应力只发生在竖直方向上，在水平方向上没有自重应力

B. 均质饱和地基的自重应力为$\gamma_{sat}h$，其中γ_{sat}为饱和重度，h为计算位置到地表的距离

C. 表面水平的半无限空间弹性地基，土的自重应力计算与土的模量没有关系

D. 表面水平的半无限空间弹性地基，自重应力过大也会导致地基土的破坏

38. 关于有效应力原理，下列说法正确的是(　　)。

A. 土中的自重应力属于有效应力

B. 土中的自重应力属于总应力

C. 地基土层中水位上升不会引起有效应力的变化

D. 地基土层中水位下降不会引起有效应力的变化

39. 饱和砂土在振动下液化，主要原因是(　　)。

A. 振动中细颗粒流失

B. 振动中孔压升高，导致土的强度丧失

C. 振动中总应力大大增加，超过了土的抗剪强度

D. 在振动中孔隙水流动加剧，引起管涌破坏

40. 如果其他条件保持不变，墙后填土的下列哪项指标的变化，会引起挡土墙的主动土压力增大？(　　)

A. 填土的内摩擦角φ减小　　B. 填土的重度γ减小

C. 填土的压缩模量E增大　　D. 填土的黏聚力c增大

41. 与深成岩浆岩相比，浅成岩浆岩的(　　)。

A. 颜色相对较浅　　B. 颜色相对较深

C. 颗粒相对较粗　　D. 颗粒相对较细

42. 陆地地表分布最多的岩石是(　　)。

A. 岩浆岩　　B. 沉积岩　　C. 变质岩　　D. 石灰岩

43. 湿陷性黄土的形成年代主要是(　　)。

A. N、Q_1　　B. Q_1、Q_2　　C. Q_2、Q_3　　D. Q_3、Q_4

44. 洪积扇发育的一个必要条件是(　　)。

A. 物理风化为主的山区　　B. 化学风化为主的山区

C. 常年湿润的山区　　D. 常年少雨的山区

45. 河流下游的地质作用主要表现为(　　)。

A. 下蚀和沉积　　B. 侧蚀和沉积　　C. 溯源侵蚀　　D. 裁弯取直

46. 剪切裂隙通常具有以下(　　)特征。

A. 裂隙面平直光滑　　B. 裂隙面曲折粗糙

C. 裂隙面倾角较大　　D. 裂隙面张开

47. 最有利于化学风化的气候条件是(　　)。

A. 干热　　B. 湿热　　C. 寒冷　　D. 冷热交替

48. 坡积物的结构特征具有(　　)。

A. 棱角鲜明　　B. 磨圆很好　　C. 磨圆一般　　D. 分选较好

49. 每升地下水中以下(　　)成分的总量，称为地下水的总矿化度。

A. 各种离子、分子与化合物　　B. 所有离子

C. 所有阳离子　　D. Ca^{2+}、Mg^{2+}离子

50. 十字板剪切试验最适用的土层是(　　)。

A. 硬黏土　　B. 软黏土　　C. 砂砾石　　D. 风化破解岩石

51. 已知岩石容重为γ、滑面黏聚力c、内摩擦角为φ，当岩坡按某一平面滑动破坏时，其滑动体后部可能出现的张裂缝的深度为(　　)。

A. $H=\frac{2c}{\gamma}\tan(45°-\frac{\varphi}{2})$　　B. $H=\frac{2c}{\gamma}\tan(45°+\frac{\varphi}{2})$

C. $H=\frac{c}{2\gamma}\tan(45°-\frac{\varphi}{2})$　　D. $H=\frac{c}{2\gamma}\tan(45°+\frac{\varphi}{2})$

52. 工程开挖形成边坡后，由于卸荷作用，边坡的应力将重新分布，边坡周围主应力迹线发生明显偏转，在愈靠近临空面的位置，对于其主应力分布特征，下列各项中正确的是(　　)。

A. σ_1愈接近平行于临空面，σ_2则与之趋于正交

B. σ_1愈接近平行于临空面，σ_3则与之趋于正交

C. σ_2愈接近平行于临空面，σ_3则与之趋于正交

D. σ_3愈接近平行于临空面，σ_1则与之趋于正交

53. 在验算岩基抗滑稳定性时，下列哪一种滑移面不在假定范围之内？(　　)

A. 圆弧滑面　　B. 水平滑面　　C. 单斜滑面　　D. 双斜滑面

54. 无筋扩展基础需要验算下面哪一项？(　　)

A. 冲切验算　　B. 抗弯验算

C. 斜截面抗剪验算　　D. 刚性角

55. 关于地基承载力特征值的深度修正式$\eta_d\gamma_m(d-0.5)$，下面说法不正确的是(　　)。

A. $\eta_d\gamma_m(d-0.5)$的最大值为$5.5\eta_d\gamma_m$

B. $\eta_d\gamma_m(d-0.5)$总是大于或等于0，不能为负值

C. η_d总是大于或等于1

D. γ_m取基底以上土的加权平均重度，地下水以下取浮重度

56. 下面哪一种措施无助于减少不均匀沉降对建筑物的危害？(　　)

A. 增大建筑物的长高比　　B. 增强结构的整体刚度

C. 设置沉降缝　　D. 采用轻型结构

57. 下面哪种方法不能用于测试单桩竖向承载力？(　　)

A. 载荷试验　　B. 静力触探

C. 标准贯入试验　　D. 十字板剪切试验

58. 对软土地基采用真空预压法进行加固后，下面哪一项指标会增大？(　　)

A. 压缩系数　　B. 抗剪强度　　C. 渗透系数　　D. 孔隙比

59. 挤密桩的桩孔中，下面哪一种可以作为填料？(　　)

A. 黄土　　B. 膨胀土

C. 含有有机质的黏性土　　D. 含有冰屑的黏性土

60. 关于堆载预压法加固地基，下面说法正确的是(　　)。

A. 砂井除了起加速固结的作用外，还作为复合地基提高地基的承载力

B. 在砂井长度相等的情况下，较大的砂井直径和较小的砂井间距都能够加速地基的固结

C. 堆载预压时控制堆载速度的目的是为了让地基发生充分的蠕变变形

D. 为了防止预压时地基失稳，堆载预压通常要求预压荷载小于基础底面的设计压力

答案及详解

单项选择题（共60题，每题2分。每题的备选项中只有一个最符合题意）

1. A 【考点】材料的微观结构对材料性质的影响

【解析】阳离子和阴离子通过静电作用形成离子键而构成的化合物称为离子化合物。两个元素化合成离子化合物，发生了电子转移，即获得电子的形成阴离子；失去电子的形成阳离子；既不失去也不得到电子的不显电性。

2. A 【考点】材料的宏观结构对材料性质的影响

【解析】导热性是指材料传导热量的性质，表征导热性的指标是导热系数。导热系数的物理意义是指厚度为1m的材料，当温度改变1K时，在1s时间内通过$1m^2$面积的热量。当组成一定时，通过提高材料的孔隙率、减少材料的含水率、减小开口大孔的比例和减小材料的密实度，可以使材料的导热系数降低。因此，只有A项符合题意。

3. C 【考点】水泥的基本性能

【解析】根据《通用硅酸盐水泥》（GB 175—2007）第7.3.4条规定，硅酸盐水泥和普通硅酸盐水泥的细度（选择性指标）以比表面积表示，即单位质量水泥的颗粒总表面积（m^2/kg），不小于$300m^2/kg$。

4. D 【考点】混凝土强度

【解析】混凝土的养护温度越低，其强度发展越慢。所以，当实际工程混凝土的环境温度低于标准养护温度时，在相同的龄期时，混凝土的实际强度比标准强度低，但是一定的时间后，混凝土的最终强度会达到标准养护下的强度。

5. B 【考点】混凝土的变形性能

【解析】混凝土发生冻融破坏时，如果表面有盐类作用，会产生盐冻破坏。盐冻破坏的根本原因是结冰本身产生的结冰压破坏力。结冰压的大小取决于混凝土内部饱和度，而饱和度大小及其增长速度又取决于盐浓度、盐对冷冻过程中溶液收缩和结冰特性的影响。如果混凝土表面有盐类作用，其内部的饱和度会显著提高，导致水溶液结冰从而产生结冰压，就会促进混凝土发生冻融破坏。

6. C 【考点】钢材性能的技术指标

【解析】C项，断后伸长率是指金属材料受外力（拉力）作用断裂时，试件伸长的长度与原来长度的百分比，是衡量钢材塑性变形能力的技术指标。AB两项，屈服强度和抗拉强度是钢材的强度指标；D项，冲击韧性是钢材的一种动力性能指标。

7. A 【考点】土的物理性能

【解析】塑性指数I_P是指黏性土处在可塑状态时含水量的变化范围。其计算公式为：$I_P = w_L - w_P$（不带百分号），式中，w_L为液限；w_P为塑限。塑性指数越大，表明土的颗粒越细，比表面积越大，土越黏，即黏聚性越高。塑性指数对内摩擦角并无影响。

8. A 【考点】测量工作基本概念

【解析】在测绘上，讲究在测区内先选取一部分具有控制意义的点，采用较高精度的测量手段测取这部分点的坐标，然后以这些点为基础，对测区进行测量，这样使得精度有了保障，并且测区精度分布均匀。也就是从整体到局部，整体控制，局部测量，而控制测量的精度，也是先高精度，然后低精度，一级一级的来布设。故“从整体到局部、先控制后碎部”是测量工作应遵循的原则，遵循这个原则的目的包括防止测量误差的积累。

9. B 【考点】经纬仪的构造

【解析】横轴和竖轴是经纬仪上最重要的两个轴，它们应当相互垂直成90°。若竖轴铅垂，视准轴垂直于横轴，但横轴不是处于水平位置时，会给测量带来误差，这个误差称为横轴倾斜误差。假定横竖轴垂直度为i，即当仪器竖轴处于铅垂位置时，横轴相对水平位置倾斜$i°$，望远镜绕横轴旋转时，视准轴扫出的将不是铅垂面，而是一个倾斜面。

10. A 【考点】光电测距

【解析】光电测距仪的精度，通常用标称精度来表示：$m_D=\pm(a+b\cdot D)$。式中，a为固定误差；b为比例误差；D为被测距离。双频测距仪用精尺(10m)测定距离的尾数，以保证测距的精度，题目中精尺的测尺长度为10/2 =5m。故固定误差$a=5\text{mm}$，比例误差$b=5\text{mm/km}$。代入数据可得：$m_D=\pm(5\text{mm}+5000\text{mm}\times1/1000)=\pm1\text{cm}$。故仪器所能达到的精度为1cm。

11. A 【考点】坐标方位角

【解析】在平面直角坐标系统内，以平行于x轴的方向为基准方向，于某边的一个端点，从基准方向顺时针转至该边的水平角(0°～360°)称为坐标方位角。方位角又称坐标方位角，是表示直线的方向，有如下关系：$\beta_{左}=\angle BAC=90°22'12''$，$\alpha_{AC}=\alpha_{BA}+\beta_{左}-180°=\alpha_{AB}+180°+\beta_{左}-180°=\alpha_{AB}+\beta_{左}=60°30'18''+90°22'12''=150°52'30''$，所以选A。

12. A 【考点】建筑施工控制测量

【解析】根据《工程测量规范》(GB 50026—2007)第8.2.4条第1款规定，建筑方格网测量的主要技术要求，应符合表8.2.4－1(见题12解表)的规定。

题12解表　建筑方格网的主要技术要求

等级	边长/m	测角中误差(″)	边长相对中误差
一级	100～300	5	≤1/30000
二级	100～300	8	≤1/20000

13. D 【考点】评标方法

【解析】AC两项，根据《评标委员会和评标方法暂行规定》第三十条规定，经评审的最低投标价法一般适用于具有通用技术、性能标准或者招标人对其技术、性能没有特殊要求的招标项目。其中，经评审的最低投标价法，能够满足招标文件的实质性要求，并且经评审的最低投标价的投标，应当推荐为中标候选人，所以最低投标价法通常用来恶性削价竞争，反而使工程质量更为低落。BD两项，根据第三十五条规定，综合评估法应最大限度地满足招标文件中规定的各项综合评价标准的投标，应当推荐为中标候选人。衡量投标文件是否最大限度地满足招标文件中规定的各项评价标准，可以采取折算为货币的方法、打分的方法或者其他方法。需量化的因素及其权重应当在招标文件中明确规定。

14. B 【考点】建设项目的环境保护管理

【解析】根据《建设项目环境保护管理条例》第七条规定，国家根据建设项目对环境的影响程度，按照下列规定对建设项目的环境保护实行分类管理：①建设项目对环境可能造成重大影响的，应当编制环境影响报告书，对建设项目产生的污染和对环境的影响进行全面和详细的评价；②建设项目对环境可能造成轻度影响的，应当编制环境影响报告表，对建设项目产生的污染和对环境的影响进行分析或专项评价；③建设项目对环境影响很小，不需要进行环境影响评价的，应当填报环境影响登记表。

15. A 【考点】国家标准的编制工作顺序

【解析】《国家标准制定程序的阶段划分及代码》（GB/T 16733—1997）将我国国家标准制定程序阶段划分为9个阶段，即预阶段、立项阶段、起草阶段、征求意见阶段、审查阶段、批准阶段、出版阶段、复审阶段、废止阶段。

16. D 【考点】招标的基本概念

【解析】招标分为：①邀请招标，又称有限竞争性招标，是指招标方选择若干供应商或承包商，向其发出投标邀请，由被邀请的供应商、承包商投标竞争，从中选定中标者的招标方式。邀请招标中，招标人应向3个以上的潜在投标人发出邀请。②公开招标，又称无限竞争性招标，是一种由招标人按照法定程序，在公开出版物上发布招标公告，所有符合条件的供应商或承包商都可以平等参加投标竞争，从中择优选择中标者的招标方式。D项，专业性较强的项目，由于有资格承接的潜在投标人较少，或者需要在短时间内完成采购任务等，更适合采用邀请招标的方式。

17. A 【考点】土方工程的准备与辅助工作

【解析】A项，松土碾压宜先用轻碾压实，再用重碾压实，可避免土层强烈起伏，效果较好。B项，摊铺沥青路的时候，因为停振碾压只是表层压实，应先停振碾压后振动碾压；C项，对于直线段路基，为了更好的压出路拱，避免出现反横坡，应先压两侧和边缘再压中间；D项，压实松土时应先慢后快，先把土体压稳定了再重压和快压，增加密实度。

18. A 【考点】混凝土工程

【解析】混凝土结构多要求整体浇筑，若因技术或组织上的原因不能连续浇筑，且停顿时间有可能超过混凝土的初凝时间时，则应事先在适当位置留置施工缝，防止混凝土因温度变化产生裂缝现象。根据《混凝土结构工程施工规范》（GB 50666—2011）第8.6.1条规定，施工缝和后浇带宜留设在结构受剪力较小且便于施工的位置。

19. A 【考点】结构吊装工程

【解析】在柱子吊装施工时，根据起吊后柱身是否垂直，可分为斜吊法和直吊法，相应的绑扎方法有斜吊绑扎法和直吊绑扎法。两种绑扎方法的应用有以下三种情况：①当柱平卧起吊的宽面抗弯强度满足要求时，可采用斜吊绑扎法；②当柱平卧起吊的宽面抗弯强度不足时，吊装前需先将柱翻身后再绑扎起吊，此时应采用直吊绑扎法；③当柱较长、需采用两点起吊时，也可采用两点斜吊法和直吊绑扎法。综上所述，当采用斜吊绑扎法时，应满足抗弯承载力的要求。

20. B 【考点】施工组织设计

【解析】采用赢得值法计算。AB两项，已完工作预算费用（$BCWP$）= 已完成工作量 × 预算单价 $=2000\times45=90000$（元）；计划工作预算费用（$BCWS$）= 计划工作量 × 预算单价 $=400\times6\times45=108000$（元）；进度偏差（$SV$）= 已完工作预算费用（$BCWP$）− 计划工作预算费用（$BCWS$）$=90000-108000=-18000$（元）$=-1.8$（万元）；当进度偏差（$SV$）

为负值时，表示进度延误，即实际进度落后于计划进度。C 项，费用偏差（CV）= 已完工作预算费用（$BCWP$）- 已完工作实际费用（$ACWP$）= 90000 - 120000 = -30000（元）= -3（万元）；当费用偏差（CV）为负值时，超出预算费用。D 项，该工程每日预算费用为：45/25 = 1.8（万元），即工期拖后 1 天。

21. C 【考点】单代号网络图

【解析】单代号网络图中的节点表示工作，箭线表示各项工作之间的逻辑关系，从而构成网络图。

22. B 【考点】静定结构受力分析

【解析】计算步骤如下：①整体对 A 点取矩，即 $48 \times 1 - F_{B_y} \times 8 = 0$（$F_{B_y}$ 为支座 B 点 y 方向的支座反力），得：$F_{B_y} = 6\text{kN}$；②$M^0 = 6 \times 4 = 24\text{kN} \cdot \text{m}$。根据三铰拱求解公式：

$$y(x) = \frac{M^0(x)}{H}$$

解得水平力 $H = F_{AB} = M^0/f = 8\text{kN}$，其中 f 为矢高。

23. D 【考点】超静定结构受力分析及特性

【解析】假设 B 端为固定端，则 $M_B = 4i\theta + 2i\theta_B$，$\theta$、$\theta_B$ 分别为 A、B 两端的转角，以顺时针为正；i 为杆件线刚度（因杆两端没有垂直于杆件的位移，所以只有 θ 作为变量），但实际情况为 B 端铰接，弯矩为零，解上式得：$\theta_B = -\theta/2$，又符号为负，所以为逆时针。

24. A 【考点】超静定结构受力分析及特性

【解析】本题中，该结构只有节点 B 的转角一个未知量。由杆端刚度计算分配系数，$S_{BC} = i$，$S_{BD} = 4i$，所以 $\mu_{BC} = \dfrac{S_{BC}}{S_B} = \dfrac{1}{9}$，$\mu_{BD} = \dfrac{4}{9}$，$\mu_{BA} = \dfrac{4}{9}$。根据杆端固定条件，可知传递系数 $C_{BC} = -1$，$C_{BA} = \dfrac{1}{2}$，$C_{BD} = 0$。均布荷载在节点 B 处产生的弯矩为 $ql^2/3$，那么传递到 C 支座的力矩为：$-ql^2/3 \times (1/9) \times (-1) = ql^2/27$。

25. B 【考点】钢筋混凝土结构受弯构件的承载能力极限状态

【解析】题目中的情况发生在受弯构件临界破坏时刻。受弯构件破坏的情况包括适筋破坏（受拉钢筋屈服）和超筋破坏（受压钢筋屈服但受拉钢筋未屈服）。当正截面受压区高度低于受压钢筋混凝土保护层厚度时，表明受压钢筋未屈服。所以正确情况为第一种情况，即受拉钢筋屈服，受压钢筋未屈服。

26. D 【考点】钢筋混凝土结构正常使用极限状态验算

【解析】钢筋混凝土简支梁挠度验算为正常使用阶段的验算，其作用荷载和材料强度应取其标准值（荷载效应为荷载准永久组合）；带裂缝受力阶段的截面，受拉钢筋的拉应变和受压区边缘混凝土的压应变是不均匀的，弯曲刚度按截面开裂处的平均应变分布符合平截面假定计算。

27. B 【考点】钢筋混凝土结构抗震设计要点

【解析】强柱弱梁是指使框架结构塑性铰出现在梁端的设计要求，保证柱子更“相对”安全，不能先于梁破坏。这样梁柱一起受力时，梁端可以先于柱屈服，从而提高结构的变形能力，防止在强烈地震作用下倒塌。

28. A 【考点】钢材性能

【解析】A 项，钢材的主要力学性能指标主要包括屈服强度、抗拉强度、伸长率、冷弯性能和冲击韧性。B 项，可焊性和耐候性是钢材的工艺性能。C 项，碳、硫和磷含量是钢材的化学组成。D 项，冲击韧性实际意义是表征材料的脆性倾向；屈强比是材料屈服强度与抗拉强度的比值。

29. B 【考点】轴心受压构件的稳定性

【解析】柱间支撑是为保证建筑结构整体稳定、提高侧向刚度和传递纵向水平力而在相邻两柱之间设置的连系杆件，一般按轴心受拉计算，不考虑受压性能。由受拉强度公式 $\sigma = N/A_n \leqslant f$，可知计算支撑构件时应计算其净截面面积。

30. C 【考点】螺栓的连接计算

【解析】A 项，抗剪连接中，一个高强度螺栓的受剪承载力设计值为 $N_v^b = Kn_f\mu P$，对于普通钢结构构件，K 取 0.9；对于冷弯薄壁型钢构件，K 取 0.8。B 项，一个高强度螺栓的抗拉承载力设计值取 $N_t^b = \dfrac{\pi d_e^2}{4} f_t^b$。C 项，一个普通螺栓的承压承载力设计值取 $N_c^b = d\sum t f_c^b$，承压型高强螺栓的承压承载力设计值同普通螺栓相同。D 项，需要控制预拉力的多为高强度摩擦性螺栓。

31. B 【考点】砌体的抗拉强度

【解析】砌体的抗拉、弯曲抗拉及抗剪强度主要取决于灰缝的强度，即砂浆的强度，在大多数情况下，破坏发生在砂浆和块材的连接面，因此，砌体的抗拉强度主要取决于砂浆的强度等级(抗压强度)。

32. C 【考点】混合结构房屋静力计算方案

【解析】在混合结构房屋中，纵墙、横墙(包括山墙)、楼屋盖和基础等组成空间受力体系，共同承受作用在结构上的各种垂直荷载和水平荷载。混合结构房屋进行静力计算时根据房屋的空间工作性能可划分为弹性方案、刚性方案和刚弹性方案。弹性方案房屋在荷载作用下，墙柱内力可按有侧移的平面排架计算，要考虑水平位移；刚性方案房屋在荷载作用下，墙柱内力可按顶端有不动铰支座的竖向构件进行计算，不考虑水平位移；刚弹性计算方案介于弹性方案和刚性方案之间。故有 $M_{弹} > M_{钢弹} > M_{刚}$。

33. C 【考点】过梁

【解析】根据《砌体结构设计规范》(GB 50003—2011)第 7.2.2 条规定，过梁的荷载，应按下列规定采用：①对砖和砌块砌体，当梁、板下的墙体高度 h_w 小于过梁的净跨 l_n 时，过梁应计入梁、板传来的荷载，否则可不考虑梁、板荷载。②对砖砌体，当过梁上的墙体高度 h_w 小于 $l_n/3$ 时，墙体荷载应按墙体的均布自重采用，否则应按高度为 $l_n/3$ 墙体的均布自重采用。③对砌块砌体，当过梁上的墙体高度 h_w 小于 $l_n/2$ 时，墙体荷载应按墙体的均布自重采用，否则应按高度为 $l_n/2$ 墙体的均布自重采用。本题中，砖砌体过梁上墙体高度 $h_w < l_n/3$，所以在过梁上的荷载为：$15 + 5 \times 0.5 = 17.5\text{kN/m}$。

34. C 【考点】岩石的物理力学性能等指标及其试验方法

【解析】C 项，钻孔径向加压法试验主要测得岩体变形、钻孔变形，以此来获得岩体的弹性模量和变形模量；岩石弹性抗力系数是指使围岩产生单位长度的径向位移(向围岩内方向)所需单位面积上的径向压力，通过此试验也可直接测出弹性抗力系数。A 项，用千斤顶通过承压板向半无限岩体表面施力，测量岩体变形与压力，按布西涅斯克的各向同性半无限弹性表面局部受力公式计算岩体的变形参数；B 项，狭缝法是指在岩体上凿一狭缝，将压力钢枕放入，再用水泥砂浆填实并养护到一定强度后，对钢枕加压，当测得岩体表面中线上某点的位移时，则求得岩体的杨氏弹性模量；D 项，双轴压缩法试验可以测得岩石的泊松比。

35. C 【考点】岩体弹性变形计算

【解析】各向同性弹性变形计算公式为：

$$\varepsilon_x = \frac{1}{E}[\sigma x - \mu(\sigma_y + \sigma_z)]$$

各向异性弹性变形计算公式为：

$$\varepsilon_x = \frac{\sigma_x}{E_x} - \mu\left(\frac{\sigma_y}{E_y} + \frac{\sigma_z}{E_z}\right)$$

根据题意有：$\varepsilon_x = 0$，$\sigma_y = \sigma_x$，$E_x = E_y = 2E_z$，$\mu = 0.3$；

所以：$\sigma_x = \sigma_y = \frac{6}{7}\sigma_z = 0.857\sigma_z$。C 项最接近。

36. B 【考点】土的物理性能

【解析】塑性指数是指液限与塑限的差值，其习惯上用不带% 的数值表示。根据相关公式可得：$I_P = w_L - w_P = 24.3 - 15.4 = 8.9$。

37. C 【考点】土的自重应力

【解析】C 项，表面水平的半无限空间弹性地基中，土的自重应力只与土的重度和计算深度有关，与土的模量无关。A 项，土的自重应力一般是指土的自身有效重力在土体中引起的应力，土的自重应力包括竖向自重应力和水平向自重应力。B 项，在计算地下水位以下土层的自重应力时应用有效重度。D 项，地基的变形破坏是由于附加应力引起的，附加应力 = 总应力 - 自重应力，当自重应力变大时，附加应力不变，不会导致地基发生破坏。

38. A 【考点】土中应力分布及计算

【解析】有效应力原理表明，饱和土的应力(总应力)分为两部分，分别是土骨架承受的有效应力、土中水承受的孔隙水压力。土体的自重应力是指土体重力引起的应力，属于有效应力，不属于总应力。地下水位变化时，孔隙水压力会发生变化，进一步引起有效应力的变化。综上所述，BCD 三项说法错误。

39. B 【考点】土的液化

【解析】砂土液化是指饱水的疏松粉和细砂土在振动作用下突然破坏而呈现液态的现象。其原因是土在受到震动时，土中的水不能及时排除，导致孔隙水压力上升，有效应力减小，当有效应力减小为零时，土处于悬浮状态，导致土的强度丧失，从而发生振动液化。

40. A 【考点】朗肯主动土压力理论

【解析】朗肯主动土压力的计算公式为：$\sigma_a = \gamma z\tan^2(45° - \frac{\varphi}{2}) - 2c\tan(45° - \frac{\varphi}{2}) = \gamma z K_a - 2c\sqrt{K_a}$。则 A 项，内摩擦角 φ 减小会引起挡土墙的主动土压力增大；BD 两项，填土的重度 γ 减小与黏聚力 c 增大都会引起挡土墙的主动土压力减小；C 项，主动土压力与填

土的压缩模量没有关系。

41. D **【考点】**常见岩石的分类和特征

【解析】岩浆岩又称火成岩，是由岩浆喷出地表或侵入地壳冷却凝固所形成的岩石，有明显的矿物晶体颗粒或气孔。根据形成深度的不同，又细分为深成岩和浅成岩。浅成岩是指岩浆沿地壳裂缝上升至距地表较浅处冷凝形成的岩浆岩，由于岩浆压力小，温度下降较快，矿物结晶较细小；深成岩是指岩浆侵入地壳深处冷凝形成的岩浆岩由于岩浆压力大，温度下降缓慢，矿物结晶良好。

42. B **【考点】**常见岩石的种类

【解析】B 项，沉积岩由颗粒物质和胶结物质组成，约占地壳体积的 7.9%，但在地壳表层分布则甚广，约占陆地面积的 75%，而海底几乎全部为其沉积物所覆盖。A 项，岩浆岩由来自地球内部的熔融物质，在不同地质条件下冷凝固结而成的岩石；C 项，变质岩是指原有岩石经变质作用而形成的岩石，变质岩占地壳体积的 27.4%；D 项，石灰岩主要是在浅海的环境下形成的，多形成石林和溶洞，为沉积岩的一种。

43. D **【考点】**特殊性土

【解析】黄土在整个第四纪的各个世中均有堆积，而各世中黄土由于堆积年代长短不一，上覆土层厚度不一，其工程性质不一。一般湿陷性黄土(全新世早期 ~ 晚更新期 Q_3)与新近堆积黄土(全新世近期 Q_4)具有湿陷性。而比上两者堆积时代更老的黄土，通常不具有湿陷性。

44. A **【考点】**主要地貌形态的特征与成因

【解析】洪积扇位于山前山谷出口处。山谷坡面沟底分布的物理风化产物在强降雨形成的洪流冲出沟口后因水流失去沟壁的约束而散开，坡度和流速突然减小，搬运物迅速沉积下来形成的扇状堆积地形，称为洪积扇。因此物理风化的山区是形成洪积扇的一个重要条件。

45. B **【考点】**主要地貌形态的特征与成因

【解析】河流从上游到下游，河曲和浅滩逐渐发育，水量越来越大，所携带的物质越来越多，流速越来越慢，沉积作用和侧蚀作用越来越明显。

46. A **【考点】**剪切裂隙

【解析】剪切裂隙是指在地质应力作用下，剪应力达到或超过岩石抗剪强度时发生的两组共轭剪切的破裂面。剪切裂隙的主要特征有：①一般延伸较长；②裂隙面比较平直光滑，有时因剪切滑动而留下擦痕；③“X”形裂隙发育良好时，可将岩石切割成菱形、棋盘格式岩块或岩柱；④若只发育一组剪裂隙，则裂隙会相互平行延伸；⑤剪裂隙排列往往具有等距性。

47. B **【考点】**风化作用

【解析】化学风化是指地壳表面岩石在水及水溶液的作用下发生化学分解的破坏作用。气候条件对风化有着重要影响，在湿润的环境中，主要以化学风化作用为主，且随着温度的升高化学风化作用逐渐加强；在干燥的环境中，主要以物理风化为主，且随着温度的升高物理风化作用逐渐加强。

48. A **【考点】**主要地貌形态的特征与成因

【解析】坡积物是指残积物经水流搬运，顺坡移动堆积而成的土，即雨雪水流的地质作用将高处岩石的风化产物缓慢地洗刷剥蚀，顺着斜坡向下逐渐移动，沉积在较平缓的山坡上而形成的沉积物，由于搬运距离较近，磨圆度较差，其物质组成棱角明显，分选性较差。

49. A 【考点】地下水的化学成分和性质

【解析】每升地下水中所含的离子、分子和固体微粒的总量(g)称为地下水的总矿化度(g/L)，通常是以水烘干后所得残渣来确定。

50. B 【考点】岩土工程原位测试技术

【解析】十字板剪切试验是一种用十字板测定软黏性土饱和不排水抗剪强度的原位试验，其最适用的土层是灵敏度小于10的均质饱和软黏土。对于不均匀土层，特别适用于夹有薄层粉细砂或粉土的软黏土。

51. B 【考点】滑坡裂缝

【解析】张裂缝是由张应力形成的裂缝，多分布于背斜构造的轴部，垂直于最大应力方向，平行于压缩方向。裂缝面较粗糙、不平整，裂缝两壁常张开被矿脉所填充，裂缝延伸距离较短，常成组出现，分布稀密不规则。由张裂缝深度计算公式可知，当岩坡按某一平面滑动破坏时，其滑动体后部可能出现的张裂缝的深度为：$H=\frac{2c}{\gamma}\tan(45°+\frac{\varphi}{2})$。

52. B 【考点】边坡的应力分布

【解析】工程开挖形成边坡后，坡体应力将重新分布，边坡周围的主应力迹线发生明显偏转。其总的特征包括：①愈靠近临空面，最大主应力(σ_1)愈接近平行临空面，数值愈大；②愈靠近临空面，最小主应力(σ_3)愈接近垂直临空面，数值愈小。

53. A 【考点】岩基抗滑稳定性

【解析】地基是指直接承受建筑物荷载的那部分地质体。若岩体作为建筑物的地基则称为地基岩体，简称基岩。当基岩受到水平方向荷载作用后，由于岩体中存在节理及软弱夹层，因而增加了基岩的滑动可能性；通常情况下，岩基的破坏是由于存在软弱夹层，使得一部分岩体在软弱夹层产生水平剪切滑动。滑移面类型通常有水平滑面、单斜滑面和双斜滑面。A项，由于岩性地基不含有厚泥质岩土层和风化、裂隙等弱性岩层，即使有风化、裂隙等弱性岩层，在地基处理时会改变岩基的性状，因而不具备弱面条件，在岩性地基中也不会出现圆弧滑面。

54. D 【考点】无筋扩展基础

【解析】无筋扩展基础又称刚性基础，是指由砖、毛石、混凝土或毛石混凝土、灰土和三合土等材料组成的，且不需配置钢筋的墙下条形基础或柱下独立基础。无筋扩展基础的材料都具有较好的抗压性能，但抗拉、抗剪强度却不高。设计时，通过控制材料强度等级和台阶宽高比(刚性角)来确定截面尺寸，而无需进行内力和截面强度计算。

55. A 【考点】地基承载力确定

【解析】根据《建筑地基基础设计规范》(GB 50007—2011)第5.2.4条规定，当基础宽度大于3m或埋置深度大于0.5m时，从载荷试验或其他原位测试、经验值等方法确定的地基承载力特征值尚应按下式修正：$f_a=f_{ak}+\eta_b\gamma(b-3)+\eta_d\gamma_m(d-0.5)$。式中，$b$为基础底面宽度，当基础底面宽度小于3m时，按3m考虑，大于6m时，按6m考虑；d为基础埋置深度，基础埋置深度d宜自室外地面标高算起；深度修正系数η_d总是大于或等于1；$\eta_d\gamma_m(d-0.5)$总是大于或等于0，不能为负值，但并未对基础埋深最大值做出限值；γ_m取基底以上土的加权平均重度，地下水以下取有效重度(浮重度)。

56. A 【考点】减少不均匀沉降损害的措施

【解析】减少建筑物不均匀沉降的措施有：①建筑物的体型应力求简单；②控制建筑物的长高比及合理布置墙体；③设置沉降缝；④相邻建筑物基础间应有一定净距。A项，增大建筑物的长高比会降低结构的整体刚度，基础越长，刚度越小，不均匀沉降越严重，不利于减少建筑物的不均匀沉降。

57. D 【考点】单桩竖向承载力的确定方法

【解析】D项，十字板剪切试验是一种通过对插入地基土中的规定形状和尺寸的十字板头施加扭矩，使十字板头在土体中等速扭转形成圆柱状破坏面，通过换算、评定地基土不排水抗剪强度的现场试验，不能用于测试单桩竖向承载力。A项，载荷试验是在一定面积的承压板上向地基逐级施加荷载，并观测每级荷载下地基的变形特性，从而评定地基的承载力、计算地基的变形模量并预测实体基础的沉降量。B项，静力触探是指利用压力装置将有触探头的触探杆压入试验土层，通过量测系统测土的贯入阻力，可确定土的某些基本物理力学特性。C项，标准贯入试验是动力触探的一种，是在现场测定砂或黏性土的地基承载力的一种方法。

58. B 【考点】地基处理方法的加固机理

【解析】真空预压法是指在软黏土中设置竖向塑料排水带或砂井，上铺砂层，再覆盖薄膜封闭，抽气使膜内排水带、砂层等处于部分真空状态，排除土中的水分，使土预先固结以减少地基后期沉降的一种地基处理方法。压缩固结后土的孔隙比减小，压缩系数减小，渗透系数减少，抗剪强度增加。

59. A 【考点】桩与桩基础的类型

【解析】挤密桩是把带有管塞、活门或锥头的钢管压入或打入地下挤密土层形成孔，再往孔内投放灰土、砂石等填料而成的桩。B项，挤密桩成孔宜在地基土接近最优含水率时进行，含水率低时应对处理范围内的土层加湿，所以不能应用膨胀土；C项，挤密桩所用土的质量应符合设计要求，用水泥改良的土的有机质含量不应大于2%，用石灰改良的土的有机质含量不应大于5%；D项，冰屑融化会影响含水率和强度，不能使用。

60. B 【考点】地基处理方法的加固机理

【解析】堆载预压法又称堆载预压排水固结法，通过在场地加载预压，使土体中的孔隙水沿排水板排出，逐渐固结，地基发生沉降，同时强度逐步提高。A项，软土层中按一定距离打入管井，井中灌入透水性良好的砂，形成排水“砂井”，在堆载预压下，加速地基排水固结，提高地基承载能力，但砂井不参与承压。B项，沙井间距的选取依据是井径比，较大的砂井直径可以加大土体中水的排出量，加快固结过程。较小的砂井间距可以增加砂井的有效排水直径，加大排水量，加快固结。C项，堆载预压时控制堆载速度的目的是防止因加载速率过快，造成地基失稳破坏。D项，当天然地基土的强度满足预压荷载下地基的稳定性要求时，可一次性加载，否则应分级逐渐加载，待前期预压荷载下地基土的强度增长满足下一级荷载下地基的稳定性要求时方可加载；堆载预压通常要求预压荷载大于基础底面的设计压力。

2012年注册土木工程师(岩土)执业资格考试《专业基础考试》真题

单项选择题(共60题，每题2分。每题的备选项中只有一个最符合题意)

1．具有以下哪种微观结构或性质的材料不属于晶体？(　　)

A．结构单元在三维空间规律性排列

B．非固定熔点

C．材料的任一部分都具有相同的性质

D．在适当的环境中能自发形成封闭的几何多面体

2．某种多孔材料密度为$2.4g/cm^3$，表观密度为$1.8g/cm^3$。该多孔材料的孔隙率为(　　)。

A．20%　　B．25%　　C．30%　　D．35%

3．我国通用的硅酸盐水泥标准中，符号“P·C”代表(　　)。

A．普通硅酸盐水泥　　B．硅酸盐水泥

C．粉煤灰硅酸盐水泥　　D．复合硅酸盐水泥

4．混凝土强度受到其材料组成、养护条件和试验方法的影响，其中试验方法的影响主要体现在(　　)。

A．试验设备的选择　　B．试验地点的选择

C．试件尺寸的选择　　D．温湿环境的选择

5．减水剂能够使混凝土在保持相同坍落度的前提下，大幅减小其用水量，因此能够提高混凝土的(　　)。

A．流动性　　B．强度　　C．黏聚性　　D．捣实性

6．当含碳量为0.8%时，钢材的晶体组织全部是(　　)。

A．珠光体　　B．渗碳体　　C．铁素体　　D．奥氏体

7．将木材破碎浸泡，研磨成木浆，加入一定量黏合剂，经热压成型、干燥处理而制成的人造板材，称为(　　)。

A．胶合板　　B．纤维板　　C．刨花板　　D．大芯板

8．测量学中高斯平面直角坐标系X轴、Y轴的定义为(　　)。

A．X轴正向为东、Y轴正向为北

B．X轴正向为西、Y轴正向为南

C．X轴正向为南、Y轴正向为东

D．X轴正向为北、Y轴正向为东

9．DS_3型微倾式水准仪的主要组成部分是(　　)。

A．物镜、水准器、基座

B．望远镜、水准器、基座

C．望远镜、三角架、基座

D．仪器箱、照准器、三角架

10．用视距测量方法测量A、B两点间高差，通过观测得尺间距$L=0.365m$，竖直角$\alpha=3°$

15′00″，仪器高 $i=1.460$m，中丝读数 2.379m，则 A、B 两点间高差 h_{AB} 为(　　)。

A. 1.15m　　B. 1.14m　　C. 1.16m　　D. 1.51m

11. 地形图是按一定比例，用规定的符号表示下列哪一项的正射投影图？(　　)

A. 地物的平面位置

B. 地物、地貌的平面位置和高程

C. 地貌高程位置

D. 地面高低状态

12. 同一张地形图上等高距是相等的，则地形图上陡坡的等高线是(　　)。

A. 汇合的　　B. 密集的　　C. 相交的　　D. 稀疏的

13. 设计单位的安全生产责任，不包含的是(　　)。

A. 在设计文件中注明安全的重点部位和环节

B. 对防范生产安全事故提出指导意见

C. 提出保障施工作业人员安全和预防生产安全事故的措施建议

D. 要求施工单位整改存在的安全事故隐患

14. 某勘察设计咨询企业 A 与其他事业单位合作的成果，其著作权、专利权、专有技术权归属，下列叙述正确的是(　　)。

A. 应归勘察设计咨询公司 A 所有

B. 应为合作各方共有

C. 应为提供最多资金企业所有

D. 应为建设单位所有

15. 根据《建设工程质量管理条例》第七至十七条的规定，建设单位的质量责任与义务具体是(　　)。

A. 向勘察、设计、施工、监理等单位提供有关的资料

B. 为求工程迅速完成而任意压缩工程

C. 肢解分包以加快发包速度

D. 为了赶进度而暗示承包方在施工过程中忽略工程强制性标准

16. 若投标人组成联合投标体进行投标，联合体的资质正确认定的是(　　)。

A. 以资质等级最低为基准

B. 以资质等级最高为基准

C. 以相关专业人数比例最高的单位资质等级为基准

D. 以投入资金比例最高的单位资质等级为基准

17. 反铲挖土机的挖土特点是(　　)。

A. 后退向下，强制切土

B. 前进向上，强制切土

C. 后退向下，自重切土

D. 直上直下，自重切土

18. 某悬挑长度为 1.5m、强度等级为 C30 的现浇阳台板，当可以拆除其底模时，混凝土立方体抗压强度至少应达到(　　)

A. 15N/mm^2　　B. 22.5N/mm^2

C. $21N/mm^2$　　　　D. $30N/mm^2$

19. 与工程网络计划方法相比，横道图进度计划方法的缺点是不能(　　)。

A. 直观表示计划中工作的持续时间

B. 确定实施计划所需要的资源数量

C. 直观表示计划完成所需要的时间

D. 确定计划中的关键工作和时差

20. 下列关于网络计划的工期优化的表述不正确的是(　　)。

A. 一般通过压缩关键工作来实现

B. 可将关键工作压缩为非关键工作

C. 应优先压缩对成本、质量和安全影响小的工作

D. 当优化过程中出现多条关键线路时，必须同时压缩各关键线路的持续时间

21. 流水施工的时间参数不包括(　　)。

A. 总工期

B. 流水节拍和流水步距

C. 组织和技术间歇时间

D. 平行搭接时间

22. 图示结构，节点 C 处的弯矩是(　　)。

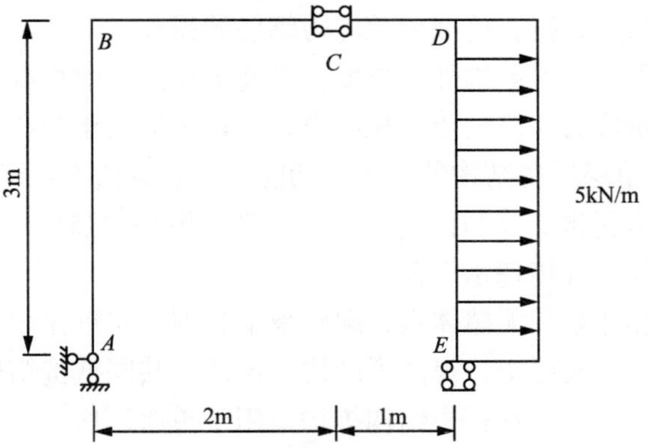

题 22 图

A. 30kN·m，上侧受拉　　　　B. 30kN·m，下侧受拉

C. 45kN·m，上侧受拉　　　　D. 45kN·m，下侧受拉

23. 图示结构，EI = 常数。节点 C 处弹性支座刚度系数 $k=3EI/L^3$，B 点的竖向位移为(　　)。

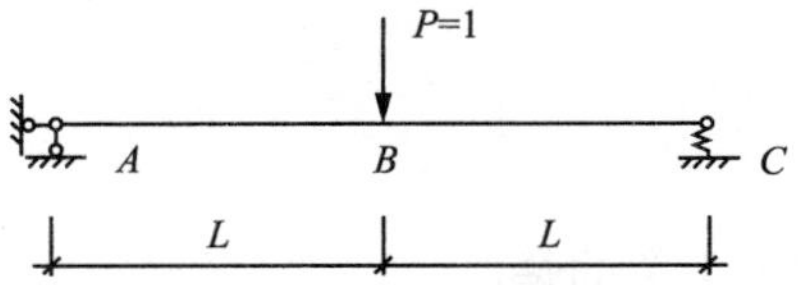

题 23 图

A. $L^3/2EI$　　B. $L^3/3EI$　　C. $L^3/4EI$　　D. $L^3/6EI$

24. 图示结构，EA = 常数，线膨胀系数为 α，若环境温度降低 t℃，则两个铰支座 A、B 的水平支座反力的大小为(　　)。

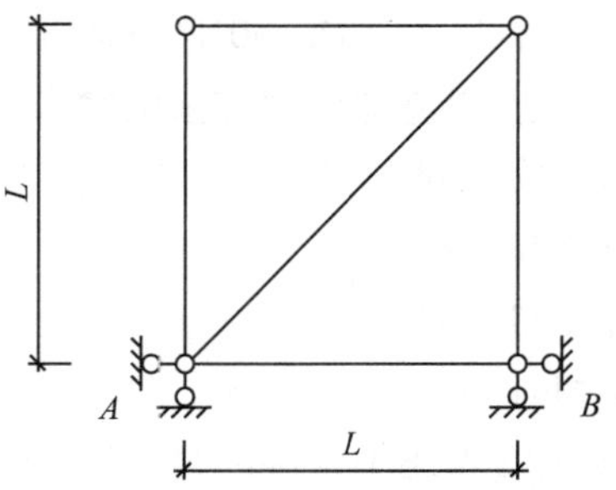

题24图

A. αtEA　　B. $\alpha tEA/2$　　C. $2\alpha tEA/L$　　D. $\alpha tEA/L$

25. 钢筋混凝土结构抗震设计时，要求“强柱弱梁”是为了防止(　　)。
    A. 梁支座处发生剪切破坏，从而造成结构倒塌
    B. 柱较早进入受弯屈服，从而造成结构倒塌
    C. 柱出现失稳破坏，从而造成结构倒塌
    D. 柱出现剪切破坏，从而造成结构倒塌

26. 关于预应力钢筋混凝土轴心受拉构件的描述，下列说法不正确的是(　　)。
    A. 即使张拉控制应力、材料强度等级、混凝土截面尺寸以及预应力钢筋和截面面积相同，后张法构件的有效预压应力值也比先张法高
    B. 对预应力钢筋超张拉，可减少预应力钢筋的损失
    C. 施加预应力不仅能提高构件抗裂度，也能提高其极限承载能力
    D. 构件在使用阶段会始终处于受压状态，发挥了混凝土受压性能

27. 关于钢筋混凝土单层厂房结构的布置与功能，下列说法不正确的是(　　)。
    A. 支撑体系分为屋盖支撑和柱间支撑，主要作用是加强厂房结构的整体性和刚度，保证构件稳定性，并传递水平荷载
    B. 屋盖分为有檩体系和无檩体系，起到承重和围护双重作用
    C. 抗风柱与圈梁形成框架，提高了结构整体性，共同抵抗结构所遭受的风荷载
    D. 排架结构、刚架结构和折板结构等均适用于单层厂房

28. 影响焊接钢构件疲劳强度的主要因素是(　　)。
    A. 应力比　　B. 应力幅
    C. 计算部位的最大拉应力　　D. 钢材强度等级

29. 提高钢结构工字形截面压弯构件腹板局部稳定性的有效措施是(　　)。
    A. 限制翼缘板最大厚度
    B. 限制腹板最大厚度
    C. 设置横向加劲肋
    D. 限制腹板高厚比

30. 与普通螺栓连接抗剪承载力无关的是(　　)。
    A. 螺栓的抗剪强度
    B. 连接板件的孔壁抗压强度
    C. 连接板件间的摩擦系数
    D. 螺栓的受剪面数量

31. 施工阶段的新砌体，砂浆尚未硬化时，砌体的抗压强度(　　)。

A. 按砂浆强度为零计算

B. 按零计算

C. 按设计强度的30%采用

D. 按设计强度的50%采用

32. 对于跨度较大的梁，应在其支承处的砌体上设置混凝土或钢筋混凝土垫块，但当墙中设有圈梁时，垫块与圈梁宜浇成整体。对砖砌体而言，现行规范规定的梁跨度限值是(　　)。

A. 6.0m　　B. 4.8m　　C. 4.2m　　D. 3.9m

33. 考虑抗震设防时，多层砌体房屋在墙中设置圈梁的目的是(　　)。

A. 提高墙体的抗剪承载能力

B. 增加房屋楼(屋)盖的水平刚度

C. 减少墙体的允许高厚比

D. 提供砌体的抗压强度

34. 能用于估算和判断岩石的抗拉和抗压强度、各向异性和风化程度的力学指标是(　　)。

A. 点荷载强度　　B. 三轴抗压强度

C. RQD　　D. 模量比

35. 岩体初始地应力主要包括(　　)。

A. 自重应力和温度应力

B. 构造应力和渗流荷载

C. 自重应力和成岩应力

D. 构造应力和自重应力

36. 关于土的灵敏度，下面说法正确的是(　　)。

A. 灵敏度越大，表明土的结构性越强

B. 灵敏度越小，表明土的结构性越强

C. 灵敏度越大，表明土的强度越高

D. 灵敏度越小，表明土的强度越高

37. 某饱和土体，土粒相对密度 $d_s = 2.70$，含水率(含水量) $w = 30\%$，取水的重度 $\gamma_w = 10\text{kN/m}^3$，则该土的饱和重度为(　　)。

A. 19.4kN/m^3　　B. 20.2kN/m^3

C. 20.8kN/m^3　　D. 21.2kN/m^3

38. 关于分层总和法计算沉降的基本假定，下列说法正确的是(　　)。

A. 假定土层只发生侧向变形，没有竖向变形

B. 假定土层只发生竖向变形，没有侧向变形

C. 假定土层只存在竖向附加应力，不存在水平附加应力

D. 假定土层只存在水平附加应力，不存在竖向附加应力

39. 直剪试验中快剪的试验结果最适用于下列哪种地基？(　　)

A. 快速加荷排水条件良好的地基

B. 快速加荷排水条件不良的地基

C. 慢速加荷排水条件良好的地基

D. 慢速加荷排水条件不良的地基

40. 对于图示挡土墙，墙背倾角为α，墙后填土与挡土墙的摩擦角为δ，墙后填土中水压力E_w的方向与水平面的夹角φ为(　　)。

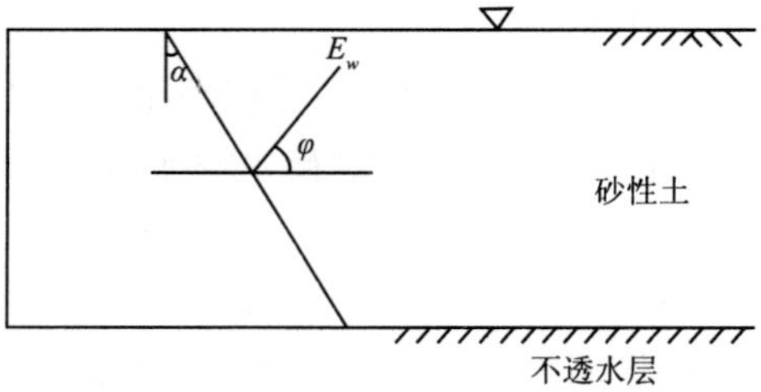

题40图

A. $\alpha+\delta$　　B. $90°-(\alpha+\delta)$　　C. α　　D. δ

41. 沉积岩通常具有(　　)。

A. 层理结构　　B. 片理结构　　C. 流纹结构　　D. 气孔结构

42. 下列岩石中，最容易遇水软化的是(　　)。

A. 石英砂岩　　B. 石灰岩　　C. 黏土岩　　D. 白云岩

43. 某一地区出露的彼此平行的地层系列为O_1、O_2、C_2、C_3，则O_2与C_2之间的接触关系为(　　)。

A. 整合接触　　B. 沉积接触

C. 假整合接触　　D. 角度不整合接触

44. 下列哪个地貌现象和地壳上升作用直接相关？(　　)

A. 牛轭湖　　B. 洪积扇　　C. 滑坡台阶　　D. 基座阶地

45. 裂隙岩体的稳定性主要取决于(　　)。

A. 组成岩体的岩石的结构

B. 组成岩体的岩石的矿物成分

C. 岩体内的各种结构面的性质及对岩体的切割程度

D. 岩体内被切割的各岩块的力学性质

46. 岩浆岩的抗化学风化能力总体上讲比沉积岩(　　)。

A. 强　　B. 弱　　C. 差不多　　D. 一样

47. 某种沉积物的组成砾石的成分复杂，有明显磨圆，具有上述特点的沉积物可能是(　　)。

A. 残积物　　B. 坡积物

C. 浅海沉积物　　D. 河流中上游冲积物

48. 下列物质中，最有可能构成隔水层的是(　　)。

A. 页岩　　B. 断裂破碎带

C. 石灰岩　　D. 玄武岩

49. 岩土工程勘察等级分为(　　)。

A. 2级　　B. 3级　　C. 4级　　D. 5级

50. 确定地基土的承载力的方法中，下列哪个原位测试方法的结果最可靠？(　　)

A. 载荷试验　　　　　　　　　　　　B. 标准贯入试验

C. 轻型动力触探试验　　　　　　　　D. 旁压试验

51. 下列关于均匀岩质边坡应力分布的描述中，哪一个是错误的？(　　)

A. 愈接近于临空面，最大主应力方向愈接近平行于临空面，最小主应力方向接近垂直于临空面

B. 坡面附近出现应力集中，最大主应力方向垂直于坡脚，最小主应力方向垂直于坡顶

C. 临空面附近为双向应力状态，向内过渡为三向应力状态

D. 最大剪应力迹线为凹向临空面的弧形曲线

52. 岩石边坡内某一结构面的最大、最小主应力分别为 σ_1 和 σ_3。当有地下水压力 p 作用时，其应力状态莫尔圆应该用下列哪个图示表示？(　　)

A. 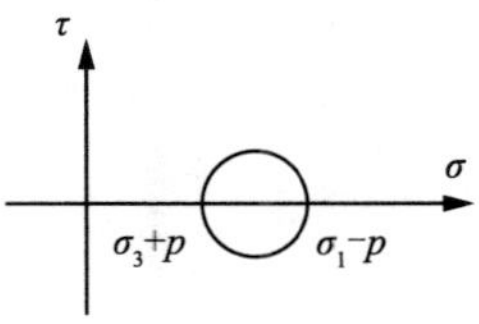

B. 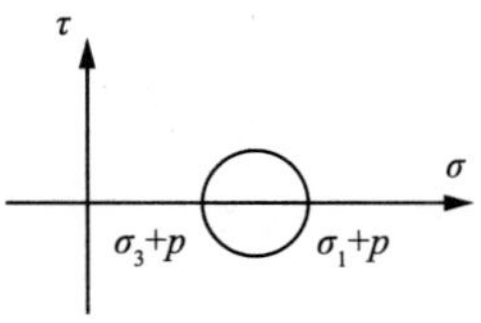

C. 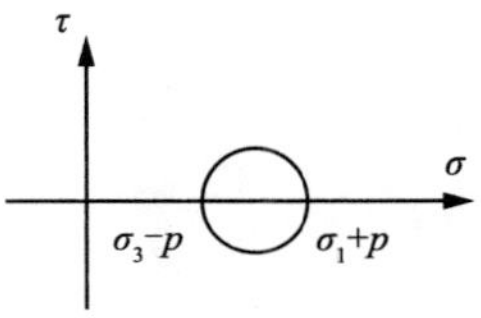

D. 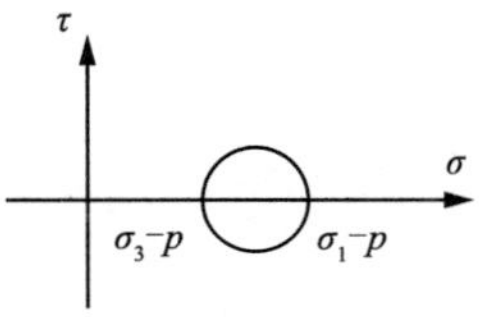

53. 不属于岩基常见的破坏模式的是(　　)。

A. 沉降　　　　B. 开裂　　　　C. 滑移　　　　D. 倾倒

54. 扩展基础的抗弯验算主要用于哪一项设计内容？(　　)

A. 控制基础高度　　　　　　　　B. 控制基础宽度

C. 控制基础长度　　　　　　　　D. 控制基础配筋

55. 关于地基承载力特征值的宽度修正公式 $\eta_b\gamma(b-3)$，下列说法不正确的是(　　)。

A. $\eta_b\gamma(b-3)$ 的最大值为 $3\eta_b\gamma$

B. $\eta_b\gamma(b-3)$ 总是大于或等于0，不能为负值

C. η_b 可能等于0

D. γ 取基底以上土的重度，地下水以下取浮重度

56. 下面哪一种措施无助于减小建筑物的沉降差？(　　)

A. 先修高的、重的建筑物，后修矮的、轻的建筑物

B. 进行地基处理

C. 采用桩基础

D. 建筑物建成后在周边均匀地堆土

57. 下面哪种情况对桩的竖向承载力有利？(　　)

A. 建筑物建成后在桩基附近堆土

B. 桩基周围的饱和土层发生固结沉降

C. 桥梁桩基周围发生淤积

D. 桩基施工完成后在桩周注浆

58. 经过深层搅拌法处理后的地基属于(　　)。

A. 天然地基　　　　　　　　B. 人工地基

C. 桩基础　　　　　　　　　D. 其他深基础

59. 挤密桩的桩孔中，下面哪一种材料不能作为填料？(　　)

A. 黄土　　B. 膨胀土　　C. 水泥土　　D. 碎石

60. 关于预压加固法，下面哪种情况有助于减小达到相同固结度所需要的时间？(　　)

A. 增大上部荷载　　　　　　B. 减小上部荷载

C. 增大井径比　　　　　　　D. 减小井径比

答案及详解

单项选择题(共60题，每题2分。每题的备选项中只有一个最符合题意)

1. B **【考点】**材料的组成与性质

【解析】B项，晶体具有确定的熔点且多具良好的导电性与导热性，这是其与非晶体的主要差异。A项，晶体中原子或分子的排列具有三维空间的周期性，隔一定的距离重复出现；C项，宏观晶体材料为各向同性，即材料的任一部分都具有相同的性质；D项，晶体具有自限性，即在适当的环境中能自发地形成封闭几何多面体。

2. B **【考点】**建筑材料的基本性质

【解析】表观密度是指材料在自然状态下(长期在空气中存放的干燥状态)，单位体积的干质量；孔隙率是指材料体积内，孔隙体积占总体积的比例。

根据孔隙率计算公式：$P=\frac{V_0-V}{V_0}\times100\%=(1-\frac{\rho_0}{\rho})\times100\%$，可得：

$P=(1-\frac{\rho_0}{\rho})\times100\%=(1-\frac{1.8}{2.4})\times100\%=25\%$。

3. D **【考点】**水泥的基本知识

【解析】D项，根据《通用硅酸盐水泥》(GB 175—2007)第5.1条规定，复合硅酸盐水泥的代号是“P·C”。A项，普通硅酸盐水泥代号是“P·O”；B项，硅酸盐水泥代号是“P·Ⅰ”或“P·Ⅱ”；C项，粉煤灰硅酸盐水泥代号是“P·F”。

4. C **【考点】**混凝土强度的试验方法

【解析】根据《混凝土结构设计规范》(GB 50010—2010)(2015年版)第4.1.1条规定，测定混凝土强度的标准试验方法是将混凝土拌合物制成边长为150mm的立方体标准试件，在标准条件下，养护到28d龄期，测得的具有不低于95%保证率的抗压强度值，称为混凝土抗压强度标准值。在实际施工中，允许采用非标准尺寸的试件，但由于混凝土试验的尺寸效应，试件尺寸越大，测得的抗压强度值越小，由非标准试块测出的数据应乘以一定的修正系数。

5. B **【考点】**混凝土外加剂

【解析】B项，混凝土中掺入减水剂，在保持坍落度不变的情况下，可减少用水量10%～15%，混凝土强度可提高10%～20%，特别是早期强度提高更显著。A项，混凝土流动性是指混凝土搅拌物在本身自重或机械振捣作用下产生流动，能均匀密实流满模板的性能，反映了混凝土搅拌物的稀稠程度及充满模板的能力，是坍落度指标反映出的一种性能；C项，黏聚性也是由坍落度反映出的和易性中的一种性能；D项，捣实性是指混凝土拌合物易于振捣密实、排出所有被挟带空气的性能。

6. A **【考点】**建筑钢材组织与性能的关系

【解析】碳素钢基本组织相对含量与含碳量关系如题6解图所示。A项，珠光体是铁素体与渗碳体的机械混合物，含碳量较低(0.8%)，具有层状结构，塑性较好，强度与硬度均较高。B项，渗碳体是铁碳合金按亚稳定平衡系统凝固和冷却转变时析出的Fe_3C型碳化物；C 项，铁素体即碳在 $\alpha-Fe$ 中的间隙固溶体，铁素体中含碳很少（<0.02%），具有体心立方晶格，又称 α 固溶体；D 项，奥氏体又称沃斯田铁或 $\gamma-Fe$，是碳在 $\gamma-Fe$ 中的固溶体，溶碳能力较强，在 0.8% ~2.06% 之间，其强度、硬度不高，但塑性好。

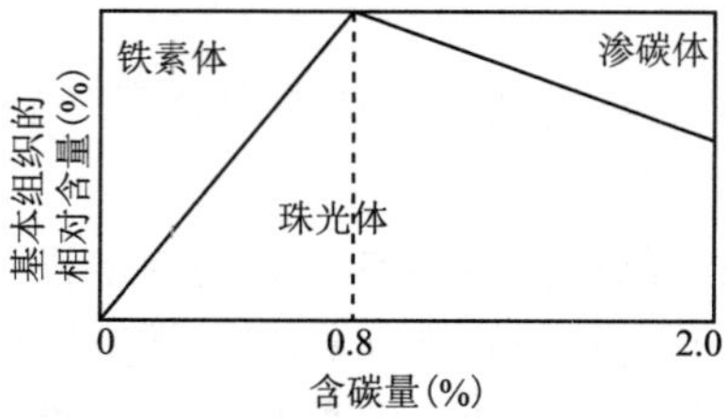

题6解图　碳素钢基本组织相对含量与含碳量关系

7. B 【考点】木材的应用

【解析】A 项，胶合板是由木段旋切成单板或由木方刨切成薄木，再用胶粘剂胶合而成的三层或多层的人造板；B 项，纤维板是以木质纤维或其他植物素纤维为原料，经破碎、浸泡、研磨成浆，然后经热压成型、干燥等工序制成的一种人造板材；C 项，刨花板是由木材或其他木质纤维素材料制成的碎料，施加胶黏剂后在热力和压力作用下胶合成的人造板；D 项，大芯板是由两片单板中间胶压拼接木板而成的人造板。

8. D 【考点】测量基本概念

【解析】高斯平面直角坐标系是采用高斯椭圆柱投影方程建立的平面直角坐标系，是一种球面坐标与平面坐标相关联的坐标系统。在使用高斯平面直角坐标系的过程中，当测量的范围较大时，不能将地球面当做平面，要采用高斯投影方法，将地球面转换成平面。中央子午线和赤道投影展开后为互相垂直的直线，分别为 X 轴和 Y 轴，交点为原点，并规定 X 轴正向为北，Y 轴正向为东。

9. B 【考点】水准仪的构造

【解析】我国的水准仪系列标准分为 DS_{05}、DS_1、DS_3 和 DS_{10} 四个等级。D 是大地测量仪器的代号；S 是水准仪的代号，均取大和水两个字汉语拼音的首字母；数字 05、1、3、10 代表该仪器的精度，即每公里往返测量高差中数的中误差值（以 mm 计）。微倾式水准仪主要由望远镜、水准器和基座三个部分组成。

10. A 【考点】视距测量

【解析】视线倾斜时的水平距离和高差公式为：$D=kL\cos^2\alpha$，$h=D\tan\alpha+i-v$，式中，k 为视距乘常数；v 为中丝读数。代入已知条件得：$D=100\times0.365\times\cos^2(3°15'00'')=36.383\text{m}$，$h_{AB}=36.383\times\tan(3°15'00'')+1.460-2.379=1.147\text{m}\approx1.15\text{m}$。

11. B 【考点】地形图基本知识

【解析】地形图是指按一定比例尺，用规定的符号表示地物、地貌的平面位置和高程的正射投影图。具体方法是将地面上的地物和地貌按水平投影的方法（沿铅垂线方向投影到水平面上），并按一定的比例尺缩绘到图纸上。

12. B 【考点】地形图基本知识

【解析】等高距是指地形图上相邻两条等高线的高差，其大小是随地图比例尺的大小而定的。把地面上海拔高度相同的点连成的闭合曲线，垂直投影到一个标准面上，并按比例缩小画在图纸上，就得到等高线。在同一张地形图上，等高距相同时，坡度越陡则等高线越密集。

13. D 【考点】设计单位的安全生产责任

【解析】根据《建设工程安全生产管理条例》第十三条规定，设计单位应当按照法律、法规和工程建设强制性标准进行设计，防止因设计不合理导致生产安全事故的发生，具体有以下三点：①设计单位应当考虑施工安全操作和防护的需要，对涉及施工安全的重点部位和环节在设计文件中注明，并对防范生产安全事故提出指导意见；②采用新结构、新材料、新工艺的建设工程和特殊结构的建设工程，设计单位应当在设计中提出保障施工作业人员安全和预防生产安全事故的措施建议；③设计单位和注册建筑师等注册执业人员应当对其设计负责。

14. B 【考点】著作专利权的归属

【解析】根据《专利法》第八条规定，两个以上单位或个人合作完成的发明创造、一个单位或个人接受其他单位或个人委托所完成的发明创造，除另有协议的以外，申请专利的权利属于完成或者共同完成的单位或者个人；申请被批准后，申请的单位或者个人为专利权人。

15. A 【考点】建设单位的责任与义务

【解析】A 项，根据《建设工程质量管理条例》第九条规定，建设单位必须向有关的勘察、设计、施工、工程监理等单位提供与建设工程有关的原始资料。原始资料必须真实、准确和齐全。BD 两项，根据第十条规定，建设工程发包单位不得迫使承包方以低于成本的价格竞标，不得任意压缩合理工期。建设单位不得明示或暗示设计单位或施工单位违反工程建设强制性标准，降低建设工程质量；C 项，根据第七条规定，建设单位应当将工程发包给具有相应资质等级的单位。建设单位不得将建设工程肢解发包。

16. A 【考点】投标资质的认定

【解析】根据《招标投标法》第三十一条规定，两个以上法人或者其他组织可以组成一个联合体，以一个投标人的身份共同投标。联合体需要符合以下规定：①联合体各方均应当具备承担招标项目的相应能力；国家有关规定或者招标文件对投标人资格条件有规定的，联合体各方均应当具备规定的相应资格条件。由同一专业的单位组成的联合体，应按照资质等级较低的单位确定资质等级。②联合体各方应当签订共同投标协议，明确约定各方拟承担的工作和责任，并将共同投标协议连同投标文件一并提交给招标人。联合体中标的，联合体各方应当共同与招标人签订合同，就中标项目向招标人承担连带责任。③招标人不得强制投标人组成联合体共同投标，不得限制投标人之间的竞争。

17. A 【考点】机械化施工

【解析】单斗挖土机目前多为液压传动，主要分为：①反铲挖土机，用以挖掘停机面以下的土方，主要用于开挖基坑、基槽或管沟，其特点是后退向下和强制切土；②正铲挖土机，适合开挖停机面以上的土方，需汽车配合运土，其特点是前进向上和强制切土；③抓铲挖土机，宜用于开挖沟槽、基坑和装卸粒状材料，在水下亦可抓土，其特点是自重切土。

18. D 【考点】模板工程

【解析】根据《混凝土结构工程施工规范》(GB 50666—2011)第 4.5.2 条规定，当混凝土强度达到设计要求时，方可拆除底模及支架；当设计无具体要求时，同条件养护试件的混凝土抗压强度应符合表4.5.2(见题18解表)的规定。悬臂构件拆除其底模板时，其混凝土立方体抗压强度至少应达到设计要求的标准值的100%，再根据题干可得30N/mm²。

题18解表　底模拆除时的混凝土强度要求

构件类型	构件跨度/m	按达到设计混凝土强度等级值的百分率计/(%)
板	≤2	≥50
	>2，≤8	≥75
	>8	≥100
梁、拱、壳	≤8	≥75
	>8	≥100
悬臂结构		≥100

19. D 【**考点**】施工组织设计进度计划

【**解析**】工程网络计划借助于网络，表示各项工作与所需要的时间，以及各项工作的相互关系，通过网络分析研究工程费用与工期的相互关系，并找出在编制计划及计划执行过程中的关键路线。横道图进度计划是以图示的方式，通过活动列表和时间刻度形象地表示出任何特定项目的活动顺序与持续时间。其最大优点是简洁性，表达方式较直观，易看懂计划编制的意图。其缺点有：①没有通过严谨的进度计划时间参数计算，不能确定计划的关键工作、关键线路与时差；②计划调整只能用手工方式进行，其工作量较大，难以适应大的进度计划系统。

20. B 【**考点**】网络计划优化

【**解析**】B项，网络优化是指在既定条件下，按照某一衡量指标(工期、资源、成本)，利用时差调整来不断改善网络计划的最初方案，寻求最优方案的过程。按照经济合理的原则，不能将关键工作压缩成非关键工作。A项，网络计划工期优化的基本方法是在不改变网络计划中各项工作之间逻辑关系的前提下，通过压缩关键工作的持续时间来达到优化目标；C项，在压缩关键工作的持续时间以达到缩短工期的目的时，应将直接费用率最小的关键工作作为压缩对象；D项，当有多条关键线路出现而需要同时压缩多个关键工作的持续时间时，应将它们的直接费用率之和(即组合直接费用率)的最小者作为压缩对象。

21. A 【**考点**】流水施工

【**解析**】流水施工为工程项目组织实施的一种管理形式，是由固定组织的工人在若干个工作性质相同的施工环境中依次连续地工作的一种施工组织方法。在组织流水施工时，用以表达流水施工在时间排序上的参数，称为时间参数。时间参数主要包括流水节拍、流水步距、平行搭接时间、技术间歇时间、组织间歇时间和工期。

22. D 【**考点**】静定结构受力分析

【**解析**】该结构为静定结构。由静力平衡条件可得A支座的水平反力$F_{Ax}=q\cdot 3=15\text{kN}\cdot\text{m}$。结构沿$C$点拆开，对于左半部分，由竖向力平衡可得$F_{Ay}=0$；对$C$点取矩可得：$M_C=F_{Ax}\times 3=45\text{kN}\cdot\text{m}$，下侧受拉。

23. C 【**考点**】静定结构位移

【**解析**】在简支梁跨中集中力作用下，跨中截面竖向位移公式为：$\omega=\frac{1}{48}\frac{FL^3}{EI}$，得对应简

支梁 B 点位移为：$\omega_1 = \frac{L^3}{6EI}$，方向向下，由 C 处弹性支撑导致的 B 点位移为：$\omega_2 = \frac{1}{2k} \cdot \frac{1}{2} = \frac{1}{4} \cdot \frac{L^3}{3EI} = \frac{1}{12}\frac{L^3}{EI}$，方向向下。故 B 点的竖向位移为：$\omega = \omega_1 + \omega_2 = \frac{1}{4}\frac{L^3}{EI}$。

24. A 【考点】超静定结构受力分析及特性

【解析】由去二力杆法，AB 杆为超静定的基本结构，在温度作用下只考虑 AB 杆即可，AB 杆上下温度均降低 t。设 B 处有水平向右的支反力，大小为 X_1，根据力法，有 $\delta_{11} = L/EA$，$\Delta_{1t} = \sum \alpha t_0 A_N + \sum \frac{\alpha \Delta t}{h} A_M$。其中，$A_N$ 为轴力图的面积，A_M 为弯矩图的面积，t_0 为截面中心的温度：$t_0 = \frac{t+t}{2} = t$，故 $\Delta_{1t} = -\alpha t L$。代入力法方程 $\delta_{11} X_1 + \Delta_{1t} = 0$，得：$X_1 = \alpha t EA$。

25. B 【考点】钢筋混凝土结构抗震设计要点

【解析】强柱弱梁是指使框架结构塑性铰出现在梁端的设计要求。梁破坏是属于局部性的构件破坏，而柱破坏将危及整个结构的安全，甚至会整体倒塌，后果十分严重。人们对柱的设计弯矩人为放大，对梁不放大，其目的在于，调整后的柱的抗弯能力增强，而梁不变，即柱的能力提高程度比梁大，这样梁柱一起受力时，梁端可以先于柱屈服。故较合理的框架破坏机制，应该是梁比柱的塑性屈服尽可能早发生和多发生。

26. C 【考点】预应力混凝土轴拉构件

【解析】预应力钢筋混凝土结构的原理是指在外荷载作用到构件上之前，预先用某种方法，在构件上(主要在受拉区)施加压力，当构件承受由外荷载产生的拉力时，首先抵消混凝土中已有的预压力，然后随荷载增加，才能使混凝土受拉，而后出现裂缝。因而延迟了构件裂缝的出现和开展，但不能提高其承载能力。构件的承载能力取决于钢筋配筋面积的大小，与是否施加预应力无关，而施加的预应力仅能提高构件的抗裂度，故 C 项错误。

27. 无 【考点】单层厂房的组成与布置

【解析】D 项，单层厂房一般可用排架结构和刚架结构。A 项，单层厂房支撑系统可分为屋盖支撑和柱间支撑两大类，主要是用于加强厂房的整体刚度和稳定性，并传递风荷载及吊车水平荷载；B 项，屋盖结构分为有檩屋盖体系和无檩屋盖体系，起到承重和围护的双重作用；C 项，抗风柱是指设置在砖混结构房屋中两端山墙内，抵抗水平风荷载的钢筋混凝土构造柱，其能够与圈梁形成整体框架，共同抵抗结构所遭受的风荷载。

【说明】本题出题不严谨，四个选项均无误！

28. B 【考点】钢材的基本性能

【解析】根据《钢结构设计标准》(GB 50017—2017)第 16.1.3 条规定，疲劳计算应采用基于名义应力的容许应力幅法，名义应力应按弹性状态计算，容许应力幅应按构件和连接类别、应力循环次数以及计算部位的板件厚度确定。对非焊接的构件和连接，其应力循环中不出现拉应力的部位可不计算疲劳强度。应力幅是指每次应力循环中的最大拉应力(取正值)和最小拉应力或压应力(拉应力取正值，压应力取负值)之差，构件和连接的应力幅值只要小于或等于容许应力幅，则满足疲劳强度的要求。A 项，应力比是指对试件循环加载时的最小荷载与最大载荷之比(或试件最小应力与最大应力之比)；D 项，强度等级是指结构构件强度的技术指标，它是指标准试件在压力作用下直到破坏时单位面积上所能承受的最大应力。

29. D 【考点】钢结构构件的局部稳定

【解析】根据《钢结构设计标准》(GB 50017—2017)第8.4.1条规定，实腹压弯构件要求不出现局部失稳者，其腹板高厚比、翼缘宽厚比应符合本标准表3.5.1规定的压弯构件S4级截面要求；第8.4.3条规定，压弯构件的板件当用纵向加劲肋加强以满足宽厚比限值时，加劲肋宜在板件两侧成对配置，其一侧外伸宽度不应小于板件厚度t的10倍，厚度不宜小于0.75t。

30. C 【考点】普通螺栓连接

【解析】在普通螺栓的受剪连接中，每个螺栓的承载力设计值应取抗剪和抗压承载力设计值中的较小者。抗剪承载力设计值为：$N_v^b = n_v \dfrac{\pi d^2}{4} f_v^b$；抗压承载力设计值为：$N_c^b = d f_c^b \sum t$。式中，$n_v$为受剪面数目；$d$为螺栓杆直径；$\sum t$为在不同受力方向中一个受力方向承压构件总厚度的较小值；f_v^b、f_c^b分别为螺栓的抗剪和抗压强度设计值。由上式可知，普通螺栓连接抗剪承载力与连接板件间的摩擦系数无关。

31. A 【考点】砌体结构的材料性能

【解析】根据《砌体结构设计规范》(GB 50003—2011)第3.2.4条规定，施工阶段中砂浆尚未硬化的新砌体的强度和稳定性，可按砂浆强度为零进行验算。

32. B 【考点】砌体结构的构造要求

【解析】根据《砌体结构设计规范》(GB 50003—2011)第6.2.7条规定，跨度大于6m的屋架和跨度大于下列数值的梁，应在支承处的砌体上设置混凝土或钢筋混凝土垫块；当墙中设有圈梁时，垫块与圈梁宜浇成整体。所规定的梁跨度限值包括：①对于砖砌体为4.8m；②对于砌块和料石砌体为4.2m；③对于毛石砌体为3.9m。

33. B 【考点】圈梁

【解析】圈梁是指沿建筑物外墙四周及部分内横墙设置的连续封闭的梁。抗震设防时，设置圈梁的目的包括：①增强房屋的整体刚度；②增加建筑物的整体性；③提高砖石砌体的抗剪、抗拉强度；④防止由于地基的不均匀沉降、地震或其他较大振动荷载对房屋引起的不利影响。

34. A 【考点】岩石的物理力学性能指标

【解析】A项，岩石的点荷载强度试验可用于估算岩石的抗拉强度和单轴抗压强度以及确定岩石的各向异性和风化程度，也可以将点荷载强度指标作为一个独立的强度指标应用于工程实践。B项，三轴抗压强度可用于判断岩石抗压强度及抗剪强度；C项，RQD用于反映岩石完整程度，即裂隙在该地段地层中的发育程度及岩石工程性质好坏；D项，模量比是指岩石单轴抗压强度与弹性模量的比值，可以反映岩石结构、构造特征。

35. D 【考点】岩体的初始应力状态

【解析】初始应力一般是指地壳岩体处在未经人为扰动的天然状态下所具有的内应力，主要是在重力和构造运动综合作用下形成的应力，有时也包括在岩体的物理、化学变化及岩浆侵入等作用下形成的应力。对于岩体工程来说，主要考虑自重应力和构造应力，二者叠加起来构成岩体的初始应力场。

36. A 【考点】土的物理性质

【解析】天然状态下的黏性土，由于地质历史作用常具有一定的结构性。当土体受到外力扰动作用使其结构遭受破坏时，土的强度会降低。工程上常用灵敏度来衡量黏性土的结构性对强度的影响。灵敏度是指某方法对单位浓度或单位量待测物质变化所致的响应量变化程度。土的灵敏度越高，其结构性越强，受扰动后土的强度降低越明显。

37. A 【考点】土的三项比例指标换算

【解析】土的饱和重度是指土的孔隙全部被水充满时的重度，即 $\gamma_{sat} = (W_s + V_v \times \gamma_w)/V$。含水量是指岩石孔隙中所含的水重量($G_w$)与干燥岩土重量($G_s$)的比值，所以由土粒密度和含水量可得孔隙体积与土粒体积之比为：$2.7 \times 0.3 = 0.81$，设土粒体积为 1，则孔隙体积为 0.81，取 $g = 10\text{m/s}^2$，饱和重度即为：$\gamma_{sat} = (2.7 \times 10 \times 1 + 10 \times 0.81)/1.81 = 19.4\text{kN/m}^3$。

38. B 【考点】地基沉降量计算

【解析】分层总和法是指将地基沉降计算深度内的土层按土质和应力变化情况划分为若干分层，分别计算基础中心点下地基中各个分层土的压缩变形量 s_i，认为基础的平均沉降量 s 等于 s_i 的总和。其基本假设主要有 3 点：①地基土的每个分层为均匀、连续半无限空间弹性体；②按基础中心点下的附加应力计算土层压缩量；③地基土层只产生竖向压缩变形，侧向不能膨胀变形。

39. B 【考点】土的抗剪强度指标试验方法

【解析】为模拟土体的实际受力情况，将直剪试验分为快剪、固结快剪和慢剪三种排水条件下的试验。若加荷速率快、排水条件不良，可选用快剪；反之，加荷速率慢、排水条件较好、地基土透水性较小，则可选用慢剪；若介于二者之间，则选用固结快剪。

40. C 【考点】库仑土压力理论的基本假设

【解析】根据库仑土压力理论，设挡土墙高为 h，墙背俯斜，与垂线的夹角为 α，墙后土体为无黏性土($c = 0$)，土体表面与水平线夹角为 β，墙背与土体的摩擦角为 δ。然而水压力同墙后填土与墙背之间的摩擦角无关，水在各个方向传递的压强相等，都是 $p_w = r_w h_w$，合力为 $E_w = 0.5 r_w {h_w}^2$，式中，h_w 为墙高。则墙后填土中水压力方向(与墙背垂直的水压力合力)与水平面的夹角 φ 为 α。

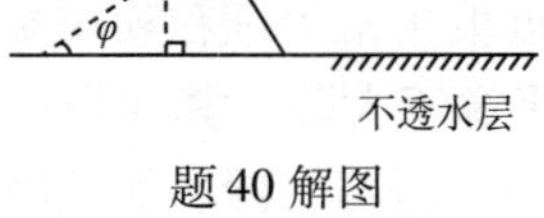

题 40 解图

41. A 【考点】常见岩石的结构

【解析】沉积岩最主要的构造是层理构造。层理构造是由于季节气候的变化和沉积环境的改变使沉积物在颗粒大小、形状、颜色和成分上发生变化，而显示成层的现象。

42. C 【考点】常见岩石的成分和分类

【解析】C 项，黏土岩的成分以黏土矿物为主，泥状结构，呈厚层状或页片状，与水作用易软化。ABD 三项，遇水没有太大的性状改变，但是与稀盐酸等酸性溶液会发生化学反应。

43. C 【考点】地层的各种接触关系

【解析】假整合接触又称平行不整合，是指上下地层产状基本一致，但有明显的沉积间断，并缺失某些地质时代的地层。C项，O_2与C_2彼此平行，中间缺失泥盆纪(D)与志留纪(S)，为假整合接触。A项，整合接触是指地壳处于相对稳定下降的情况下，形成连续沉积的岩层的接触关系，老岩层沉积在下而新岩层在上，不缺失岩层；B项，沉积接触，又称冷接触，是指火成岩侵入体遭受风化剥蚀后，又被新沉积岩层所覆盖的接触关系；D项，角度不整合接触是指地层形成以后因受强烈的构造运动而褶皱隆起并遭受剥蚀，形成剥蚀面，然后地壳下降，在剥蚀面上接受沉积，形成新地层的接触关系。

44. D 【考点】常见地貌形态的特征和成因

【解析】D项，基座阶地多分布于河流中下游，是在谷地展宽并发生堆积，后期下切深度超过冲积层而进入基岩的情况下形成的。基座阶地与地壳上升作用相关。A项，牛轭湖是当河流弯曲得十分厉害，一旦截弯取直，由原来弯曲的河道淤塞而形成的地貌；B项，洪积扇是由山间洪流携带大量碎屑物质，在山沟沟口处，由于坡降突然变化而堆积下来，形成的扇形堆积体或锥状堆积体；C项，滑坡台阶是滑坡体上由于各滑体滑落速度差异而形成的阶梯状台坎，一般呈反坡状。

45. C 【考点】岩体结构和稳定性分析

【解析】岩体是由结构面和结构体组成的。裂隙岩体的稳定性主要由岩体内的各种结构面及对岩体的切割程度控制。

46. B 【考点】常见岩石的成分和主要特征

【解析】岩浆岩是指由岩浆喷出地表或侵入地壳冷却凝固所形成的岩石，有明显的矿物晶体颗粒或气孔，大部分为不稳定的硅酸盐矿物，所以在化学风化条件下易被分解破坏。沉积岩是地壳表层岩石在常温常压条件下，经过风化剥蚀、搬运、沉积和硬结成岩等一系列地质作用而形成的岩石，其成分中主要包含的石英和黏土矿物在化学风化的条件下稳定性很好。

47. D 【考点】主要地貌形态的特征与成因

【解析】D项，河流中上游水流较急，冲积质磨圆度好，且其成分复杂，故该沉积物可能是河流中上游冲积质。A项，残积物中的碎屑物质大小不均，棱角明显，无分选、无层理；B项，坡积物的颗粒分选性及磨圆度差，一般无层理或层理不清楚，组成物质上部多为较粗的岩石碎屑，靠近坡角常为细粒粉质黏土和黏土组成，并夹有大小不等的岩块；C项，海洋沉积物主要来源于大陆，其次是火山物质、生物和宇宙物质。海岸带沉积物是复杂多样的，包括岩块、砾石、砂、泥质物、珊瑚、生物贝壳碎片等碳酸盐沉积物，其中以碎屑沉积物为主，并常夹杂着动物和植物残骸。

48. A 【考点】地下水及含水层

【解析】隔水层是指不能给出并透过水的岩层和土层，或者这些岩土层能透过水的数量是微不足道的。A项，页岩以黏土矿物为主，泥状结构，大部分有明显的薄层理，呈页片状。与水作用易软化，透水性很小，常作为隔水层；BD两项，断层破裂带和玄武岩一般孔隙裂隙较多，透水性强；C项，石灰岩具有一定的吸水性，并随着水的作用而发生渗透，不能达到隔水的效果。

49. B 【考点】岩土工程勘察分级

【解析】岩土工程勘察等级划分为：①甲级，在工程重要性、场地复杂程度和地基复杂程度等级中，有一项或多项为一级；②乙级，除勘察等级为甲级和丙级以外的勘察项目；③丙级，工程重要性、场地复杂程度和地基复杂程度等级均为三级。

50. A 【考点】原位测试技术

【解析】A 项，载荷试验是确定地基承载力的原位测试方法之一，可靠度和精确度最高。BCD 三项，标准贯入试验、轻型动力触探试验和旁压试验都不能直接精确地反映出地基的极限承载力。

51. B 【考点】边坡的应力分布

【解析】边坡内的应力分布有如下特征：①无论在何种天然应力场下，边坡面附近的主应力迹线均明显偏转，表现为最大主应力与坡面接近于平行，最小三应力与坡面接近于正交，向坡体内逐渐恢复初始应力状态。②由于应力的重分布，在坡面附近产生应力集中带，不同部位的应力状态是不同的。在坡脚附近，平行坡面的切向应力显著升高，而垂直坡面的径向应力显著降低。由于应力差大，于是形成了最大剪应力增高带，最易发生剪切破坏；在坡肩附近，在一定条件下坡面径向应力和坡顶切向应力可转化为拉应力，形成拉应力带，边坡愈陡，此带范围愈大。因此，坡肩附近最易拉裂破坏。③岩质坡面处于双向应力状态，向内渐变为三向应力状态。④由于主应力偏转，坡体内的最大剪应力迹线也发生变化，由原来的直线变为凹向坡面的弧线。

52. D 【考点】岩石在三向压缩应力作用下的强度

【解析】由于岩石中存在着孔隙水压力，使得真正作用在岩石上的围压值 σ_3 减小。根据岩石在三向压缩应力作用下的特征可知，随着围压的减小，它所对应的极限主应力 σ_1 也将随之降低。题目中，若用莫尔极限应力圆来表示的话，由于孔隙压力的存在使得极限应力圆整体向左侧移动，如 D 项所示。

53. D 【考点】岩基的破坏模式

【解析】岩基的主要破坏模式有开裂、压碎、劈裂、冲切和剪切滑移。A 项，岩基的冲压破坏的模式多发生于多孔洞或多孔隙的脆性岩石中，如钙质或石膏质胶结的脆性砂岩、熔结胶结的火山岩、溶蚀严重或溶孔密布的可溶岩类等。这些岩体在外荷载作用下会遭受孔隙骨架破坏而引起不可恢复的沉降。D 项，倾倒是反倾边坡的破坏形式。

54. D 【考点】基础的抗弯验算

【解析】D 项，扩展基础的抗弯验算主要决定基础的配筋，以此来验证配筋是否合适，构件是否会发生承载力破坏。A 项，基础的高度主要由抗剪验算决定；BC 两项，基础的尺寸，包括宽度和长度，主要是在确定基础类型和埋深后，根据地基土的承载力、外部荷载、地基变形和稳定性验算得到的。

55. D 【考点】地基承载力确定

【解析】根据《建筑地基基础设计规范》(GB 50007—2011)第 5.2.4 条规定，当基础宽度大于 3m 或埋置深度大于 0.5m 时，从载荷试验或其他原位测试、经验值等方法确定的地基承载力特征值，尚应修正地基承载力特征值，在原有计算结果加上 $\eta_b\gamma(b-3)$。式中，γ 为基础底面以下土的重度，地下水位以下取浮重度；b 为基础底面宽度(m)，当基宽小于 3m 时按 3m 取值，大于 6m 时按 6m 取值；η_b 为基础宽度的地基承载力修正系数。根据题55解表可知，基础宽度的地基承载力修正系数 η_b 是可能等于0。

题55解表　承载力修正系数

土的类别		η_b	η_d
淤泥和淤泥质土		0	1.0
人工地基 e 或 I_L 大于等于0.85的黏性土		0	1.0
红黏土	含水比 $\alpha_w>0.8$	0	1.2
	含水比 $\alpha_w\leq 0.8$	0.15	1.4
大面积压实填土	压实系数>0.95、黏粒含量 $\rho_c\geq 10\%$ 的粉土	0	1.5
	最大干密度大于 $2100kg/m^3$ 的级配砂石	0	2.0
粉土	黏粒含量 $\rho_c\geq 10\%$ 的粉土	0.3	1.5
	黏粒含量 $\rho_c<10\%$ 的粉土	0.5	2.0
e 及 I_L 均小于0.85的黏性土		0.3	1.6
粉砂、细砂(不包括很湿与饱和时的稍密状态)		2.0	3.0
中砂、粗砂、砾砂和碎石土		3.0	4.4

56. D 【考点】减少不均匀沉降损害的措施

【解析】产生建筑物的沉降差的原因有：①上部荷载突变，高低交界处产生不均匀沉降；②地基土的压缩性质相差悬殊，土层水平方向软硬突变处产生不均匀沉降；③地基土压缩层相差悬殊，软弱土层厚度变化大。建筑物的沉降差可从以下四个方面减少：①设计建筑物的体形力求简单；②设置沉降缝，沉降缝要求建筑物从屋顶檐口直到底部基础，把整幢建筑物竖向断开，分成几个独立单元，每个单元建筑物的长高比小，整体刚度大，自成沉降体系；沉降缝通常设置在建筑物平面转折处，建筑高度或荷载突变处，或结构类型不同处及地基土软硬交界处；③适当安排施工顺序，当相邻建筑物间荷载差异大时，施工次序安排应先盖高层，荷载重部分，后盖低层荷载轻部分，这样可调整部分沉降差；④增强建筑物的刚度和强度，控制建筑物长高比 $L/H<2.5$，尽量采用整体性好，刚度大的基础类型；在软弱地基情况下，多层建筑独立单元可视其具体情况采用条形基础、筏板基础、十字交叉基础甚至箱形基础，除此之外还可以改善软弱地基。

57. D 【考点】单桩竖向承载力的确定方法

【解析】桩基施工完成后在周边注浆可以提高桩与土之间的表面摩擦力，其作用机理是利用压力将水泥浆液注入桩侧，水泥浆液挤压、密实或劈裂桩周土体，对桩周土体进行渗透、充填和挤压，使桩身与桩周土的胶结力得到提高，从而提高桩侧阻力。

58. B 【考点】地基处理

【解析】深层搅拌法是指利用水泥作固结剂，通过特制的深层搅拌机械，在地基深部将软黏土和水泥或石灰强制搅拌，使软黏土硬结成具有整体性、水稳定性和足够强度的地基土。人工地基是指在天然地基的承载力不能承受基础传递的全部荷载的情况下，经人工处理土体后的地基。综上所述，经深层搅拌法处理后的地基属于人工地基。

59. B 【考点】桩与桩基础的类型

【解析】挤密桩法是指利用横向挤压成孔设备成孔，用特定材料填入桩孔内分层夯实形成土桩，并与桩间土组成复合地基的地基处理方法。膨胀土的矿物成分主要是次生黏土矿物(蒙脱石和伊利石)，其活动性较高，具有较高的亲水性，当失水时土体收缩，甚至出现干裂，遇水即膨胀隆起，不能作为挤密桩桩孔的填料。

60. D 【考点】地基处理方法的加固机理

【解析】固结度是指饱和土层或土样在某一级荷载下的固结过程中，某一时刻孔隙水压力的平均消散值或压缩量与初始孔隙水压力或最终压缩量的比值，以百分率表示，用来表征土的固结程度。井径比是竖井等效影响直径与竖井直径的比值，减小井径比可以增加砂井的有效排水直径，加大排水量，加快固结。

2011年注册土木工程师(岩土)执业资格考试《专业基础考试》真题

单项选择题(共60题，每题2分。每题的备选项中只有一个最符合题意)

1. 材料吸水率越大，则(　　)。

A. 强度越低　　B. 含水率越低

C. 孔隙率越大　　D. 毛细孔越多

2. 在三合土中，不同材料组分间可发生的反应为(　　)与土作用，生成了不溶性的水化硅酸钙和水化铝酸钙。

A. $3CaO \cdot SiO_2$　　B. $2CaO \cdot SiO_2$

C. $CaSO_4 \cdot 2H_2O$　　D. CaO

3. 水泥混凝土遭受最严重的化学腐蚀为(　　)。

A. 溶出型腐蚀　　B. 一般酸腐蚀

C. 镁盐腐蚀　　D. 硫酸盐腐蚀

4. 大体积混凝土施工时，一般不掺(　　)。

A. 速凝剂　　B. 缓凝剂　　C. 减水剂　　D. 防水剂

5. 钢材的冷加工对钢材的力学性能会有影响，下列说法不正确的是(　　)。

A. 冷拉后，钢材塑性、韧性均降低

B. 冷拉后，钢材抗拉强度、抗压强度均提高

C. 冷拔后，钢材抗拉强度、抗压强度均提高

D. 钢筋冷拉并经时效处理后，屈服强度及抗压强度均明显提高

6. 木材在生长、采伐、储运、加工和使用过程中会产生一些缺陷，这些缺陷会降低木材的力学性能，其中对下述木材强度影响最大的是(　　)。

A. 顺纹抗压强度　　B. 顺纹抗拉强度

C. 横向抗压强度　　D. 顺纹抗剪强度

7. 沥青老化后，其组分的变化规律为(　　)。

A. 油分增多　　B. 树脂增多

C. 地沥青质增多　　D. 沥青碳增多

8. 测量工作的基准面是(　　)。

A. 旋转椭球面　　B. 水平面

C. 大地水准面　　D. 水准面

9. 测量误差来源有三大类，包括(　　)。

A. 观测误差、仪器误差、外界环境的影响

B. 偶然误差、观测误差、外界环境的影响

C. 偶然误差、系统误差、观测误差

D. 仪器误差、观测误差、系统误差

10. 在测量坐标计算中，已知某边 AB 长 $D_{AB}=78.000\text{m}$，该边坐标方位角 $\alpha_{AB}=320°10'40''$，

则该边的坐标增量为(　　)。

A. $\Delta X_{AB} = +60m$；$\Delta Y_{AB} = -50m$

B. $\Delta X_{AB} = -50m$；$\Delta Y_{AB} = +60m$

C. $\Delta X_{AB} = -49.952m$；$\Delta Y_{AB} = +59.907m$

D. $\Delta X_{AB} = +59.907m$；$\Delta Y_{AB} = -49.952m$

11. 比例尺为1∶2000的地形图，量得某地块的图上面积为$250cm^2$，则该地块的实地面积为(　　)。

A. $0.25km^2$　B. $0.5km^2$　C. 25公顷　D. 150亩

12. 下述测量工作不属于变形测量的是(　　)。

A. 竣工测量　B. 位移测量　C. 倾斜测量　D. 挠度观测

13. 根据《中华人民共和国建筑法》的规定，建设单位自领取施工许可证之日起应当最迟的开工法定时间是(　　)。

A. 1个月　B. 3个月　C. 6个月　D. 9个月

14. 根据《中华人民共和国招标投标法》的规定，依法必须进行招标的项目，自招标文件发出之日起至招标文件要求投标人提交投标文件截止日期之日止，最短不得少于(　　)。

A. 10天　B. 20天　C. 30天　D. 45天

15. 根据《建设工程质量管理条例》，下述关于在正常使用条件下建设工程的最低保修期限表述错误的选项是(　　)。

A. 基础设施工程、房屋建筑的地基基础工程和主体结构工程，为设计文件规定的该工程的合理使用年限

B. 屋面防水工程、有防水要求的卫生间和外墙面的防渗漏，为5年

C. 供热与供冷系统，为1个采暖期和供冷期

D. 电气管线、给排水管道、设备安装和装修工程，为2年

16. 根据《建设工程质量管理条例》的规定，设计单位的质量责任是(　　)。

A. 在初步设计文件中注明建设工程的合理使用年限

B. 应当根据勘察成果文件进行建设工程设计

C. 满足业主提出的设计深度要求

D. 参与建设工程质量事故处理

17. 关于土方填筑与压实，下列叙述正确的是(　　)。

A. 夯实法多用于大面积填土工程

B. 碾压法多用于基坑土方回填

C. 振动压实法主要用于非黏性土的压实

D. 有机质含量为8%(质量分数)的土仅用于无压实要求的填土

18. 按照规定以不超过20t同级别的同直径的钢筋为一验收批，从每批中抽取两根钢筋，每根取两个试件分别进行拉伸和冷弯，该钢筋是(　　)。

A. 热轧钢筋　B. 冷拉钢筋　C. 冷拔钢筋　D. 碳素钢筋

19. 既可用于水平混凝土构件，也可用于垂直混凝土构件的模板是(　　)。

A. 爬升模板　B. 压型钢板永久性模板

C. 组合钢模板　D. 大模板

20. 某工程各施工过程在施工端上的流水节拍见下表，则该工程的工期是(　　)。

题 20 表

m / n	Ⅰ	Ⅱ	Ⅲ
A	3	2	2
B	4	4	3
C	5	4	4

A. 13 天　　B. 17 天　　C. 20 天　　D. 21 天

21. 某工作 A 持续时间为 5 天，最早开始时间为 3 天，该工作有三个紧后工作 B、C、D，持续时间分别为 4 天、3 天、6 天，最迟完成时间分别是 15 天、16 天、18 天，则该工作 A 的总时差是(　　)。

A. 3 天　　B. 4 天　　C. 5 天　　D. 5 天

22. 图示体系的几何组成，描述正确的是(　　)。

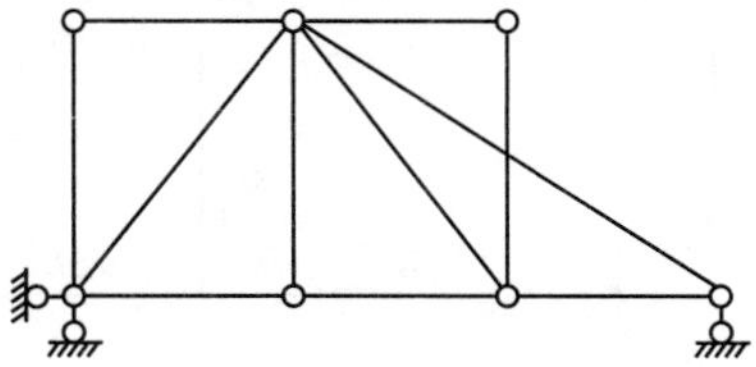

题 22 图

A. 常变体系

B. 瞬变体系

C. 有多余约束的几何不变体

D. 无多余约束的几何不变体

23. 下列选项对应图(1)、(2)、(3)、(4)中，关于 BC 杆中轴力的描述正确的是(　　)。

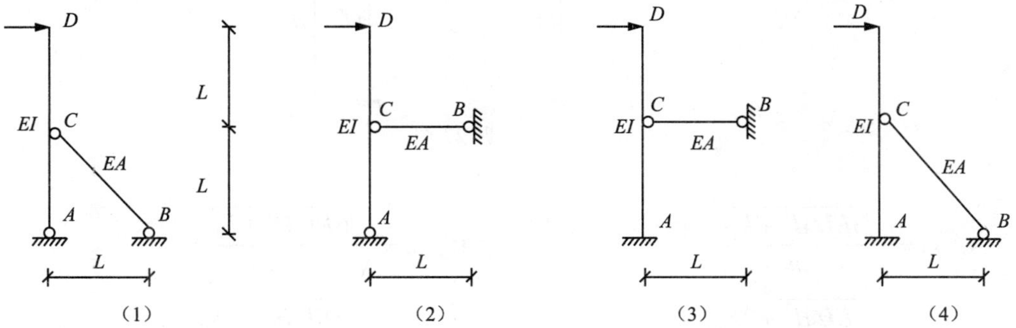

A. $|N_1| = |N_2|$　　B. $|N_1| > |N_2|$

C. $|N_2| < |N_3|$　　D. $|N_3| = |N_4|$

24. 如图所示结构，B 点处的支座反力 R_B 为(　　)。

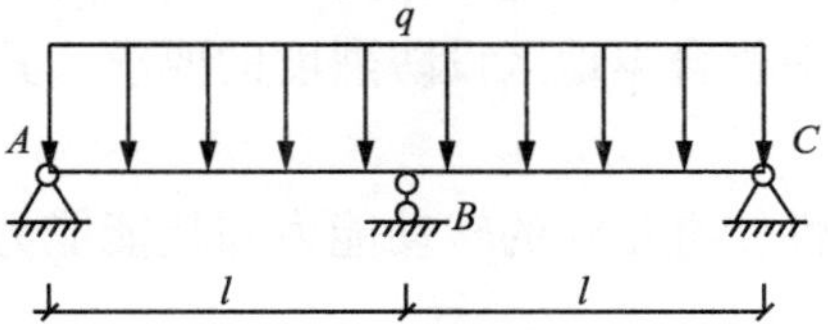

题 24 图

A. $R_B = ql$　　B. $R_B = 0.75ql$

C. $R_B = 1.25ql$　　D. $R_B = 1.5ql$

25. 如图所示的拱结构，其超静定次数为(　　)。

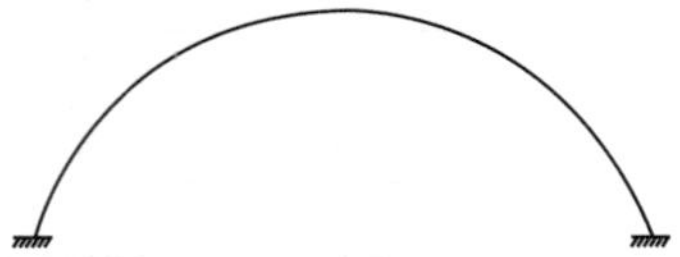

题 25 图

A. 1　　B. 2　　C. 3　　D. 4

26. 如图所示结构中，各杆件 EI 均相同，则节点 A 处 AB 杆的弯矩分配系数 μ_{AB} 为(　　)。

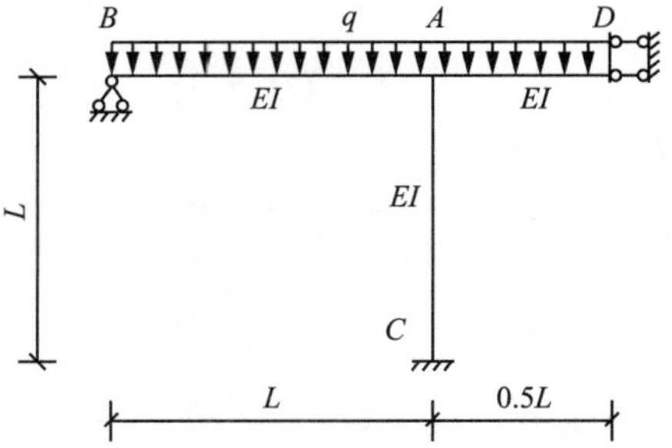

题 26 图

A. $\frac{1}{3}$　　B. $\frac{3}{8}$　　C. 0.3　　D. $\frac{4}{9}$

27. 如图所示结构，若不计柱质量，则其自振频率为(　　)。

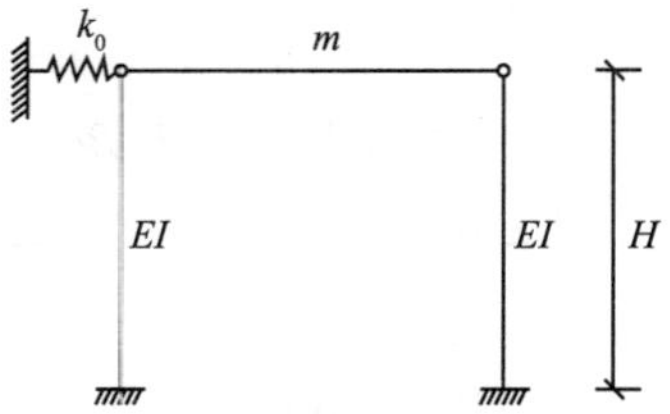

题 27 图

A. $\omega = \sqrt{\frac{3EI/H^3 + k_0}{m}}$　　B. $\omega = \sqrt{\frac{6EI/H^3 + k_0}{m}}$

C. $\omega = \sqrt{\frac{3EI/H^3 + 2k_0}{m}}$　　D. $\omega = \sqrt{\frac{6EI/H^3 + 2k_0}{m}}$

28. 关于抗震设计，下列叙述中不正确的是(　　)。

A. 基本烈度在结构使用年限内的超越概率是 10%

B. 乙类建筑的地震作用应符合本地区设防烈度的要求，其抗震措施应符合本地区设防烈度提高一度的要求

C. 应保证框架结构的塑性铰有足够的转动能力和耗能能力，并保证塑性铰首先发生在梁上，而不是柱上

D. 应保证结构具有多道防线，防止出现连续倒塌的状况

29. 关于钢筋混凝土梁，下列叙述中不正确的是(　　)。

A. 少筋梁受弯时，钢筋应力过早出现屈服点而引起梁的少筋破坏，因此不安全

B. 钢筋和混凝土之间的黏结力随混凝土的抗拉强度提高而增大

C. 利用弯矩调幅法进行钢筋混凝土连续梁设计时，梁承载力比按弹性设计大，梁中裂缝宽度也大

D. 受剪破坏时，若剪跨比 $\lambda > 3$ 时，一般不会发生斜压破坏

30. 高层建筑结构体系适用高度按从小到大进行排序，排列正确的是(　　)。

A. 框架结构，剪力墙结构，筒体结构

B. 框架结构，筒体结构，框架—剪力墙结构

C. 剪力墙结构，筒体结构，框架—剪力墙结构

D. 剪力墙结构，框架结构，框架—剪力墙结构

31. 关于钢结构构件，下列说法中正确的是(　　)。

A. 轴心受压构件的长细比相同，则整体稳定系数相同

B. 轴心受拉构件的对接焊缝连接必须采用一级焊缝

C. 提高钢材的强度，则钢构件尺寸必然减少从而节约钢材

D. 受弯构件满足强度要求即可，不需要验算整体稳定性

32. 砌体的局部受压，下列说法中错误的是(　　)。

A. 砌体的中心局部受压强度在周围砌体的约束下可提高

B. 梁端支承处局部受压面积上的应力是不均匀的

C. 增设梁垫或加大梁端截面宽度，可提高砌体的局部受压承载力

D. 梁端上部砌体传下来的压力，对梁端局部受压承载力不利

33. 关于砌体房屋的空间工作性能，下列说法中正确的是(　　)。

A. 横墙间距越大，空间工作性能越好

B. 现浇钢筋混凝土屋(楼)盖的房屋，其空间工作性能比木屋(楼)盖的房屋好

C. 多层砌体结构中，横墙承重体系比纵墙承重体系的空间刚度小

D. 墙的高厚比与房屋的空间刚度无关

34. 岩石试样单向压缩试验应力—应变曲线的 3 个阶段(如题 34 图) OA、AB、BC 分别是(　　)。

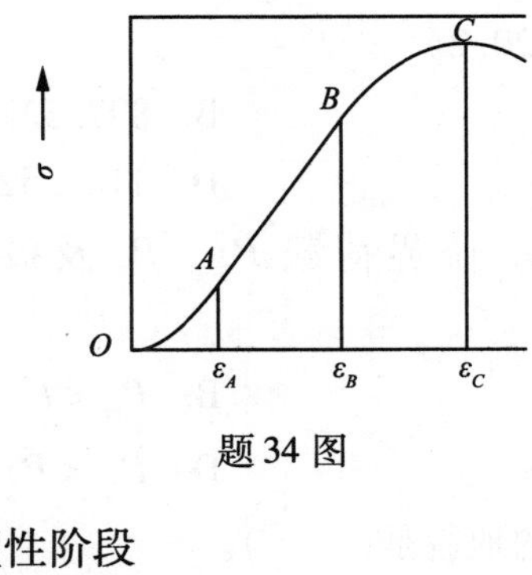

题 34 图

A. 弹性阶段、压密阶段、塑性阶段

B. 弹性阶段、弹塑性阶段、塑性阶段

C. 压密阶段、弹性阶段、弹塑性阶段

D. 压密阶段、弹性阶段、塑性阶段

35. 某饱和土样的天然含水率 $w=20\%$，土粒比重 $d_s=2.75$，该土样的孔隙比为(　　)。

A. 0.44　　B. 0.55　　C. 0.62　　D. 0.71

36. 某方形基础底面尺寸6m×6m，埋深2.0m，其上作用中心荷载 $P=1600\text{kN}$，基础埋深范围内为粉质黏土，重度 $\gamma=18.6\text{kN/m}^3$，地下水位在地表下1.0m，水的重度 $\gamma_w=10\text{kN/m}^3$。求基底中心点下3m处土中的竖向附加应力。(　　)

(基础及上填土重度取为 $\gamma_0=20\text{kN/m}^3$)

A. 18.3kPa　　B. 23.1kPa

C. 33.0kPa　　D. 45.1kPa

37. 某饱和黏土层厚5m，其上为砂层，底部为不透水岩层。在荷载作用下黏土层中的附加应力分布呈倒梯形，$\sigma_{z0}=400\text{kPa}$，$\sigma_{z1}=200\text{kPa}$。已知荷载作用半年后土层中的孔隙水压力呈三角形分布(阴影部分)，则此时黏土层平均固结度为(　　)。

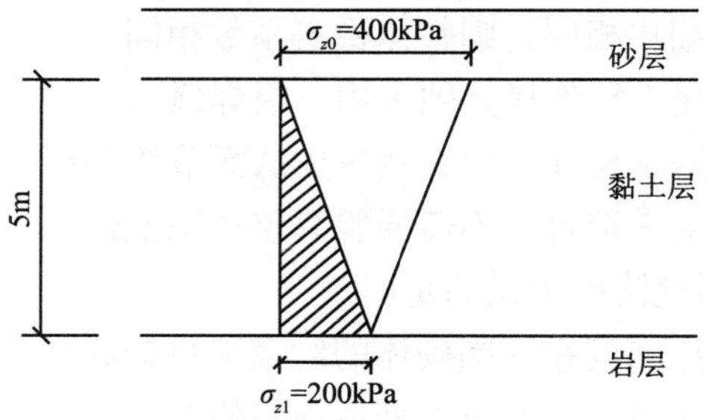

题37图

A. 10%　　B. 15%　　C. 33%　　D. 67%

38. 某饱和砂土($c'=0$)试样进行CU实验，已知：围压 $\sigma_3=200\text{kPa}$，土样破坏时的轴向应力 $\sigma_{1f}=400\text{kPa}$，孔隙水压力 $u_f=100\text{kPa}$，则该土样的有效内摩擦角 φ' 为(　　)。

A. 20°　　B. 25°　　C. 30°　　D. 35°

39. 某条形基础宽10m，埋深2m，埋深范围内土的重度 $\gamma_0=18\text{kN/m}^3$，$\varphi=22°$，$c=10\text{kPa}$。地下水位于基底，地基持力层土的饱和重度 $\gamma_{sat}=20\text{kN/m}^3$，$\varphi=20°$，$c=12\text{kPa}$。按太沙基理论求得地基发生整体剪切破坏时的地基极限承载力为(　　)。

($\varphi=20°$时，承载力系数：$N_r=5.0$，$N_q=7.42$，$N_c=17.6$；$\varphi=22°$时，承载力系数：$N_r=6.5$，$N_q=9.17$，$N_c=20.2$)

A. 728.32kPa　　B. 897.52kPa

C. 978.32kPa　　D. 1147.52kPa

40. 某地基土的临塑荷载 P_{cr}，临界荷载 $P_{\frac{1}{4}}$、$P_{\frac{1}{3}}$ 及极限荷载 P_u 间的数值大小关系为(　　)。

A. $P_{cr}<P_{\frac{1}{4}}<P_{\frac{1}{3}}<P_u$　　B. $P_{cr}<P_u<P_{\frac{1}{3}}<P_{\frac{1}{4}}$

C. $P_{\frac{1}{3}}<P_{\frac{1}{4}}<P_{cr}<P_u$　　D. $P_{\frac{1}{4}}<P_{\frac{1}{3}}<P_{cr}<P_u$

41. 以下不属于河流地质作用的地貌是(　　)。

A. 泻湖　　B. 牛轭湖

C. 基座阶地　　D. 冲积平原

42. 以下属于岩体原生结构面的一组是(　　)。

①沉积间断面；②卸荷裂隙；③层间错动面；④侵入体与围岩的接触面；⑤风化裂隙；⑥绿泥石片岩夹层。

A. ①③⑤　　B. ①④⑥

C. ②③⑥　　D. ②④⑤

43. 以下各组术语中，属于描述沉积岩结构、构造特征的是(　　)。

①碎屑结构；②斑状结构；③变晶结构；④气孔结构；⑤块状构造；⑥层理构造；⑦片理构造；⑧流纹构造。

A. ②⑤　　B. ③⑦　　C. ①⑥　　D. ④⑧

44. 以下与地震相关的叙述中正确的是(　　)。

A. 地震主要是由火山活动和陷落引起的

B. 地震波中传播最慢的是面波

C. 地震震级是地震对地面和建筑物的影响或者破坏程度

D. 地震烈度是表示地震能量大小的量度

45. 以下关于地下水的化学性质等方面的表述正确的是(　　)。

A. 地下水的酸碱度是由水中的 HCO_3^- 离子的浓度决定的

B. 地下水中各种离子、分子、化合物(不含气体)的总和称为矿化度

C. 水的硬度由水中 Na^+、K^+ 离子的含量决定

D. 根据各种化学腐蚀所起的破坏作用，将侵蚀 CO_2、HCO_3^- 离子和 pH 值归纳为结晶类腐蚀性的评价指标

46. 为施工图设计提供依据所对应的勘察阶段为(　　)。

A. 可行性研究勘察　　B. 初步勘察

C. 详细勘察　　D. 施工勘察

47. 以下关于原位测试的表述不正确的是(　　)。

A. 扁铲侧胀试验适用于碎石土、极软岩、软岩

B. 载荷试验用于测定承压板下应力主要影响范围内的承载力和变形模量

C. 静力触探试验可测定土体的比贯入阻力、锥尖阻力、侧壁摩阻力和贯入时孔隙水压力等

D. 圆锥动力触探试验的类型可分为轻型、重型、超重型

48. 沉积岩层中缺一底层，但上下两套岩层产状一致，此两套沉积岩层的接触关系是(　　)。

A. 角度不整合接触　　B. 沉积接触

C. 假整合接触　　D. 整合接触

49. 在花岗岩类岩石中不含有的矿物是(　　)。

A. 黑云母　　B. 长石　　C. 石英　　D. 方解石

50. 在斜坡将要发生滑动的时候，由于拉力的作用滑坡的后部产生一些张开的弧形裂缝，此种裂缝称为(　　)。

A. 鼓张裂缝　　B. 扇形裂缝

C. 剪切裂缝　　D. 拉张裂缝

51. 天然应力场下，边坡形成后，边坡面附近的主应力迹线发生明显偏移，最小主应力方向

与坡面的关系表现为(　　)。

A. 近于水平　　B. 近于正交

C. 近于斜交　　D. 无规律

52. 下列各项中不是岩基极限承载力的是(　　)。

A. 通过理论计算得出的岩基承载力值

B. 通过室内试验和理论计算后得出的岩基承载力值

C. 按有关规范规定的标准测试方法测定的基本值并经统计处理后的承载力值

D. 通过现场试验测出的岩基实际承载力值

53. 软土基坑开挖到底时，不正确的操作事项是(　　)。

A. 通常在坑底面欠挖保留200mm厚的土层，待垫层施工时，再铲除

B. 为满足坑底挖深标高，先超挖200mm厚的土层，再用挖出的土回填至坑底标高

C. 如坑底不慎扰动，应将已扰动的土挖出，并用砂、碎石回填夯实

D. 如采用坑内降水的基坑，则开挖到底时应继续保持降水

54. 群桩的竖向承载力不能按各单桩承载力之和进行计算的是(　　)。

A. 桩数少于3的端承桩

B. 桩数少于3的非端承桩

C. 桩数大于3的端承桩

D. 桩数大于3的摩擦桩

55. 预压固结的地基处理工程中，对缩短工期更有效的措施是(　　)。

A. 设置水平向排水砂层

B. 加大地面预压荷载

C. 减小地面预压荷载

D. 用高能量机械压实

56. 下列影响岩体边坡稳定性的各因素中，影响最小的因素是(　　)。

A. 岩体边坡的形状

B. 岩体内温度场

C. 岩石的物理力学特性

D. 岩体内地下水运动

57. 岩基上浅基础的极限承载力主要取决于(　　)。

A. 基础尺寸及形状

B. 地下水位

C. 岩石的力学特性与岩体完整性

D. 基础埋深

58. 确定常规浅基础埋置深度时，一般可不考虑的因素为(　　)。

A. 土的类别与土层分布

B. 基础类型

C. 地下水位

D. 基础平面尺寸及形状

59. 均质土中等截面抗压桩的桩身轴力分布规律是(　　)。

A. 从桩顶到桩端逐渐减小

B. 从桩顶到桩端逐渐增大

C. 从桩顶到桩端均匀分布

D. 桩身中部最大，桩顶与桩端处变小

60. 砂桩复合地基提高天然地基承载力的机理是(　　)。

A. 置换作用与排水作用

B. 挤密作用与排水作用

C. 预压作用与挤密作用

D. 置换作用与挤密作用

答案及详解

单项选择题(共60题，每题2分。每题的备选项中只有一个最符合题意)

1. D 【**考点**】材料的基本性质

【**解析**】材料的吸水率与材料的亲水性、孔隙率及孔隙特征有关。A项，材料吸水率越大，若材料不同，其强度或提高或降低。B项，材料吸水率与材料含水率没有直接关系。CD两项，材料中的孔隙按照孔隙特征分为封闭孔和连接孔，按照孔径大小分为大孔、细微孔。其中，封闭孔隙不会吸水，粗大孔隙中的水分不易留存。材料中的毛细孔属于细微孔，其越多，吸水率越大。因此材料吸水率越大，能说明材料的毛细孔越多，并不能说明其孔隙率越大。

2. D 【**考点**】石灰的应用

【**解析**】三合土是按照生石灰粉 CaO(或消石灰粉 $Ca(OH)_2$)∶黏土∶砂子(或碎石、炉渣)=1∶2∶3的比例配制而成。根据现阶段研究推测，可能由于三合土和灰土在强力夯打之下，密实度大大提高，黏土中的少量活性 SiO_2 和活性 Al_2O_3 与石灰粉水化产物作用，生成了不溶性的水化硅酸钙和水化铝酸钙，从而有一定耐水性，并主要用于建筑物的基础、路面或底面的垫层中。

3. D 【**考点**】混凝土的耐久性

【**解析**】D项，在海水、湖水、盐沼水、地下水、某些工业污水及流经高炉矿渣或煤渣的水中常含钠、钾、铵等硫酸盐，它们与水泥石中的氢氧化钙起置换作用，生成硫酸钙。硫酸钙与水泥石中的固态水化铝酸钙作用生成的高硫型水化硫铝酸钙含有大量结晶水，比原有体积增加1.5倍以上，其呈针状晶体，通常称为“水泥杆菌”。由于是在已经固化的水泥石中产生上述反应，因此对水泥石的腐蚀作用最大。

4. A 【**考点**】混凝土外加剂

【**解析**】为保证大体积防水混凝土的施工质量，应采取以下措施：①采用低热或中热水泥；②掺入粉煤灰、磨细矿渣粉等掺合料；③掺入减水剂、缓凝剂、膨胀剂等外加剂。A项，大体积混凝土内部水化热量大，若掺入速凝剂使其加速凝固，浇筑完成后，其内部热量难以散发，容易引起后期混凝土开裂，故不应掺入速凝剂。

5. B 【**考点**】加工处理及其对钢材性能的影响

【**解析**】将钢材于常温下进行冷拉、冷拔、冷扭、冷冲和冷压等，使它产生塑性变形，从而提高屈服强度的过程称为冷加工强化处理。金属冷加工主要有两种方法：①冷拉。冷拉是指在金属材料的两端施加拉力，使材料产生拉伸变形的方法。②冷拔。冷拔是指在材料的一端施加拔力，使材料通过一个模具孔而拔出的方法，模具的孔径要较材料的直径小些。冷拉只能提高钢筋的抗拉强度，而冷拔能提高其抗拉强度和抗压强度。D项，时效处理是指钢材经固溶处理、冷塑性变形或铸造、锻造后，在较高温或室温下放置使其性能、形状和尺寸随时间而变化的热处理工艺。其目的是消除内应力，使工件保持正常的形状。

6. B 【**考点**】木材性能与应用

【解析】木材中存在的天然缺陷，是由于树木生长的生理过程、遗传因子的作用或在生长期中受外界环境的影响所形成，主要包括斜纹、节子、应力木、立木裂纹、树干的干形缺陷以及在使用过程中出现的虫害、裂纹、腐朽等缺陷。木材顺纹方向的抗拉强度、抗压强度最大，横纹方向最小；顺纹的抗剪强度最小，而横纹最大；木材的横纹方向变形较大，顺纹方向的变形基本可以忽略。木材的特性是顺纹方向容易开裂，完整性好的木材，强度特征最好的为顺纹抗拉强度，若生长过程中出现缺陷，很容易因尖点作用使其顺纹抗拉强度急剧降低，故影响作用最大为顺纹抗拉强度。

7. C 【考点】沥青的性质

【解析】沥青是一种棕黑色有机胶凝状物质，其老化是指沥青在阳光、热、氧气等因素的综合作用下，逐渐失去流动性、塑性而变硬、变脆的现象。老化的实质是指在大气综合作用下，沥青中低分子组分向高分子组分的转化，即油分转化为树脂，树脂转化为地沥青质，最终地沥青质逐渐增多。

8. C 【考点】测量工作基本概念

【解析】大地水准面是指在全球海洋范围内与静态海面地形的平均值为零的面相重合并向大陆内部延伸的水准面，是地球重力场中一个等位面，亦是高程测量中的正高系统的起算面。因地球表面地形起伏和内部质量分布不均匀，使大地水准面成为略有起伏的曲面。该面包围的形体近似于一个旋转椭球，称为“大地体”，常用来表示地球的物理形状，为测量工作的基准面。

9. A 【考点】测量误差来源

【解析】测量误差来源包括观测误差、仪器误差、外界环境影响三类。测量误差按性质分为系统误差与偶然误差。在相同观测条件下对某量进行多次观测，其误差大小与符号保持不变或按一定规律变化，这种误差称为系统误差。在相同观测条件下对某量进行多次观测，其误差大小和符号没有一致的倾向性，表现为偶然性，但从整体看，大量观测误差具有偶然事件的统计规律，这种误差称为偶然误差，又称随机误差。

10. D 【考点】坐标增量的计算

【解析】坐标增量的计算公式为：$\Delta X = D\cos\alpha$，$\Delta Y = D\sin\alpha$。又 $D_{AB} = 78.000\text{m}$，$\alpha_{AB} = 320°10'40''$，代入可得：$\Delta X_{AB} = 78 \times \cos(320°10'40'') = 59.907\text{m}$，$\Delta Y_{AB} = 78 \times \sin(320°10'40'') = -49.952\text{m}$。

11. D 【考点】地形图基本知识

【解析】比例尺是指图上距离与实际距离的比值。实际面积 = 图上面积 ÷ 比例尺的平方，代入数据计算可得：实际面积 $= 250 \times 2000 \times 2000\text{cm}^2 = 1000000000\text{cm}^2 = 100000\text{m}^2 = 100000/666.7$ 亩 ≈ 150 亩。

12. A 【考点】建筑工程变形观测

【解析】变形测量是指对设置在变形体上的观测点进行周期性地重复观测，求得观测点各周期相对于首期的点位或高程的变化量。变形测量的内容有：①垂直位移（沉降）测量；②水平位移测量；③倾斜测量；④裂缝测量；⑤挠度测量；⑥日照和风振测量等。而竣工测量是指在建筑物和构筑物竣工验收时，为获得工程建成后的各建筑物和构筑物以及地下管网的平面位置和高程等资料而进行的测量工作。

13. D 【考点】施工许可证的有效期

【解析】根据《建筑法》第九条规定，建设单位应当自领取施工许可证之日起三个月内开工。因故不能按期开工的，应当向发证机关申请延期；延期以两次为限，每次不超过三个月。则建设单位自领取施工许可证之日起，申请过两次延期开工后，最迟开工时间为9个月。

14. B 【考点】招标文件的修改

【解析】根据《招标投标法》第二十四条规定，招标人应当确定投标人编制投标文件所需要的合理时间；但是，依法必须进行招标的项目，自招标文件开始发出之日起至投标人提交投标文件截止之日止，最短不得少于二十日。

15. C 【考点】建设工程的保修期

【解析】根据《建设工程质量管理条例》第四十条规定，在正常使用条件下，建设工程的最低保修期限为：①基础设施工程、房屋建筑的地基基础工程和主体结构工程，为设计文件规定的该工程的合理使用年限；②屋面防水工程、有防水要求的卫生间、房间和外墙面的防渗漏，为5年；③供热与供冷系统，为2个采暖期、供冷期；④电气管线、给排水管道、设备安装和装修工程，为2年；⑤其他项目的保修期限由发包方与承包方约定。建设工程的保修期，自竣工验收合格之日起计算。

16. B 【考点】设计单位的质量责任

【解析】根据《建设工程质量管理条例》第二十一条规定，设计单位应当根据勘察成果文件进行建设工程设计。设计文件应当符合国家规定的设计深度要求，注明工程合理使用年限；第二十四条规定，设计单位应当参与建设工程质量事故分析，并对因设计造成的质量事故，提出相应的技术处理方案。

17. C 【考点】土方压实方法

【解析】C项，振动压实法是将振动压实机放在土层表面，在压实机振动作用下，土颗粒发生相对位移而达到紧密状态，振动压实适用于非黏性土。A项，夯实法是利用夯锤自由下落的冲击力来夯实填土，适用于小面积填土的压实；B项，碾压法利用压实原理，通过机械碾压夯击，把表层地基压实，适用于道路等大型填土工程；D项，根据《土方与爆破工程施工及验收规范》(GB 50201—2012)第4.5.3条第2款规定，草皮土和有机质含量大于8%的土，不应用于有压实要求的回填区域。

18. B 【考点】钢筋的抽样检测

【解析】钢筋的验收规定包括：①每批检验质量不大于20t，且每批钢筋的级别和直径相同的冷拉钢筋，逐根检查合格后，还需从中每批抽2根进行拉伸和冷弯试验。②每批检验质量不大于60t，且每批钢筋的级别和直径相同的热轧钢筋，逐根检查合格后，还需从中每批抽2根进行拉伸和冷弯试验。③冷拔钢丝应逐盘进行抗拉强度和弯曲试验。④冷拔钢筋以同直径的5t为一批，从每批的任意三盘中选取两个试样进行拉伸和冷弯试验。

19. C 【考点】模板的适用范围

【解析】C项，组合钢模是一种工具式模板，它由具有一定模数的很少类型的板块、角模、支撑和连接件组成，可以拼出多种尺寸和几何形状，以适应多类建筑物的梁、板、柱、墙等施工需要。A项，爬升模板是在混凝土墙体浇筑完毕后，利用提升装置将模板自行提升到上一个楼层，浇筑上一层墙体的垂直移动式模板；爬升模板适用于高层建筑墙体、电梯井壁、管道间混凝土施工。B 项，压型钢板模板是良好的建筑材料和构件，具有单位重量轻、强度高、抗震性能好、施工快速、外形美观等优点。其主要用于围护结构和楼板，也可用于其他构筑物。D 项，大模板是指大尺寸的工具式模板，一般用于一整块墙面或楼板。

20. C 【考点】无节奏流水施工

【解析】从流水节拍的特点可以看出，本工程应按非节奏流水施工方式组织施工，计算过程如下：

①施工段数 $m=3$；

②施工过程数 $n=3$；

③采用“累加数列错位相减取大差法”求流水步距：

$$\begin{array}{rrrr} 3, & 5, & 7 & \\ - & 4, & 8, & 11 \\ \hline 3, & 1, & -1, & -11 \end{array}$$

$K_{1,2}=\max[3，1，-1，-11]=3$(天)。

$$\begin{array}{rrrr} 4, & 8, & 11 & \\ - & 5, & 9, & 13 \\ \hline 4, & 3, & 2, & -13 \end{array}$$

$K_{2,3}=\max[4，3，2，-13]=4$(天)。

④计算流水施工工期：

$T=\sum K+\sum t_n=(3+4)+(5+4+4)=20$(天)。

21. A 【考点】总时差

【解析】工作的总时差等于该工作最迟完成时间与最早完成时间之差或该工作最迟开始时间与最早开始时间之差，即：$TF_{i-j}=LF_{i-j}-EF_{i-j}=LS_{i-j}-ES_{i-j}$。

最早完成时间等于最早开始时间加上其持续时间：$EF_{i-j}=ES_{i-j}+D_{i-j}$；A 工作最早完成时间=最早开始时间+持续时间=3+5=8 天。

最迟开始时间等于最迟完成时间减去其持续时间：$LS_{i-j}=LF_{i-j}-D_{i-j}$；B 工作最迟开始时间=15-4=11(天)，C 工作最迟开始时间=16-3=13(天)，D 工作最迟开始时间=18-6=12(天)。最迟完成时间等于各紧后工作的最迟开始时间 LS_{j-k} 的最小值：$LF_{i-j}=\min\{LS_{i-j}\}=11$(天)，因此 $TF_{i-j}=LF_{i-j}-EF_{i-j}=11-8=3$(天)。

22. D 【考点】平面体系的几何组成分析

【解析】根据题 22 解图，首先撤销二元体 1-2、9-10，然后分析 5-7-8。根据三刚片原则，在刚体 Ⅰ 的基础上，增加二元体 4-6、3-11，构成一个大的刚体 Ⅱ，此刚体由不共线的铰 A 和链杆与大地连接，组成几何不变且无多余约束的体系。

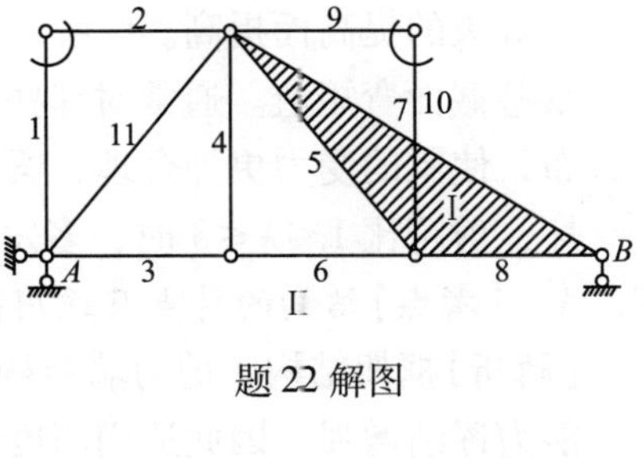

题 22 解图

23. B 【考点】静定结构和超静定结构的受力分析

【解析】在(1)、(2)、(3)、(4)图中，BC 杆均为二力杆。(1)、(2)为静定结构，可直

接用平衡条件求解，即$\sum M_A=0$，求得：$|N_1|=2\sqrt{2}P$，$|N_2|=2P$，显然B项正确；(3)、(4)为超静定结构，约束增强，杆BC承担的轴力减小，$|N_2|>|N_3|$；(4)图中杆BC轴力的水平分量等于(3)图中杆BC的轴力，所以$|N_3|<|N_4|$。

24. C 【考点】对称性的利用

【解析】该结构为对称结构，荷载为对称荷载，可简化为半结构。可得B点两侧剪力(绕杆顺时针为正)分别为$-5ql/8$(左)和$5ql/8$(右)，所以B点的支座反力为：$5ql/8+5ql/8=1.25ql$。

25. C 【考点】超静定次数

【解析】撤去一个固定端即变为静定结构，所以原结构中有三个多余约束，为三次超静定。

26. A 【考点】力矩分配法

【解析】利用力矩分配法计算：①确定未知量，本结构只有节点A的转角为未知量；②计算分配系数：$S_{AC}=4\frac{EI}{l}$，$S_{AB}=3\frac{EI}{l}$，$S_{AD}=2\frac{EI}{l}$；③AB杆的弯矩分配系数为：$\mu_{AB}=\frac{S_{AB}}{S_{AC}+S_{AB}+S_{AD}}=\frac{3EI/l}{4EI/l+3EI/l+2EI/l}=\frac{1}{3}$。

27. B 【考点】单自由度体系的自振频率

【解析】采用刚度法，刚度分为两部分弹簧产生的刚度和柱子产生的刚度，柱子产生的刚度为：$k=2\times\frac{3EI}{H^3}=\frac{6EI}{H^3}$，弹簧产生的刚度为$k_0$，所以整体刚度$K=k+k_0=\frac{6EI}{H^3}+k_0$，故结构的自振频率为：$\omega=\sqrt{\frac{k}{m}}=\sqrt{\frac{6EI/H^3+k_0}{m}}$。

28. A 【考点】抗震设计原则

【解析】A项，50年内超越概率为63%的地震烈度为多遇地震烈度，50年内超越概率约为10%的地震烈度为基本烈度，因此是“50年”而非“使用年限内”。B项，乙类建筑的地震作用应符合本地区设防烈度的要求，其抗震措施应符合本地区设防烈度提高一度的要求；C项，遵循抗震设计原则“强柱弱梁、强剪弱弯、强结点弱构件”；D项，抗震设计中，应保证结构具有多道防线，防止出现连续倒塌的状况。

29. C 【考点】钢筋混凝土结构基本设计原则

【解析】A项，少筋梁受弯时，梁一旦开裂，钢筋即屈服，甚至进入强化阶段，发生破坏，破坏过程短，延性差，不安全。B项，光圆钢筋及变形钢筋的黏结强度随混凝土强度等级的提高而提高。C项，弯矩调幅法是指在弹性弯矩的基础上，根据需要适当调整某些截面弯矩值。通常对那些弯矩值较大的截面进行弯矩调整，调整后内力进行重新分布，使梁的受力更加合理，梁中裂缝宽度较小。D项，剪跨比$\lambda>3$时，常发生斜拉破坏，剪跨比$1\leq\lambda\leq3$时，多发生剪压破坏，剪跨比$\lambda<1$时，常发生斜压破坏。

30. A 【考点】结构的特点及适用高度

【解析】框架结构、剪力墙结构、筒体结构的侧向刚度依次增大，抵御水平地震作用的能力逐渐增强，因此适用高度逐渐加大，A项正确。

31. C 【考点】钢结构构件受力特性

【解析】A 项，轴心受压构件的稳定性系数与构件的长细比、钢材屈服强度和截面分类有关；B 项，在需要进行疲劳计算的轴心受拉构件中对接焊缝连接必须采用一级焊缝；D 项，受弯构件满足一定的条件下可以不验算整体稳定性。

32. D 【考点】砌体结构的受压性能

【解析】AD 两项，砌体在局部压应力作用下，一方面压应力向四周扩散，另一方面没有直接承受压力部分像套箍一样约束其横向变形，使砌体处于三向受压的应力状态，从而使局部受压强度高于砌体的抗压强度。说明 A 项正确，D 项错误。B 项，梁端支承局部受压强度面积上的应力是不均匀的；C 项，梁端设置刚性垫块，能有效地分散梁端的集中力，是防止砌体局部受压破坏的最重要的构造措施。

33. B 【考点】砌体房屋的结构布置

【解析】A 项，《砌体结构设计规范》第 4.2.1 条表明，横墙间距越小，其空间工作性能越好。横墙承重体系由于横墙数量多，侧向刚度大，整体性好，主要适用于房间大小固定、横向间距较小的多层住宅、宿舍和旅馆；C 项，纵向承重体系，由于横墙较少，跨度较大，横向刚度角差，主要用于较大空间的房屋，如单层厂房车间、仓库及教学楼等；D 项，墙的高厚比越大，则构件越细长，其稳定性就越差，影响空间刚度。

34. D 【考点】单向压缩试验应力—应变曲线

【解析】在题 34 图中，*OA* 阶段，即压密阶段，其特点是应力—应变曲线呈上凹型，即应变随应力的增加而减少。形成这一特性的主要原因是存在于岩石内的微裂隙在外力作用下发生闭合所致。*AB* 阶段，即弹性阶段，这一阶段的应力—应变曲线基本上呈直线。若在这一阶段卸荷的话，其应变可以恢复，因此称为弹性阶段。这一阶段常用两个弹性常数来描述其变形特性。*BC* 阶段，即塑性阶段，当应力值超出屈服应力之后，随着应力的增大曲线呈下凹状，明显地表现出应变增大的现象。进入了塑性阶段，岩石将产生不可逆的塑性变形。

35. B 【考点】土的物理力学指标换算

【解析】孔隙比是指材料中孔隙体积与材料中颗粒体积之比，是反应材料密实程度的重要物理性质指标。土粒比重是指土粒在 105℃ ~ 110℃ 温度下烘至恒重时的质量与同体积 4℃时纯水的质量之比。根据土的三相指标换算公式，可得孔隙比 $e=(w\cdot d_s)/S_r$，其中 $w=20\%$，$d_s=2.75$，$S_r=100\%$，所以 $e=(0.2\times2.75)/1=0.55$。

36. C 【考点】土中附加应力的计算

【解析】基底压力：

$$p_k=\frac{F_k+G_k}{A}=\frac{1600+6^2\times(20+10)}{6\times6}\text{kPa}=74.4\text{kPa}$$

基底附加应力：

$$p_0=p_k-\sigma_c=74.4-(18.6\times1+8.6\times1)\text{kPa}=47.2\text{kPa}$$

由 $m=3/3=1$，$b=6/2=3$，$n=z/b=1$，查矩形面积均布荷载作用角点下附加应力系数表，$K_c=0.175$，则基底中心点下 3m 处的竖向附加应力为：$\sigma_z=4\times0.175\times47.2\text{kPa}=33.04\text{kPa}$。

37. D 【考点】土层平均固结度

【解析】地基的固结度是指地基的固结程度，它是地基在一定压力下，经某段时间产生

的变形量 S_t 与地基最终变形量 S 的比值。土层平均固结度是指土层孔隙水应力平均消散程度，其表达式为：U_t = 有效应力面积/起始超孔隙水压力面积 = 1 − t 时刻超孔隙水压力面积/起始超孔隙水压力面积。本题中，t 时刻，即半年后的超孔隙水压力面积（阴影部分三角形面积）与起始超孔隙水压力面积（梯形面积）之比为 1/3，所以 $U_t = 1 - 1/3 = 0.6667 = 67\%$。

38. C 【考点】土的内摩擦角

【解析】土的极限平衡公式如下：$\sigma_1 = \sigma_3 \tan^2(45° + \frac{\varphi}{2}) + 2c\tan(45° + \frac{\varphi}{2})$。其中，围压即为 $\sigma_3 = 200\text{kPa}$，轴向应力即为最大主应力 $\sigma_1 = \sigma_{1f} = 400\text{kPa}$，孔隙水压力 $u_f = 100\text{kPa}$，所以 $\sigma_1' = 400 - 100 = 300\text{kPa}$，$\sigma_3' = 200 - 100 = 100\text{kPa}$。又 $c = 0$，代入土的极限平衡公式得：$\varphi = 30°$。

39. A 【考点】地基极限承载力的计算

【解析】根据太沙基地基极限承载力公式，当 $\varphi = 20°$ 时，承载力系数 $N_r = 5.0$，$N_q = 7.42$，$N_c = 17.6$，$q = \gamma_0 d = 18 \times 2 = 36\text{kN/m}^2$，$\gamma = \gamma_{sat} - \gamma_w = 20\text{kN/m}^3 - 10\text{kN/m}^3 = 10\text{kN/m}^3$，则 $P_u = \frac{1}{2}\gamma b N_r + qN_q + cN_c = 0.5 \times 10 \times 10 \times 5.0 + 36 \times 7.42 + 12 \times 17.6 = 728.32\text{kPa}$。

40. A 【考点】临塑荷载和临界荷载

【解析】临塑荷载是指基础边缘地基中刚要出现塑性区但还未出现时基底单位面积上所承担的荷载，即塑性开展区的最大深度为 0，它相当于地基从压缩阶段过渡到剪切阶段时的界限荷载。使地基中塑性开展区达到一定深度或范围，但未与地面贯通，地基仍有一定的强度，能够满足建筑物的强度变形要求的荷载，地基中塑性复形区的最大深度达到基础宽度的 n 倍（$n = 1/3$ 或 $1/4$）时，作用于基础底面的荷载，被称为临界荷载（$P_{\frac{1}{3}}$，$P_{\frac{1}{4}}$）。极限荷载是指整个地基处于极限平衡状态时所承受的荷载。三者的关系是：极限荷载（P_u）> 临界荷载（$P_{\frac{1}{3}} > P_{\frac{1}{4}}$）> 临塑荷载（$P_{cr}$）。

41. A 【考点】各种地貌形态的特征与成因

【解析】A 项，泻湖是海岸带被沙嘴、沙坝或珊瑚分割而与外海相分离的局部海水水域。B 项，在平原地区流淌的河流，发育时随着流水对河面的冲刷与侵蚀，河流越来越曲，最后导致河流自然截弯取直，河水由取直部位径直流去，原来弯曲的河道被废弃，形成湖泊，因这种湖泊的形状恰似牛轭，称为牛轭湖。C 项，基座阶地多分布于河流中下游，是在谷地展宽并发生堆积，后期下切深度超过冲击层而进入基岩的情况下形成的。因此阶地上部是由冲击物组成，下部由基岩组成。D 项，冲积平原是由河流沉积作用形成的平原地貌。在河流的下游，由于水流没有上游般急速，而下游地势一般都比较平坦。

42. B 【考点】岩体结构面和结构体的类型和特征

【解析】按照成因，结构面可分为：①沉积或成岩过程中产生的面层、夹层、冷凝节理等原生结构面；②构造作用下形成的断层、节理等构造结构面；③变质作用下产生的片理、片麻理等变质结构面；④在外营力作用下形成的风化裂隙、卸荷裂隙等次生结构面。原生结构面包括：沉积结构面、火成结构面、变质结构面。①④⑥属于原生结构面，②③⑤属于构造结构面。

43. C 【考点】沉积岩结构和构造特征

【解析】沉积岩的结构按组成物质、颗粒大小及形状等方面的特点，一般分为碎屑结构、泥质结构、结晶结构及生物结构四种。最典型的构造特征是具有层理构造。斑状结构、气孔构造、流纹构造和块状构造是火成岩的结构和构造；变晶结构、片理结构、块状构造是变质岩的结构和构造。

44. B 【考点】地震的基本概念

【解析】A 项，地球上板块与板块之间的相互挤压碰撞，造成板块边沿及板块产生错动和破裂，是引起地震的主要原因；B 项，沿地面传播的地震波称为面波，面波的传播速度小于横波，而纵波在地球内部传播速度大于横波，因此面波传播速度最慢；C 项，震级是地震大小的一种量度，根据释放能量的多少来划分，是地震能量大小的量度；D 项，烈度是指地震对地面和建筑物的影响或破坏程度。

45. B 【考点】地下水的化学成分和化学性质

【解析】B 项，矿化度是指地下水中所含有的各种离子、分子与化合物的总量，以每升中所含克数(g/L)表示。A 项，地下水的酸碱度由氢离子 H^+ 的浓度或 pH 值来衡量，是由地下水中所包含的各种物质来决定的，不仅仅是 HCO_3^- 离子；C 项，地下水的硬度由水中钙离子和镁离子的含量来衡量和决定；D 项，根据各种化学腐蚀所起的破坏作用，将侵蚀 CO_2、HCO_3^- 离子和 pH 值归纳为分解类腐蚀性的评价指标。

46. C 【考点】岩土工程勘察

【解析】岩土工程勘察阶段与设计阶段划分一致，一般有可行性研究勘察(选址用)、初步勘察(初步设计用)和详细勘察(施工图设计用)三个阶段。对于场地条件复杂或有特殊要求、需有针对性地对某个问题进行勘察的工程，宜进行施工勘察。在某些情况下，也可合并勘察阶段，或直接进行详细勘察。

47. A 【考点】原位测试技术

【解析】A 项，根据《岩土工程勘察规范》(GB 50021—2001)(2009 年版)第 10.8.1 条规定，扁铲侧胀试验适用于软土、一般黏性土、粉土、黄土和松散～中密的砂土。B 项，根据第 10.2.1 条规定，载荷试验可用于测定承压板下应力主要影响范围内岩土的承载力和变形模量。C 项，根据第 10.3.1 条规定，静力触探可根据工程需要采用单桥探头、双桥探头或带孔隙水压力量测的单、双桥探头，可测定比贯入阻力、锥尖阻力、侧壁摩阻力和贯入时的孔隙水压力。D 项，根据第 10.4.1 条规定，圆锥动力触探试验的类型可分为轻型、重型和超重型三种。

48. C 【考点】地层接触关系

【解析】C 项，平行不整合，即假整合，是指上、下两套地层的产状平行或基本一致，但有明显的沉积间断。A 项，角度不整合接触一般是上、下两套地层的产状不一致以一定的角度相交，两套地层的时代不连续，两者之间有代表长期风化剥蚀与沉积间断的剥蚀面存在；B 项，沉积接触又称冷接触，是火成岩侵入体遭受风化剥蚀后，又被新沉积岩层所覆盖的接触关系；D 项，整合接触是指当地壳处于相对稳定下降情况下，形成连续沉积的岩层，老岩层沉积在下，新岩层在上，不缺失岩层。

49. D 【考点】常见岩石的成分

【解析】花岗石是一种深成酸性火成岩。二氧化硅含量多在70%以上。颜色较浅，以灰白、肉红色者常见。主要由石英、长石和少量黑云母等暗色矿物组成。石英含量为20% ~40%，碱性长石约占长石总量的2/3以上。碱性长石为各种钾长石和钠长石，斜长石主要为钠更长石或更长石。暗色矿物以黑云母为主，含少量角闪石。方解石的主要成分为碳酸钙，成因主要为沉积形成。

50. D 【考点】滑坡裂缝的分类

【解析】根据受力状况不同，滑坡裂缝可以分为四种：①拉张裂缝，指在斜坡将要发生滑动的时候，由于拉力的作用，在滑坡体的后部产生一些张口的弧形裂缝，与滑坡后壁相重合的拉张裂缝称主裂缝。②鼓张裂缝，指滑坡体在下滑过程中，如果滑动受阻或上部滑动较下部快，则滑坡下部会向上鼓起并开裂，这些裂缝通常是张口的。鼓张裂缝的排列方向基本上和滑动方向垂直。③剪切裂缝，指滑坡体两侧和相邻的不动岩土体发生相对位移时会产生剪切作用或者滑坡体中央部分较两侧滑动较快而产生剪切作用，都会形成大体上和滑动方向平行的裂缝。④扇形张裂缝，指滑坡体向下滑动时，滑坡舌向两侧扩散形成放射状的张开裂缝，又称滑坡前缘放射状裂缝。

51. B 【考点】边坡的应力分布

【解析】无论在什么样的天然应力场下，斜坡岩体的主应力迹线发生明显的偏转，总的特征为越靠近边坡，最大主应力越接近平行于斜坡临空面，而最小主应力则越与坡面近正交，如题51解图所示。

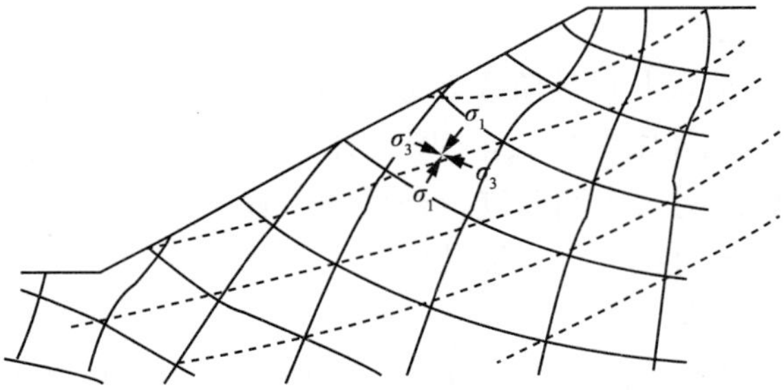

题51解图 边坡中最大剪应力迹线与主应力迹线关系示意图

52. C 【考点】岩基极限承载力计算

【解析】根据《建筑地基基础设计规范》(GB 50007—2011)第5.2.6条规定，对于完整、较完整、较破碎的岩石地基承载力特征值可按本规范附录H岩石地基载荷试验方法确定；对破碎、极破碎的岩石地基承载力特征值，可根据平板载荷试验确定。对完整、较完整和较破碎的岩石地基承载力特征值，也可根据室内饱和单轴抗压强度按理论公式计算。故ABD三项正确。C项，是附录C浅层平板载荷试验结果的处理方法。

53. B 【考点】基坑土方开挖

【解析】根据《建筑地基基础设计规范》(GB 50007—2011)第9.1.9条规定，基坑土方开挖应严格按设计要求进行，不得超挖。基坑周边堆载不得超过设计规定。土方开挖完成后应立即施工垫层，对基坑进行封闭，防止水浸和暴露，并应及时进行地下结构施工。

54. D 【考点】群桩基础的承载力

【解析】群桩基础是指桩数不只一根的桩基础，群桩中的每根桩称为基桩。竖向荷载作用下的群桩基础，由于承台、桩、土相互作用，其基桩的承载力和沉降性状往往与相同地质条件和设置方法的同样单桩有显著差别，这种现象称为群桩效应。桩数大于 3 的摩擦桩会产生群桩效应。

55. A 【考点】地基处理方法

【解析】A 项，在预压固结地基处理中，通过设置水平向排水砂层，人为地增加土层固结排水通道，缩短排水距离，从而加速固结，并加快强度增长。BC 两项，通过加大地面预压荷载虽然能够加速固结，但是效果并不明显。D 项，用高能量机械压实和设置水平向排水砂层，都能够加速固结，缩短工期，但影响固结的主要因素是水分，后者缩短工期的效果更显著。

56. B 【考点】影响边坡稳定性的主要因素

【解析】影响边坡稳定性主要的要素包括：①岩性，包括岩石的化学、水理和物理力学性质。②地质构造，包括区域构造特点、边坡地段的褶皱形态、岩层产状、断层和节理裂隙发育特征以及区域新构造运动活动特点等。③岩体结构，主要是指结构面和岩块的特性以及它们之间的排列组合。④水的作用，包括处于水下的透水边坡将承受水的浮托力作用；不透水的边坡坡面将承受静水压力；水对边坡岩体将产生软化作用。⑤其他因素，包括温度、地震、大规模爆破、机械振动、地应力、气候条件、风化作用和植物生长等。B 项，岩体内温度场对于边坡稳定性影响不大，其主要是对于岩体内部水的状态有影响。

57. C 【考点】岩基的极限承载力

【解析】岩基是指建筑物以岩体作为持力层的地基。相对于土体，较为完整的岩体具有更高的抗压、抗剪强度，更大的变形模量，具有承载力高和压缩性低的特点。所以，岩基上浅基础的极限承载力主要取决于岩石的力学特性与岩体完整性。

58. D【考点】基础埋深

【解析】根据《建筑地基基础设计规范》(GB 50007—2011)第 5.1.1 条规定，基础的埋置深度，应按下列条件确定：①建筑物的用途，有无地下室、设备基础和地下设施，基础的类型和构造条件；②作用在地基上的荷载大小和性质；③工程地质和水文地质条件；④相邻建筑物基础的基础埋深；⑤地基土冻胀和融陷的影响。

59. A 【考点】单桩的荷载传递特性

【解析】在轴向荷载作用下，桩身将发生弹性压缩，桩顶部分荷载通过桩身传递到桩底，致使桩底土层发生压缩变形，这两者之和构成桩顶轴向位移。由于桩与桩周土体紧密接触，当桩相对于土向下位移时，土对桩产生向上作用的桩侧摩阻力。在桩顶荷载沿桩身向下传递的过程中，必须不断地克服这种摩阻力，所以桩身轴向力随深度逐渐减小。

60. D 【考点】地基处理方法

【解析】砂桩地基属于挤密桩地基处理的一种，也常用于处理软弱地基。砂桩地基主要适用于挤密松散沙土、素填土和杂填土等地基。工程实践表明，砂桩对松散砂土的加固原理是使地基挤密，对黏性土加固原理是置换，它在地基中形成具有密实度高和直径大的桩体，与原黏性土构成复合地基而共同工作。

注册土木工程师(岩土)执业资格考试
《专业基础考试》模拟题(一)

单项选择题(共60题，每题2分。每题的备选项中只有一个最符合题意)

1．下列与材料的孔隙率没有关系的是(　　)。

A．强度　　B．绝热性　　C．密度　　D．耐久性

2．某立方体岩石试件，外形尺寸为50mm×50mm×50mm，测得其在绝干、自然状态及吸水饱和状态下的质量分别为325g、325.3g、326.1g，并测得该岩石的密度为$2.68g/cm^3$。则该岩石的体积吸水率、质量含水率、绝干体积密度和孔隙率各为(　　)。

A．0.90%、0.092%、$2609kg/m^3$、3.1%

B．0.88%、0.09%、$2600kg/m^3$、3.0%

C．0.24%、0.34%、$2609kg/m^3$、1%

D．0.64%、0.092%、$2609kg/m^3$、3.0%

3．石膏制品具有良好的抗火性，是由于(　　)。

A．石膏制品保温性好　　B．石膏制品含大量结晶水

C．石膏制品孔隙率大　　D．石膏制品高温下不变形

4．混凝土长期处于潮湿的环境中，会引起极大的腐蚀破坏，这是由于在硬化水泥石中生成了通常称为“水泥杆菌”的(　　)。

A．水化碳酸钙　　B．水化铝酸三钙

C．水化磷酸一钙　　D．高硫型水化硫铝酸钙

5．下列关于岩土性质的说法正确的是(　　)。

A．孔隙率是反映散粒材料颗粒相互填充的致密程度

B．空隙率是反映材料体积内孔隙体积所占比例

C．空隙率是反映散粒材料颗粒相互填充的致密程度

D．孔隙率和空隙率都是反映散粒材料颗粒相互填充的程度

6．对钢材的冷弯性能要求越高，试验时采用的(　　)。

A．弯曲角度越大，弯心直径对试件直径的比值越大

B．弯曲角度越小，弯心直径对试件直径的比值越小

C．弯曲角度越小，弯心直径对试件直径的比值越大

D．弯曲角度越大，弯心直径对试件直径的比值越小

7．沥青胶相对石油沥青而言，其性质的改变是(　　)。

A．提高了沥青的黏性和温度稳定性　　B．提高了沥青的塑性

C．提高了沥青的流动性　　D．降低了沥青的黏性和温度敏感性

8．经纬仪主要几何轴线间应满足三个几何关系，试从下列关系中排除一项。(　　)

A．视准轴平行于水准管轴　　B．水准管轴垂直于竖轴

C．视准轴垂直于横轴　　D．横轴垂直于竖轴

9．视距测量时，经纬仪置于高程为162.382m的S点，仪器高为1.40m，上、中、下三丝读

数分别为1.019m、1.400m和1.781m，求得竖直角$\alpha = 3°12'10''$，则SP的水平距离和P点高程分别为(　　)。

A. 75.962m，158.125m　　B. 75.962m，166.633m

C. 76.081m，158.125m　　D. 76.081m，166.633m

10. 在1∶500地形图上，量得某直线AB的水平距离$d = 50.5\text{mm}$，$m_d = \pm 0.2\text{mm}$，AB的实地距离可按公式$s = 500d$进行计算，则s的误差m等于(　　)。

A. ±0.1mm　　B. ±0.2mm　　C. ±0.05mm　　D. ±0.1m

11. 闭合导线(n段)角度(β_1)闭合差校核公式是(　　)。

A. $\sum\beta_1 - 360° \leqslant$容许值　　B. $\sum\beta_1 - (n-1) \times 180° \leqslant$容许值

C. $\sum\beta_1 - 180° \leqslant$容许值　　D. $\sum\beta_1 - (n-2) \times 180° \leqslant$容许值

12. 高层建筑施工测量主要任务是将建筑物基础轴线准确地向高层引测，保证各层相应的轴线位于同一竖直面内，则控制与检测轴线向上投测的允许偏差值应满足的要求是(　　)。

A. 本层内不超过8mm，全楼的累积竖直偏差值不超25mm

B. 本层内不超过5mm，全楼的累积竖直偏差值不超20mm

C. 本层内不超过3mm，全楼的累积竖直偏差值不超30mm

D. 本层内不超过6mm，全楼的累积竖直偏差值不超20mm

13. 建设项目的环境影响报告书应当包括(　　)。

①建设项目概况及其周围环境现状；

②建设项目对环境可能造成的影响的分析、预测和评估；

③建设项目对环境保护措施及其技术、经济论证；

④建设项目对环境影响的经济损益分析；

⑤对建设项目实施环境监测的建议；

⑥环境影响评价的结论。

A. ①②③④⑤⑥　　B. ①②③⑤⑥

C. ①②③④⑥　　D. ①②④⑤⑥

14. 设计单位未按照工程建设强制性标准进行设计的，责令改正，并处(　　)罚款。

A. 5万元以下　　B. 5万~10万元

C. 10万~30万元　　D. 30万元以上

15. 《建设工程安全生产管理条例》规定，施工单位安全教育培训的三类人员必须经建设行政主管部门或者其他部门考核合格后方可任职，这三类人员是(　　)。

A. 项目负责人、现场安全管理人员、从业人员

B. 项目负责人、现场安全管理人员、质量管理人员

C. 项目负责人、现场安全管理人员、特种工操作人员

D. 主要负责人、项目负责人、专职安全生产管理人员

16. 招投标中若招标文件发出后需修改，招标单位最少至投标结束(　　)天之前应通知投标单位。

A. 10天　　B. 15天　　C. 30天　　D. 45天

17. 在填方工程中，如采用透水性不同的土料分层填筑时，下层宜填筑(　　)。

A. 渗透系数极小的填料　　B. 渗透系数较小的填料

C. 渗透系数中等的填料　　D. 渗透系数较大的填料

18. 下图所示直径 $d=20$mm 的钢筋的下料长度为(　　)mm。

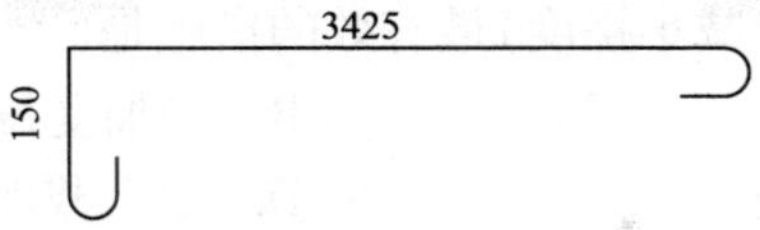

题 18 图

A. 3575　　B. 3735　　C. 3825　　D. 3903

19. 某流水施工组织加快的成倍节拍流水作业，施工段数为 6，甲、乙、丙三个施工过程的流水节拍分别为 1d、2d 和 3d，则其流水工期为(　　)d。

A. 8　　B. 10　　C. 11　　B. 16

20. 双代号网络图中，某非关键工作被拖延了 2d，其自由时差为 1d，总时差为 3d，则会出现的结果是(　　)。

A. 后续工作的最早可能开始时间不变

B. 将改变后续工作的最早可能开始时间

C. 会影响总工期

D. 要改变紧前工作的最早可能开始时间

21. 对工程网络进行“资源有限，工期最短”的优化的主要目的是(　　)。

A. 尽可能缩短工期，满足资源限量

B. 尽可能缩短工期，使得资源消耗量最低

C. 延长工期最短，使得资源消耗量最低

D. 延长工期最短，满足资源限量

22. 图示体系是几何(　　)体系。

A. 不变，有两个多余约束　　B. 不变且无多余约束

C. 瞬变　　D. 不变，有一个多余约束

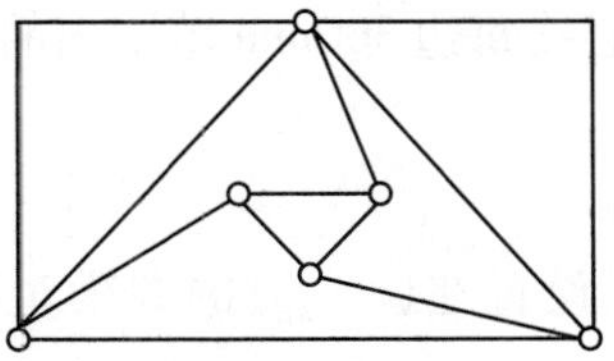

题 22 图

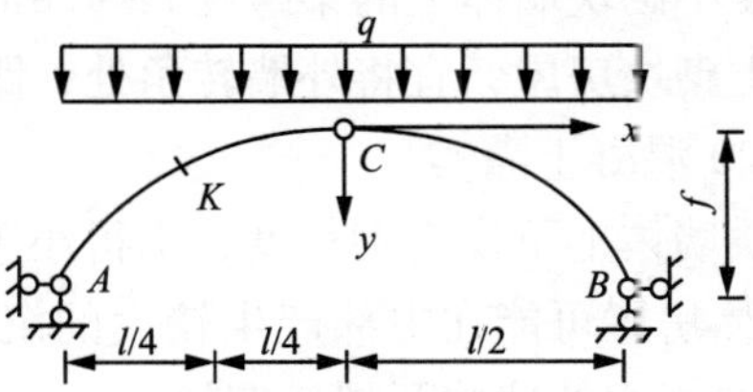

题 23 图

23. 已知如图所示三铰拱的轴线方程为 $y=Px^2$，则截面 K 的弯矩为(　　)。

A. 0　　B. $\frac{1}{8}ql^2$　　C. $\frac{1}{4}ql^2$　　D. $\frac{1}{2}ql^2$

24. 如图所示，梁中点的挠度为(　　)。

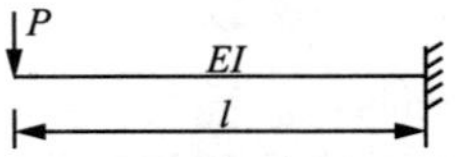

题 24 图

A. $\frac{1}{12}\frac{pl^3}{EI}$　　B. $\frac{3}{32}\frac{pl^3}{EI}$　　C. $\frac{5}{48}\frac{pl^3}{EI}$　　D. $\frac{1}{8}\frac{pl^3}{EI}$

25. 对适筋梁，受拉钢筋刚屈服时，则(　　)。

A. 承载力达到极限　　B. 受压边缘混凝土达到极限压应变 ε_{cu}

C. 受压边缘混凝土被压碎　　D. $\varepsilon_t=\varepsilon_{tu}$，$\varepsilon_c<\varepsilon_{cu}$，

26. 提高受弯构件抗弯刚度(减小挠度)最有效的措施是(　　)。

A. 加大截面宽度　　B. 增加受拉钢筋截面面积

C. 提高混凝土强度等级　　D. 加大截面的有效高度

27. 单层厂房结构，柱间支撑的主要作用是(　　)。

A. 提高厂房的纵向刚度和稳定性　　B. 减小厂房的纵向温度变形

C. 减小基础不均匀沉降的影响　　D. 承受横向水平荷载

28. 摩擦型高强螺栓在杆轴方向受拉时，以下说法正确的是(　　)。

A. 与摩擦面的处理方法有关　　B. 与摩擦面的数量有关

C. 与螺栓直径有关　　D. 与螺栓的性能等级无关

29. 钢结构轴心受压构件应进行下列哪项计算？(　　)

A. 强度、刚度、局部稳定　　B. 强度、局部稳定、整体稳定

C. 强度、整体稳定　　D. 强度、刚度、局部稳定、整体稳定

30. 建筑高度、设防烈度、场地类别等均相同的两幢建筑，一个采用框架结构体系，另一个采用框架—抗震墙结构体系，两种体系中框架抗震等级相比较，则(　　)。

A. 必定相等　　B. 后者的抗震等级高

C. 后者的抗震等级低　　D. 前者的抗震等级高，也可能相等

31. 设计采用钢桁架的屋盖结构时，必须(　　)。

A. 布置纵向支撑和刚性系杆　　B. 采用梯形桁架

C. 布置横向支撑和垂直支撑　　D. 采用角钢杆件

32. 下述砌体的构造要求，不正确的是(　　)。

A. 承重的独立砖柱，最小截面尺寸，不应小于370mm×370mm

B. 支承在小砌块墙体上的梁跨度 $l\geqslant4.8$m 时，其支承处宜设垫块

C. 混凝土砌块房屋，宜将外墙转角处，距墙中心线每边300mm范围内的孔洞，用不低于Cb20混凝土灌实

D. 砖砌块墙体上下皮搭砌长度，不得小于90mm

33. 当多层砌体房屋可能在中部产生较大的沉降时，设置在(　　)的圈梁对防止因不均匀沉降而可能引起的墙体开裂最有效。

A. 檐口处　　B. 房屋高度的中间

C. 楼盖处　　D. 基础顶面

34. 格里菲斯强度准则不能作为岩石的宏观破坏准则的原因是(　　)。

A. 它不是针对岩石材料的破坏准则

B. 它认为材料的破坏是由于拉应力所致

C. 它没有考虑岩石的非均质特征

D. 它没有考虑岩石中的大量微裂隙及其相互作用

35. 某岩石的实测应力—应变关系曲线(峰前段)开始为上凹型曲线，随后变为直线，直到破坏，没有明显的屈服段，则该岩石为(　　)。

A. 弹性硬岩　B. 塑性软岩　C. 弹塑性岩石　D. 塑弹性岩石

36. 用直角坐标系绘制压缩曲线可直接确定的压缩性指标是(　　)。

A. a　B. E_s　C. E_0　D. C_c

37. 地基附加应力计算时，下列说法中错误的是(　　)。

A. 基础埋深越大，土中附加应力越小

B. 基底附加应力越大，土中附加应力越大

C. 计算深度越小，附加应力越大

D. 在同一深度平面上，附加应力随水平距离的增大而减少

38. 采用分层总和法计算软土地基最终沉降量时，压缩层下限确定的根据是(　　)。

A. $\sigma_{cz}/\sigma_z \leqslant 0.2$　B. $\sigma_z/\sigma_{cz} \leqslant 0.02$　C. $\sigma_{cz}/\sigma_z \leqslant 0.1$　D. $\sigma_z/\sigma_{cz} \leqslant 0.1$

39. 软土通常具有如下(　　)的工程特性。

A. 压缩性较高，透水性较差，流变性明显

B. 压缩性较高，强度较低，透水性良好

C. 强度较低，透水性良好，结构性显著

D. 压缩性较高，强度较低，结构性不显著

40. 关于边坡稳定分析，下列说法错误的是(　　)。

A. 土坡内地下水位越高，边坡安全系数越小

B. 坡角越大，边坡安全系数越大

C. 瑞典条分法是将土视为刚体，不计土条间的作用力

D. 无黏性土边坡滑动面为平面

41. 矿物受力后常沿一定方向裂开成光滑平面的特性称为(　　)。

A. 断口　B. 节理　C. 层理　D. 解理

42. 当岩层发生重复或缺失，岩脉被错断，或者岩层沿走向突然中断，与不同性质的岩层突然接触时，说明该区域有(　　)存在。

A. 褶皱　B. 向斜构造　C. 断层　D. 裂隙构造

43. 冰川运动形成的主要冰蚀地貌是(　　)。

A. 冰斗、幽谷、冰蚀凹地　B. 冰斗、石河、冰前扇地

C. 冰斗、幽谷、冰碛平原　D. 冰斗、峡谷、冰蚀凹地

44. 风的地质作用包括风蚀作用、风的搬运作用和风积作用。下面几种地貌形态中，不属于风积作用产物的是(　　)。

A. 新月形沙丘　B. 纵向沙垄　C. 雅丹地貌　D. 沙堆

45. 岩体的稳定性主要取决于(　　)。

A. 组成岩体的岩石化学性质

B. 组成岩体的岩石矿物成分

C. 岩体内结构面的性质及其对岩体的切割程度

D. 岩体中岩块的强度

46. 下列选项中，关于各种地震波的破坏能力大小排序正确的是(　　)。

A. 横波 > 纵波 > 面波　B. 面波 > 横波 > 纵波

C. 纵波 > 面波 > 横波　D. 横波 > 面波 > 纵波

47. 地层岩性是滑坡产生的物质基础。在下列地层中不易发生滑坡的是(　　)。

A. 第四系黏性土与黄土　　B. 煤系

C. 泥质岩的变质岩系　　D. 不易风化且无软弱结构面的岩石

48. 渗透定律(达西定律)适用于计算(　　)。

A. 所有的层流运动的地下水　　B. 所有的非层流运动的地下水

C. Re≤10 的层流运动的地下水　　D. 所有运动的地下水

49. 地下水中含量较多，分布最广的几种离子是(　　)。

A. H^+、Mg^{2+}、OH^-、HCO_3^-

B. K^+、Na^+、Ca^{2+}、Mg^{2+}、Cl^-、SO_4^{2-}、HCO_3^-

C. H^+、OH^-、CO_2、Cl^-、HCO_3^-

D. K^+、Na^+、Cl^-、SO_4^{2-}、HCO_3^-

50. 下列选项中，岩土工程勘探方法主要包括(　　)。

Ⅰ. 坑探；Ⅱ. 钻探；Ⅲ. 地球物理勘探；Ⅳ. 地质雷达勘探；Ⅴ. 采样。

A. Ⅰ、Ⅳ、Ⅴ　　B. Ⅰ、Ⅱ、Ⅲ

C. Ⅱ、Ⅲ、Ⅴ　　D. Ⅰ、Ⅲ、Ⅳ

51. 下列关于均匀岩质边坡应力分布的描述中，错误的是(　　)。

A. 斜坡在形成中发生了应力集中现象

B. 斜坡在形成中发生了应力重分布现象

C. 斜坡形成中，最小主应力迹线偏转，表现为平行于临空面

D. 斜坡形成中，临空面附近岩体近乎处于单向应力状态

52. 若岩基表层存在裂隙，为了加固岩基并提高岩基承载力，应使用的加固措施是(　　)。

A. 开挖回填　　B. 钢筋混凝土板铺盖

C. 固结灌浆　　D. 锚杆加固

53. 用极限平衡理论计算岩基承载力时，条形荷载下均质岩基的破坏面形式一般假定为(　　)。

A. 单一平面　　B. 双直交平面　　C. 圆弧曲面　　D. 螺旋曲面

54. 岩基稳定性分析一般采用(　　)。

A. 弹性理论　　B. 塑性理论　　C. 弹塑性理论　　D. 弹塑黏性理论

55. 基础底面下的岩体出现压实楔，而在其两侧岩体有弧线或直线的滑面，使得滑体能向地面方向位移的破坏模式为(　　)。

A. 岩基的开裂、压碎、劈裂破坏模式

B. 岩基的冲切破坏模式

C. 岩基的剪切破坏模式

D. 岩基的滑移破坏模式

56. 下列地基处理方法中，能形成复合地基的是(　　)。

A. 换土垫层　　B. 碾压夯实　　C. 强夯法　　D. 高压喷射注浆法

57. 基础底面尺寸大小(　　)。

A. 仅取决于持力层承载力　　B. 取决于持力层和下卧层承载力

C. 仅取决于下卧层承载力　　D. 取决于地基承载力和变形要求

58. 下列群桩承载力不等于各基桩相应单桩承载力之和是(　　)。

A. 端承桩　　B. 桩数大于 3 根的摩擦桩

C. 桩数小于 3 根的端承摩擦桩　　D. 桩数小于 3 根的摩擦端承桩

59. 轴心竖向力作用下，单桩竖向承载力应满足的条件是(　　)。

A. $Q_k \leqslant R_a$　　B. $Q_{ik\max} \leqslant 1.2R_a$

C. $Q_k \leqslant R_a$ 且 $Q_{ik\max} \leqslant 1.2R_a$　　D. $Q_{ik\max} \geqslant 0$

60. 某松砂地基，采用砂桩加固，$d = 0.6\text{m}$，正方形布桩。土的天然孔隙比 $e_0 = 0.85$，$e_{\max} = 0.90$，$e_{\min} = 0.55$，根据抗震设计要求，加固后的相对密度 $D_r = 0.7$，砂桩的中心距 s 为(　　)m。

A. 0.84　　B. 1.23　　C. 1.36　　D. 1.82

答案及详解

单项选择题（共 60 题，每题 2 分。每题的备选项中只有一个最符合题意）

1. **【答案】**C

【解析】密度是指材料在绝对密实状态下单位体积的质量，是材料自身属性，与孔隙率无关。A 项，材料在外力作用下抵抗永久变形和断裂的能力称为强度，孔隙率对强度有很大的影响，孔隙率越大、强度越低，两者近似于直线的关系；B 项，绝热性是指物体本身能阻止热量的传递、散失、对流，使得某个密闭区域内温度或者热量不受外界影响或者外界不能够影响而保持内部自身稳定或者独立发生变化的过程和作用，导热系数或热阻是评定材料保温绝热性能的主要指标，通常孔隙率越大、表观密度越小，导热系数越小；D 项，耐久性是材料抵抗自身和自然环境双重因素长期破坏作用的能力。材料的耐久性中的抗渗性和抗冻性与孔隙率、孔隙大小和特征等有很大关系。

2. **【答案】**B

【解析】体积吸水率 $=\dfrac{m_b-m_g}{V_0}\cdot\dfrac{1}{\rho_w}=\dfrac{326.1-325}{5\times5\times5}\times\dfrac{1}{1}=0.88\%$；

质量含水率 $=\dfrac{m_z-m_g}{m_g}=\dfrac{325.3-325}{325}=0.09\%$；

绝干体积密度 $=\dfrac{m}{V}=\dfrac{325}{5\times5\times5}=2600\text{kg/m}^3$；

孔隙率 $=\dfrac{V_0-V}{V_0}=1-\dfrac{\rho_0}{\rho}=1-\dfrac{2.6}{2.68}=3.0\%$。

3. **【答案】**B

【解析】石膏硬化后的结晶物 $CaSO_4\cdot2H_2O$ 遇到火烧时，结晶水蒸发，吸收热量，并在表面生成具有良好绝热性的无结晶水产物，能起到阻止火焰蔓延和温度升高的作用，所以石膏有良好的抗火性。

4. **【答案】**D

【解析】在海水、湖水、盐沼水、地下水、某些工业污水及流经高炉矿渣或煤渣的水中常含钠、钾、铵等硫酸盐，它们与水泥石中的氢氧化钙起置换作用，生成硫酸钙。硫酸钙与水泥石中的固态水化铝酸钙作用生成高硫型水化硫铝酸钙：

$$4CaO\cdot Al_2O_3\cdot12H_2O+3CaSO_4+20H_2O=3CaO\cdot Al_2O_3\cdot3CaSO_4\cdot31H_2O+Ca(OH)_2$$

生成的高硫型水化硫铝酸钙含有大量结晶水，体积较之前大约膨胀 2.5 倍，由于是在已经固化的水泥石中产生上述反应，所以将进一步破坏制品，对水泥石起极大的破坏作用。

5. **【答案】**C

【解析】孔隙率是指材料体积内，孔隙体积所占的比例。孔隙率反映材料的致密程度。空隙率是指散粒材料在其堆积体积中，颗粒之间的空隙所占的比例。空隙率的大小反映了散粒材料的颗粒互相填充的致密程度，可作为控制混凝土骨料级配与计算砂率的依据。

6. 【答案】D

【解析】建筑上常把钢筋、钢板弯成要求的形状，因此要求钢材有较好的冷弯性能。冷弯试验是将钢材按规定弯曲角度与弯心直径进行弯曲，检查受弯部位的外拱面和两侧面，不发生裂纹、起层或断裂为合格，弯曲角度越大，弯心直径对试件厚度(或直径)的比值越小，则表示钢材冷弯性能越好。冷弯试验能反映试件弯曲处的塑性变形，能揭示钢材是否存在内部组织不均匀、内应力和夹杂物等缺陷。冷弯试验也能对钢材的焊接质量进行严格的检验，能揭示焊件受弯表面是否存在未熔合、裂缝及杂物等缺陷。

7. 【答案】A

【解析】石油沥青是原油加工过程的一种产品，在常温下是黑色或黑褐色的粘稠的液体、半固体或固体，主要含有可溶于三氯乙烯的烃类及非烃类衍生物。沥青胶是沥青中掺入适量粉状或纤维状矿质填充料配制而成的胶黏剂，所以掺配后提高了沥青的黏性和温度稳定性。

8. 【答案】A

【解析】光学经纬仪的主要轴线有竖轴、水准管轴、望远镜视准轴和望远镜的旋转轴即横轴(又称水平轴)。它们之间应满足以下几何条件：①水准管轴垂直于竖轴；②视准轴垂直于横轴；③横轴垂直于竖轴；④十字丝竖丝垂直于横轴。此外，在测量竖直角时，还应满足竖盘指标水准管轴垂直于竖盘指标线的条件。

9. 【答案】B

【解析】根据视距测量原理，可得 SP 的水平距离和高差为：

$D = kl\cos^2\alpha = 100 \times (1.781 - 1.019) \times \cos^2(3°12'10'') = 75.952\text{m}$，

$h = 75.962 \times \tan(3°12'10'') + 1.40 - 1.400 = 4.251\text{m}$。

所以 P 点高程 $H_p = H_s + h = 162.382 + 4.251 = 166.633\text{m}$。

10. 【答案】D

【解析】如果某线性函数只有一个自变量($z = kx$)，则称为倍数函数。按照误差传播定律，则倍数函数的中误差为：$m_z = \pm kx$。由于比例尺的关系，实际两点距离和图中两点距离成倍数关系，则依据比例尺可得：$m_z = \pm 0.2 \times 0.5 \times 1000\text{mm} = \pm 0.1\text{m}$。

11. 【答案】D

【解析】n 边形内角之和应为 $(n-2) \times 180°$。因此，闭合导线内角和的理论值应为：$\sum\beta_{理} = (n-2) \times 180°$。由于导线水平角观测中不可避免地含有误差，使内角之和不等于理论值，而产生角度闭合差，即 $f_B = \sum\beta_1 - \sum\beta_{理}$，所以闭合差校核公式为：$\sum\beta_1 - (n-2) \times 180° \leqslant$ 容许值。容许角度闭合差为：$f_{\beta容} = \pm 60''\sqrt{n}$。当 $f_\beta < f_{\beta容}$，按“反号平均分配”的原则改正各观测角，使其满足：$\sum\beta_{改} = (n-2) \times 180°$。

12. 【答案】C

【解析】根据《高层建筑混凝土结构技术规程》(JGJ 3—2010)第 13.2.5 条规定，高层建筑结构施工可采用内控法或外控法进行轴线竖向投测。首层放线验收后，应根据测量方案设置内控点或将控制轴线引测至结构外立面上，并作为各施工层主轴线竖向投测的基准。轴线的竖向投测，应以建筑物轴线控制桩为测站。竖向投测的允许偏差应符合表 13.2.5(见题 12 解表)规定。

题12解表　轴线竖向投测允许误差

项目	允许偏差/mm	
每层	3	
总高 H/m	$H \leq 30$	5
	$30 < H \leq 60$	10
	$60 < H \leq 90$	15
	$90 < H \leq 120$	20
	$120 < H \leq 150$	25
	$H > 150$	30

13. **【答案】**A

【解析】根据《环境影响评价法》第十七条的规定，建设项目的环境影响报告书应当包括下列内容：①建设项目概况；②建设项目周围环境现状；③建设项目对环境可能造成影响的分析、预测和评估；④建设项目环境保护措施及其技术、经济论证；⑤建设项目对环境影响的经济损益分析；⑥对建设项目实施环境监测的建议；⑦环境影响评价的结论。

14. **【答案】**C

【解析】《建设工程质量管理条例》第六十三条规定，违反本条例规定，有下列行为之一的，责令改正，处10万元以上30万元以下的罚款：①勘察单位未按照工程建设强制性标准进行勘察的；②设计单位未根据勘察成果文件进行工程设计的；③设计单位指定建筑材料、建筑构配件的生产厂、供应商的；④设计单位未按照工程建设强制性标准进行设计的。有前款所列行为，造成工程质量事故的，责令停业整顿，降低资质等级。情节严重的，吊销资质证书。造成损失的，依法承担赔偿责任。

15. **【答案】**D

【解析】《建设工程安全生产管理条例》第三十六条规定，施工单位的主要负责人、项目负责人、专职安全生产管理人员应当经建设行政主管部门或者其他部门考核合格后方可任职。

16. **【答案】**B

【解析】根据《招标投标法》第二十三条规定，招标人对已发出的招标文件进行必要的澄清或者修改的，应当在招标文件要求提交投标文件截止时间至少15日前，以书面形式通知所有招标文件收受人。该澄清或者修改的内容为招标文件的组成部分。

17. **【答案】**D

【解析】为了保证填筑密实，填筑应该要分层进行，并尽量采用同类土填筑，填土中如采用不同透水性的土料填筑时，必须将透水性较大的土层置于透水性较小的土层之下，且不得将各种土料任意混杂使用。

18. **【答案】**C

【解析】钢筋的下料长度＝外包尺寸＋端头弯钩长度－量度差值；箍筋的下料长度＝箍筋周长＋箍筋调整值。对于本题所给条件，图示为180弯钩，则端头弯钩长度－量度差值$=6.25d=125\text{mm}$，则下料长度$=3425+150+125\times2=3825\text{mm}$。

19. **【答案】**C

【解析】流水步距 K = 流水节拍的最大公约数[1、2、3] = 1d，专业工作队总数目 $n=1/1+2/1+3/1=6$ 个，施工段数 $m=n=6$，工期 $T=(6+6-1)\times1=11$d。

20. 【答案】B

【解析】某非关键工作被拖延的天数，当不超过其自由时差时，其后续工作最早可能开始时间不变；当超过其自由时差，但不超过其总时差，将改变后续工作最早可能开始时间，但不会影响总工期。本题中非关键工作被拖延了2d，超过了自由时差，但未超过总时差，所以属于第二种情况，后续工作最早可能开始时间将改变，但总工期不受影响。

21. 【答案】D

【解析】“资源有限，工期最短”是指通过调整计划安排，在满足资源限制的条件下，使工期延长幅度达到最小，故其目的就是延长工期最短，满足资源限量。

22. 【答案】A

【解析】如题22解图，三角形 ABC 和三角形 DEF 由三根不交于一点的链杆相连，构成几何不变且无多余约束的体系。折杆 AGB 与 AHC 为两个多余约束。

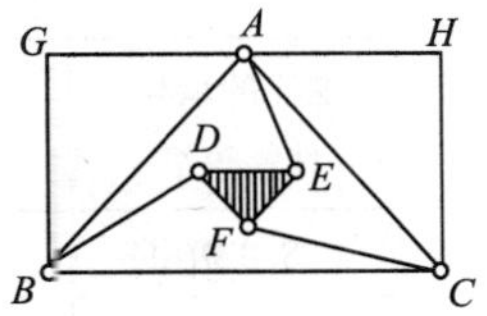

题22解图

23. 【答案】A

【解析】一般情况下，拱在荷载作用下，其截面将产生三个内力。若能使所有截面上的弯矩为零，此时截面上只有轴力作用，正应力沿截面均匀分布，材料得到充分利用，从理论上讲，这样的拱轴线称为“合理拱轴线”。又因为在均布荷载作用下，合理拱轴线方程为抛物线。题中所给拱轴正好为抛物线，同时是全跨均布荷载所对应的合力拱轴，符合“合理拱轴线”要求，所以各截面弯矩为零。

24. 【答案】C

【解析】用单位荷载法，作图 M_P、M_1 图（见题24解图），图乘可得中点挠度为：

$$\frac{1}{EI}\left(\frac{1}{2}\cdot\frac{l}{2}\cdot\frac{l}{2}\right)\cdot\frac{5}{6}Pl=\frac{5}{48}\frac{Pl^3}{EI}(\downarrow)。$$

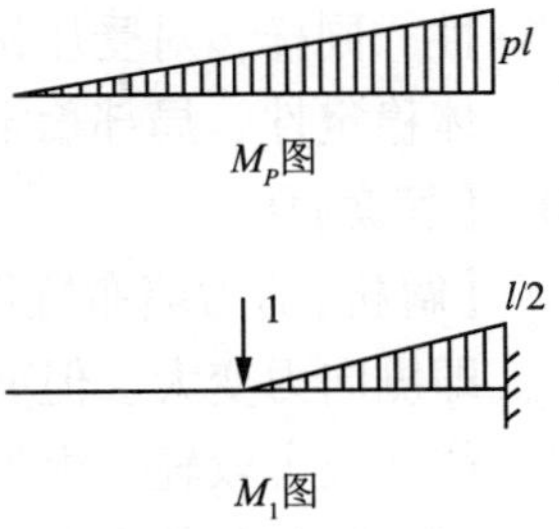

题24解图

25. 【答案】D

【解析】钢筋混凝土梁可分为适筋梁，超筋梁和少筋梁三种。适筋梁是指含有正常配筋的梁。破坏的主要特点是受拉区混凝土先出现裂缝，然后受拉钢筋达到屈服强度，最后受压区混凝土被压碎，构件即破坏。根据适筋梁的破坏特点，受拉钢筋刚屈服时，构件进入第三阶段，此时受拉钢筋应变达到极限拉应变，即 $\varepsilon_t=\varepsilon_{tu}$，受压边缘的混凝土压应变小于其极限压应变 ε_{cu}，即 $\varepsilon_c<\varepsilon_{cu}$，结构继续承重很短时间之内混凝土的压应变达到混凝土的极限压应变，钢筋混凝土构件此时破坏殆尽。

26. 【答案】D

【解析】抗弯刚度是指物体抵抗其弯曲变形的能力，以材料的弹性模量与受弯构件横截面绕其中性轴的惯性矩的乘积来表示材料抵抗弯曲变形的能力。受弯构件抗弯刚度是指受弯构件弯矩和挠度的关系，一般采用最大弯矩处截面计算。抗弯刚度与截面有效高度的平方成正比，对挠度的影响最大，因此加大截面的有效高度是提高受弯构件的抗弯刚度的最有效措施。

27. 【答案】A

【解析】在单层厂房结构中，支撑系统主要是用于加强厂房的整体刚度和稳定，并传递风荷载及吊车水平荷载。可分为屋盖支撑与柱间支撑类。其中，柱间支撑的主要作用提高厂房的纵向刚度和稳定性。

28. 【答案】C

【解析】根据《钢结构设计标准》(GB 50017—2017)第 11.4.2 条第 2 款规定，高强度螺栓摩擦型连接应按下列规定计算，在螺栓杆轴方向受拉的连接中，每个高强螺栓的承载力应按下式计算：$N_t^b=0.8P$，P 为一个高强度螺栓的预拉力设计值，按表 11.4.2－2(见题 28 解表)取值。

题 28 解表　一个高强度螺栓的预拉力设计值 P(kN)

螺栓的承载性能等级	螺栓公称直径/mm					
	M16	M20	M22	M24	M27	M30
8.8 级	80	125	150	175	230	280
10.9 级	100	155	190	225	290	355

所以摩擦型螺栓受拉时和螺栓的直径和螺栓的性能等级有关，与摩擦面和摩擦面的处理方法无关。

29. 【答案】D

【解析】轴心受压构件除了有些短粗杆因截面有较大孔洞削弱，需计算它们的强度外，一般地说，其承载力是由稳定条件决定的。稳定性包括构件的整体稳定性和局部稳定性。同样，对受压构件还要求有一定的刚度。因此，轴心受压构件需要计算其强度、整体稳定性、局部稳定性及刚度验算。钢结构轴心受拉构件需进行强度计算与刚度验算。

30. 【答案】D

【解析】剪力墙布置得多，结构自振周期缩短，结构自重增大，导致地震反应随之加大，即侧向力变大。但剪力墙布置得多又会增加结构的抗侧刚度，对结构的整体抗震有利，往往震害较轻。根据《建筑抗震设计规范》(GB 50011—2010)(2016 年版)表 6.1.2 规定，同种条件下框架结构体系要高于框架—抗震墙结构体系的抗震等级，但倘若建筑高度处于一定范围，两种结构抗震等级也可能相等。

31. 【答案】C

【解析】屋盖是房屋最上部的围护结构，应满足相应的使用功能要求，为建筑提供适宜的内部空间环境。屋盖也是房屋顶部的承重结构，受到材料、结构、施工条件等因素的制约。屋盖由屋面和支撑结构组成，屋盖支撑布置有如下几个原则：①上弦横向水平支撑，上弦横向水平支撑在钢屋盖中，无论是有檩条的屋盖或采用大型钢筋混凝土屋面板的无檩屋盖，都应设置上弦横向水平支撑。②下弦横向水平支撑，下弦横向水平支撑与上弦横向水平支撑共同设置时，再加竖向支撑则使相邻两屋架组成六面盒式空间稳定体，对整个房屋结构的空间工作性能大有好处。③下弦纵向水平支撑，在有桥式吊车的单层工业厂房中，除上、下弦横向水平支撑外，还设置下弦纵向水平支撑，当有托架时，在托架处也必须布置下弦纵向水平支撑。④竖向支撑，在梯形屋架两端必须设置竖向支撑，它是屋架上弦横向水平支撑的支承结构，它将承受上弦横向水平支撑桁架传来的水平力并将其传递给柱顶(或柱间支撑)。

32. 【答案】A

【解析】根据《砌体结构设计规范》(GB 50003—2011)第6.2.5条规定，砌体承重的独立砖柱截面尺寸不应小于240mm×370mm。第6.2.7条规定，跨度大于6m的屋架和跨度大于下列数值的梁，应在支承处砌体上设置混凝土或钢筋混凝土垫块；当墙中设有圈梁时，垫块与圈梁宜浇成整体：①对砖砌体为4.8m；②对砌块和料石砌体为4.2m；③对毛石砌体为3.9m。第6.2.12条规定，混凝土砌块房屋，宜将纵横墙交接处，距墙中心线每边不小于300mm范围内的孔洞，采用不低于Cb20混凝土沿全墙高灌实。第6.2.10条规定，砌块砌体应分皮错缝搭砌，上下皮搭砌长度不应小于90mm。

33. 【答案】D

【解析】基础顶面部位和檐口部位的圈梁对抵抗不均匀沉降作用最为有效。当房屋中部沉降较两端为大时，位于基础顶面部位的圈梁作用较大，当房屋两端沉降较中部为大时，檐口部位的圈梁作用较大。

34. 【答案】D

【解析】格里菲斯考虑裂纹随机排列的岩石中最不利方向上的裂缝周边应力最大处首先达到张裂状态而建立的岩石破裂理论。由格里菲斯理论导出的，岩体受力后使裂纹尖端附近应力升高值达到超过其抗拉强度，从而引起裂纹扩展所需满足的应力条件，即格里菲斯初始破裂准则。格里菲斯准则没有考虑众多微裂隙的相互作用，只能作为单个二维裂隙开裂的条件，不能作为岩石的强度准则。

35. 【答案】D

【解析】岩石的峰前区应力-应变曲线形态可分为直线型、下凹型、上凹型、S型、平缓型，分别表示了岩石受力作用后呈现的弹性、弹塑性、塑弹性、塑弹塑性和弹粘性性质。一般弹性硬岩的应力-应变曲线近似为直线，而塑性软岩的应力-应变曲线比较平缓。本题中，岩石的峰前区应力-应变曲线形态为上凹型，故该岩石为塑弹性岩石。

36. 【答案】A

【解析】A项，压缩系数a在压缩曲线上对应每一点的斜率，这是可以直接从$e-p$曲线上读得的；B项，压缩模量E_s是土体在完全侧限条件下，竖向附加应力与相应的应变增量之比，它与压缩系数a和孔隙率e存在数学关系；C项，变形模量E_0是土体在无侧限条件下的应力与应变的比值，大小可由载荷试验结果求得；D项，压缩指数C_c可以在$e-\lg p$曲线上读得，不能直接从$e-p$曲线上读得。

37. 【答案】A

【解析】地基土中附加应力$\sigma_z=k_c p_0$，基底附加应力$p_0=F/A+Gd-\gamma d$，G一般取20kN/m^3，γ一般小于20kN/m^3。故AB两项，基础埋深d越大，基底附加应力p_0越大，土中附加应力σ_z越大；CD两项，附加应力σ_z沿深度的增加而减少，沿水平距离增加而减少。

38. 【答案】D

【解析】采用分层总和法计算地基最终沉降量时，其压缩层下限是根据附加应力σ_z与自重应力σ_{cz}的比值确定的，一般土层要求$\sigma_z/\sigma_{cz}\leqslant0.2$，软土要求$\sigma_z/\sigma_{cz}\leqslant0.1$。

39. 【答案】A

【解析】软弱土是指淤泥、淤泥质土和部分冲填土、杂填土及其他高压缩性土。软土的工程特性包括：①含水量较高，孔隙比大；②抗剪强度很低；③压缩性较高；④渗透性很小；⑤具有明显的结构性；⑥具有明显的流变性。

40. 【答案】B

【解析】B 项，坡角越大，越容易发生塌方，边坡稳定系数越小。A 项，土坡内地下水位越高，发生滑坡灾害的可能性也越大，所以边坡安全系数越小；C 项，瑞典条分法将土体视为刚体，划分为很多纵向土条再进行稳定性分析，不计土条间的相互作用力；D 项，无黏性土内摩擦角为零，边坡滑动面为平面。

41. 【答案】D

【解析】D 项，矿物晶体受力后常沿一定方向破裂并产生光滑平面的性质称为解理。解理可以用来区别不同的矿物质，不同的晶质矿物，解理的数目，解理的完善程度和解理的夹角都不同。利用这一特性可以在样品和显微镜下区别不同的矿物质。A 项，断口，晶体或材料受到外力作用发生的随机的无方向性的破裂，破裂面呈各种凹凸不平的形状的称为断口。B 项，节理，又称裂隙，是岩体受力断裂后两侧岩块没有显著位移的小型断裂构造。C 项，层理，层理是岩石沿垂直方向变化所产生的层状构造。

42. 【答案】C

【解析】野外认识断层及其性质的主要标志是：①地层、岩脉、矿脉等地质体在平面或剖面上突然中断或错开；②地层的重复或缺失，这是断层走向与地层走向大致平行的正断层或逆断层常见的一种现象，在断层倾向与地层倾向相反，或二者倾向相同但断层倾角小于地层倾角的情况下，地层重复表明为正断层，地层缺失则为逆断层；③擦痕，断层面上两盘岩石相互摩擦留下的痕迹，可用来鉴别两盘运动方向进而确定断层性质；④牵引构造，断层运动时断层近旁岩层受到拖曳造成的局部弧形弯曲，其凸出的方向大体指示了所在盘的相对运动方向；⑤由断层两盘岩石碎块构成的断层角砾岩、断层运动碾磨成粉末状断层泥等的出现也表明该处存在断层。

43. 【答案】A

【解析】BC 两项，冰前扇地、冰碛平原为堆积地貌，石河为冻土地貌；D 项，峡谷为河流侵蚀地貌。

44. 【答案】C

【解析】随着风力的减小或前进中的风沙流在遇障碍物（植物、山体、凸起的地面或建筑物）时，就会因受阻而产生涡漩或减速，使其动能降低而发生堆积，形成堆积物及各种风积地貌，称为风积作用。风积地貌主要指风积作用形成的各种沙丘，沙丘是指由小山、沙堆、沙埂或由风的作用形成的其他松散物质。C 项，雅丹地貌是一种典型的风蚀性地貌，现指河湖相土状沉积物所形成的地面，经风化作用、间歇性流水冲刷和风蚀作用，形成与盛行风向平行、相间排列的风蚀土墩和风蚀凹地（沟槽）地貌组合。

45. 【答案】C

【解析】岩体稳定性是指处于一定时空条件的岩体，在各种力系（自然的、工程的）的作用下可能保持其力学平衡状态的程度。岩体稳定性既取决于岩体的岩性和结构，也与所承受的应力状态及其变化有关。

46. 【答案】B

【解析】地震波的传播以纵波速度最快，横波次之，面波最慢。一般当横波和面波到达时，地面发生猛烈震动，建筑物也通常都是在这两种波到达时开始破坏。面波由于沿着地球表面传播，其破坏力最强。

47. 【答案】D

【解析】软弱的地层岩性，在水和其他外力作用下，因强度降低而易形成滑动带；而不易风化的且无软弱结构面的岩石岩性稳定坚硬，不易产生滑坡。

48. 【答案】C

【解析】达西定律适用于雷诺数(Re)小于等于10时的层流运动，且天然条件下大多数地下水流符合达西定律。

49. 【答案】B

【解析】地下水是化学成分十分复杂的天然溶液。组成地壳的87种稳定元素中，在地下水中已发现70余种。地下水中主要的气体成分有 O_2、N_2、CO_2 和 H_2S，主要的离子成分有 K^+、Na^+、Ca^{2+}、Mg^{2+}、Cl^-、SO_4^{2-}、HCO_3^-。此外，地下水中还有 NH_4^+、Fe^{2+}、Fe^{3+}、Al^{3+}、NO_2^-、NO_3^- 等，以及众多的微量元素。

50. 【答案】B

【解析】岩土工程勘探常用的方法主要有坑探、钻探及地球物理勘探三种类型。其主要任务是确切查明地表以下地质情况，为深部取样、现场试验、长期地质观测提供条件。地质雷达勘探属于地球物理勘探方法，采样是为了进行试验。

51. 【答案】C

【解析】岩质边坡形成过程中，由于应力重新分布，主应力发生偏转。接近岩坡处，最大主应力表现为近乎平行于临空面，最小主应力表现为近垂直于临空面，同时坡角处发生应力集中现象，临空面近乎处于单向应力状态。

52. 【答案】C

【解析】A项，开挖岩基表层是不可行也是不经济的。B项，钢筋混凝土板铺盖后不能提高岩基的承载力，裂隙依然存在，在将来荷载的作用下，裂隙扩大岩石崩解。D项，对于裂隙不宜用锚杆加固。

53. 【答案】B

【解析】基础底面下的岩体存在剪切破坏面，使岩基出现楔形滑体，因而在计算迹线承载力时，都采用平直剪切面的楔体进行分析。双直交平面就是楔形体。

54. 【答案】A

【解析】岩基的稳定性分析首先分析岩基中的应力分布情况，对各种形式的作用在岩基上的荷载，其岩基中的应力分布分析应将岩基视为半空间弹性体，运用弹性力学理论进行分析计算。

55. 【答案】C

【解析】基础底面下的岩体存在剪切破坏面，致使岩基出现楔形滑体，剪切面可为弧面或平直面，而在岩体中大多数为近平直面。

56. 【答案】D

【解析】D项，高压喷射注浆法是用高压水泥浆通过钻杆由水平方向的喷嘴喷出，形成喷射流，以此切割土体并与土拌和，形成水泥土加固体的地基处理方法。高压喷射注浆法使土和浆体凝固体共同承载，可形成复合地基。A 项，换土垫层法是指将基础底面下一定深度范围内的软弱土层部分或全部挖去，然后换填强度较大的砂、碎石、素土、灰土、粉煤灰、干渣等性能稳定且无侵蚀性的材料，并分层夯压至要求的密实度，常作为地基浅层处理的方法。B 项，碾压夯实法先利用碾压机械压实土体，再利用夯锤自由下落的冲击力来夯实土壤，主要用于小面积的回填土或作业面受到限制的环境下。C 项，强夯法，是指将十几吨至上百吨的重锤，从几米至几十米的高处自由落下，对土体进行动力夯击，使土产生强制压密而减少其压缩性、提高强度。

57. **【答案】**D

【解析】基础底面的大小直接决定了持力层及下卧软弱层的承载力大小，同时地基变形量的大小取决于基础的长宽比以及基础宽度和深度的比值。

58. **【答案】**B

【解析】对于端承桩基和桩数不超过 3 根的非端承桩基，由于桩群、土、承台的相互作用甚微，因而基桩承载力可不考虑群桩效应，即群桩承载力等于各基桩相应单桩承载力之和。桩数超过 3 根的非端承桩基的群桩承载力往往不等于各基桩相应单桩承载力之和，此时需考虑群桩效应。

59. **【答案】**A

【解析】轴心竖向力作用下，单桩竖向承载力应满足的条件是 $Q_k \leqslant R_a$，偏心竖向力作用下，单桩竖向承载力应满足的条件是 $Q_k \leqslant R_a$ 且 $Q_{ik\max} \leqslant 1.2R_a$。

60. **【答案】**D

【解析】根据相对密度定义，有：$D_r = (e_{\max} - e_1)/(e_{\max} - e_{\min})$。则：

$e_1 = e_{\max} - D_r(e_{\max} - e_{\min}) = 0.9 - 0.7 \times (0.9 - 0.6) = 0.69$。

正方形布桩 $s = 0.89d\sqrt{\dfrac{1+e_0}{e_0 - e_1}} = 0.89 \times 0.6 \times \sqrt{\dfrac{1+0.85}{0.85 - 0.69}} = 1.82\text{m}$。

注册土木工程师(岩土)执业资格考试
《专业基础考试》模拟题(二)

单项选择题(共60题，每题2分。每题的备选项中只有一个最符合题意)

1. 下列关于材料的说法正确的是(　　)。

A. 具有粗大孔隙的材料，其吸水率较大

B. 具有封闭孔隙的材料，其吸水率较大

C. 互相连通的毛细孔多的材料，吸水率较大

D. 互相连通的毛细孔多的材料，吸水率较小

2. 具有封闭孔隙构造的多孔轻质材料，适合用作以下哪种材料？(　　)

A. 吸声　　B. 隔声　　C. 保温　　D. 承重

3. 水泥浆体在达到初凝时，形成的结构是(　　)。

A. 堆聚结构　　B. 凝聚—结晶网状结构

C. 晶体结构　　D. 凝聚结构

4. 蒸汽养护效果最好的水泥是(　　)。

A. 矿渣水泥　　B. 早强型硅酸盐水泥

C. 普通水泥　　D. 高铝水泥

5. 沥青在热、阳光和氧长期作用下，其内部组分的变化是(　　)。

A. 各组分相对是稳定的　　B. 地沥青→树脂→油分

C. 油分→地沥青质→树脂　　D. 油分→树脂→地沥青质

6. 钢材中含P、S均增多，对钢材性能的主要影响是(　　)。

A. P↑则热脆性↑，S↑则冷脆性↑　　B. P↑则冷脆性↑，S↑则热脆性↑

C. P↑则σ_b↓，S↑则σ_b↓　　D. P↑则δ↓，S↑则δ↓

7. 导致木材物理力学性质发生改变的临界含水率是(　　)。

A. 最大含水率　　B. 平衡含水率　　C. 纤维饱和点　　D. 最小含水率

8. 已知M点所在的6°带，高斯坐标值为$x_M=366712.48\text{m}$，$y_M=21331229.75\text{m}$，则M点位于(　　)。

A. 21带、在中央子午线以东　　B. 36带、在中央子午线以东

C. 21带、在中央子午线以西　　D. 36带、在中央子午线以西

9. 水准仪应满足的几何条件不包括(　　)。

A. 圆水准轴$L'L'_1$//竖轴VV_1　　B. 十字丝横丝⊥竖轴VV_1

C. 水准管轴LL_1//视准轴CC_1　　D. 视准轴CC_1⊥横轴HH_1

10. 竖直角观测中，若盘左读数为35°18′30″，指标差为01′30″，竖盘按顺时针注记，则该竖直角上半测回角值应为(　　)。

A. 35°17′00″　　B. 35°20′00″　　C. 54°40′00″　　D. 54°43′00″

11. 确定地面点位相对位置的三个基本观测量是水平距离及(　　)。

A. 水平角和方位角　　B. 方位角和竖直角

C. 竖直角和高差　　D. 水平角和高差

12. 已知某经纬仪观测一角度的一测回中误差为 ±8.5″，用此经纬仪观测某三角形的各内角，设各角均采用一个测回观测，则三角形的角度容许闭合差为(　　)。

A. ±10″　　B. ±15″　　C. ±21″　　D. ±30″

13. 根据我国《土地管理法》，土地利用总体规划的编制原则之一是(　　)。

A. 严格控制农业建设占用农用土地　　B. 严禁占用基本农田

C. 严格控制土地利用率　　D. 占用耕地与开发复垦耕地相平衡

14. 招标人应当确定投标人编制投标文件所需要的合理时间，自招标文件开始发出之日起至投标人提交投标文件截止之日止的时间应该为(　　)。

A. 最短不得少于 45 天　　B. 最短不得少于 30 天

C. 最短不得少于 20 天　　D. 最短不得少于 15 天

15. 对于采用新结构、新材料、新工艺的建设工程项目，设计单位应当在设计中提出的措施是(　　)。

A. 施工安全操作和防护的措施

B. 保证各类管线、设施和周边建筑物、构筑物的安全的措施

C. 向施工单位进行安全技术交底的措施

D. 保障施工作业人员安全和预防生产安全事故的措施

16. 根据《建设工程勘察设计管理条例》的规定，建设工程勘察、设计单位除对建设工程勘察、设计的质量负责外，必须依法进行建设工程勘察、设计，严格执行(　　)。

A. 项目批准文件　　B. 城市规划

C. 工程建设强制性标准　　D. 国家规定的建设工程勘察、设计深度要求

17. 对打桩顺序的描述，正确的是(　　)。

A. 先浅后深　　B. 先小后大　　C. 自外向内　　D. 先中间后周边

18. 浇筑混凝土单向板时，施工缝应留置在(　　)。

A. 中间 1/3 跨度范围内且平行于板的长边

B. 平行于板的长边的任何位置

C. 平行于板的短边的任何位置

D. 中间 1/3 跨度范围内

19. 关于不可设置脚手眼的墙体和部分，下列叙述中错误的是(　　)。

A. 120mm 厚墙、料石清水墙和独立柱

B. 过梁上与过梁成 60°的三角形范围及过梁净跨度的 1/2 高度范围内

C. 宽度小于 1.5m 的窗间墙

D. 梁或梁垫下及其左右 500mm 范围内

20. 某施工段的工程量为 200 单位，可安排的施工队人数为 25 人，每人每天完成 0.8 个单位，该队在该段中的流水节拍是(　　)d。

A. 6　　B. 8　　C. 10　　D. 12

21. 某流水施工组织成倍节拍流水，施工段数为 6，甲、乙、丙三个施工过程的流水节拍为 2d、2d 和 4d，其中乙、丙施工过程的间隔时间为 2d，则总工期为(　　)d。

A. 14　　B. 18　　C. 20　　D. 26

22. 图示体系的几何组成为(　　)。

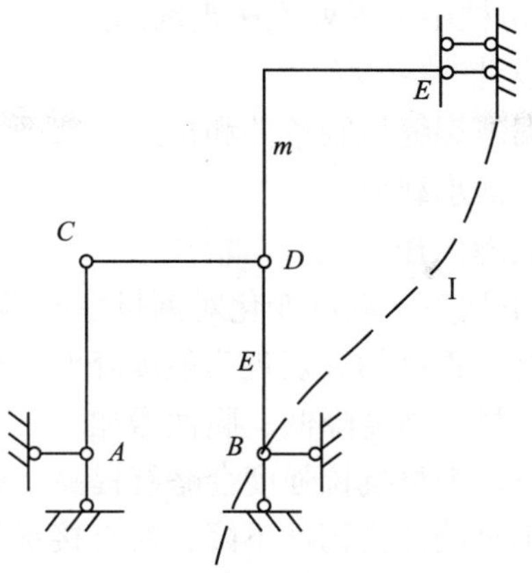

题22图

A. 常变体系　　　　　　　　　　　B. 瞬变体系

C. 无多余约束的几何不变体系　　　D. 有多余约束的几何不变体系

23. 图示桁架结构，Ⅰ杆轴力为(　　)。

A. 拉力

B. 压力

C. 0

D. 需要给出内部三个铰的位置才能确定具体受力性质

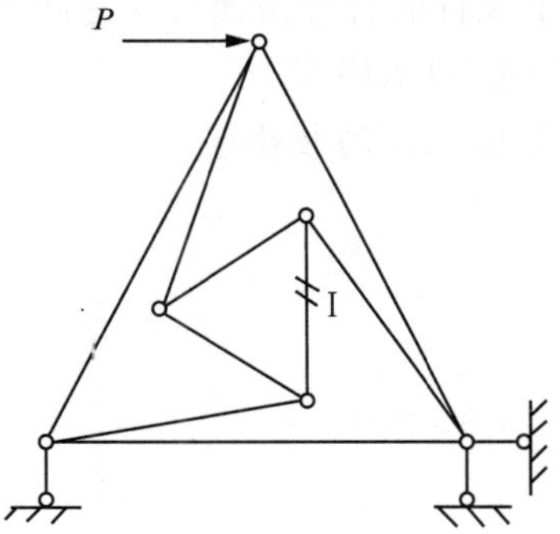

题23图

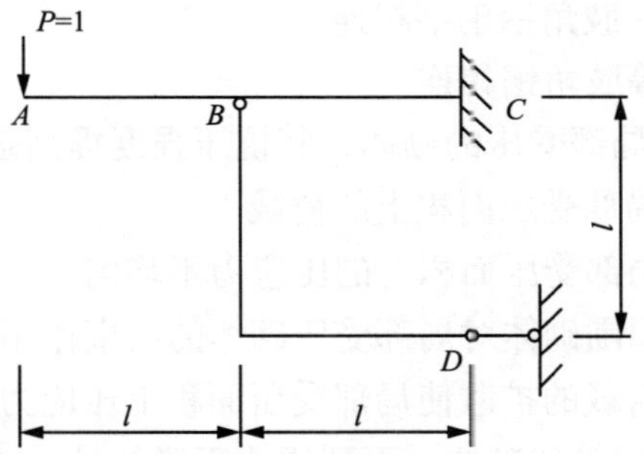

题24图

24. 图示结构 EI = 常数，A 点的竖向位移(向下为正)为(　　)。

A. $20Pl^3/(3EI)$　　　　　　　　B. $16Pl^3/(3EI)$

C. $-8Pl^3/(3EI)$　　　　　　　　D. $8Pl^3/(3EI)$

25. 下列破坏类型中，属于延性破坏的是(　　)。

①适筋梁受弯破坏；②部分超筋的受扭构件；③斜截面剪压破坏；④小偏心受压破坏。

A. ①②　　　　B. ②③　　　　C. ①③　　　　D. ①④

26. 在钢筋混凝土轴心受压构件中，宜采用(　　)。

A. 在钢筋面积不变的前提下，宜采用直径较粗的钢筋

B. 在钢筋面积不变的前提下，宜采用直径较细的钢筋

C. 较高强度等级的纵向受力钢筋

D. 较高强度等级的混凝土

27. 关于钢筋混凝土单层厂房柱牛腿下列说法正确的是(　　)。

A. 牛腿应按照悬臂梁设计

B. 牛腿的截面尺寸根据斜裂缝控制条件和构造要求确定

C. 牛腿设计仅考虑斜截面承载力

D. 牛腿部位可允许带裂缝工作

28. 在正常的使用温度下，下列关于温度变化对钢材性能影响的叙述正确的是(　　)。

A. 随着温度的不断升高，钢材始终表现为强度降低、塑性增加

B. 随着温度的降低，钢材的强度降低、脆性增加

C. 随着温度的不断升高，钢材抗拉强度会略有提高，而塑性却下降，出现冷脆现象

D. 随着温度的降低，钢材的冲击韧性下降，对直接承受动力荷载作用的结构影响较大

29. 计算图示压弯构件在弯矩作用平面内的稳定性时，等效弯矩系数 β 应取何值进行计算？(　　)

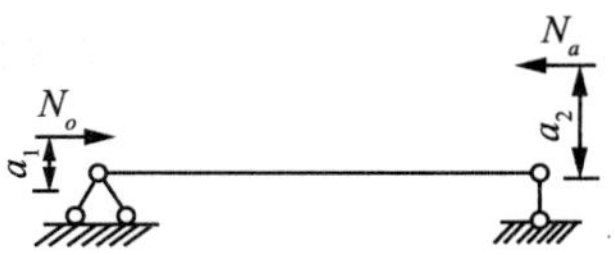

题 29 图

A. 1　　B. 0.85　　C. $1-0.2\dfrac{N}{N_{Ex}}$　　D. $0.6+0.4\dfrac{M_2}{M_1}$

30. 梯形屋架的端斜杆和受较大节间荷载作用的屋架上弦杆的合理截面形式是两个(　　)。

A. 等肢角钢十字相连　　B. 不等肢角钢相连

C. 等肢角钢相连　　D. 不等肢角钢短肢相连

31. 处于局部受压的砌体，其抗压强度提高是因为(　　)。

A. 局部受压面积上的荷载小

B. 局部受压面积上的压应力不均匀

C. 周围砌体对局部受压砌体的约束作用

D. 荷载的扩散使局部受压面积上压应力减少

32. 关于配筋砖砌体，下列说法正确的是(　　)。

A. 轴向力的偏心距超过规定限值时，宜采用网状配筋砖砌体

B. 网状配筋砖砌体的配筋率越大，砌体强度越高，应尽量增大配筋率

C. 网状配筋砖砌体抗压强度较无筋砖砌体提高的主要原因是由于砌体中配有钢筋，钢筋的强度较高，可与砌体共同承担压力

D. 组合砖砌体在轴向力下，钢筋对砌体有横向约束作用，因而间接地提高了砖砌体的强度

33. 下面关于沉降缝的说法，正确的是(　　)。

①沉降缝应设在温度和收缩变形可能引起应力集中的地方；

②沉降缝应设在高度相差较大或荷载差异较大处；

③沉降缝的宽度是为了保证沉降缝两侧房屋内倾时不互相挤压、碰撞；

④沉降缝只将墙体及楼盖分开，不必将基础断开。

A. ①② B. ②③ C. ③④ D. ②④

34. 在我国工程岩体分级标准中，表示较完整岩体的完整性指数为(　　)。

A. 0.55～0.35 B. 0.35～0.15 C. >0.55 D. 0.75～0.55

35. 当岩石处于三向应力状态且 σ_3 比较大的时候，一般应将岩石考虑为(　　)。

A. 弹性体 B. 塑性体 C. 弹塑性体 D. 完全弹性体

36. 某黏性土样的天然含水量 w 为20%，液限 w_L 为35%，塑限 w_P 为15%，其液性指数 I_L 为(　　)。

A. 0.25 B. 0.75 C. 1.33 D. 4.0

37. 高度为5m的挡土墙，墙背直立、光滑，墙后填土面水平，填土的重度 $\gamma=17.0\text{kN/m}^3$，黏聚力 $c=25\text{kPa}$，内摩擦角 $\varphi=28°$，试求主动土压力合力值 E_a？(　　)

A. 0.070kN/m B. 0.063kN/m C. 0.025kN/m D. 0.035kN/m

38. 地下水位下降将使土中自重应力增大的是(　　)位置的土层。

A. 地面以下原水位以上 B. 原水位以下变动后水位以上

C. 变动后水位以下不透水层以上 D. 不透水层以下

39. 两个性质相同的土样，用变形模量 E_0 计算的最终沉降量 S_1 和用压缩模量 E_s 计算的最终沉降量 S_2 之间存在的大小关系是(　　)。

A. $S_1>S_2$ B. $S_1=S_2$ C. $S_1<S_2$ D. $S_1\geqslant S_2$

40. 某斜截面法向应力为260kPa，剪应力为92kPa，$c=0$，$\varphi=30°$，则该平面(　　)。

A. 剪损 B. 未剪损

C. 处在极限平衡状态 D. 无法判别

41. 一种矿物呈肉红色，板状或短柱状晶体，玻璃光泽，硬度为6，中等解理，解理面成直角，这种矿物是(　　)。

A. 斜长石 B. 正长石 C. 石英 D. 方解石

42. 下列各种构造中，(　　)不属于岩浆岩的构造。

A. 层理构造 B. 气孔构造 C. 杏仁构造 D. 流纹构造

43. 两走向近平行、倾向相对的正断层组成的构造为(　　)。

A. 地堑 B. 地垒 C. 阶梯断层 D. 叠瓦构造

44. 第四纪是距今最近的地质年代，其在历史上发生的两大变化是(　　)。

A. 人类出现、构造运动 B. 人类出现、冰川作用

C. 火山活动、冰川作用 D. 人类出现、火山活动

45. 下面影响边坡稳定性的因素中，不正确的是(　　)。

A. 地貌条件决定了边坡形态，但对边坡稳定性并没有直接影响

B. 岩石强度越低，完整性越差，抗风化能力越低，亲水性越强，边坡的稳定性越差

C. 岩体结构类型、结构面产状及其与坡面的关系是岩体边坡稳定性的控制因素

D. 岩石风化越深，边坡的稳定性越差，稳定坡角越小

46. 在完全张开的结构面内常见的充填物质成分中，抗剪强度较高的是(　　)。

A. 黏土质 B. 砂质 C. 钙质 D. 石膏质

47. 下列可以作为识别滑坡的重要标志是(　　)。

①滑坡体、滑坡壁、滑动面；②滑坡台地、鼓张裂隙；③滑坡床、拉张裂隙；④扇形裂

隙、剪切裂隙。

A. ①②③　B. ①②　C. ②③④　D. ①②③④

48. 能够饱含并透过相当数量重力水的岩层或土层称为(　　)。

A. 给水层　B. 含水层　C. 透水层　D. 隔水层

49. 根据地下水对建筑材料的腐蚀评价标准，学术上把对钢筋混凝土的腐蚀主要分为三类。下列不属于规定的腐蚀类型的是(　　)。

A. 结晶类腐蚀　B. 溶解类腐蚀

C. 结晶分解类腐蚀　D. 分解类腐蚀

50. 完整和较完整岩体钻探时，岩芯采取率不应低于(　　)。

A. 65%　B. 70%　C. 75%　D. 80%

51. 按某一平面滑动破坏的岩坡，滑动体后部可能出现的张拉裂缝的深度为(　　)。(已知岩石容重为γ，滑面黏聚力为c，内摩擦角为φ)

A. $\frac{2c}{\gamma}\tan(45°+\frac{\varphi}{2})$　B. $\frac{2c}{\gamma}\tan(45°-\frac{\varphi}{2})$

C. $\frac{c}{\gamma}\tan(45°+\frac{\varphi}{2})$　D. $\frac{c}{\gamma}\tan(45°-\frac{\varphi}{2})$

52. 当采用矩形的绝对刚性基础时，在中心荷载作用下，基础底面的沉降特点主要表现为(　　)。

A. 中心沉降大于边缘的沉降　B. 边缘的沉降是中心沉降的1.5倍

C. 边缘的沉降是中心沉降的2倍　D. 各点的沉降量相同

53. 条形基础埋深3m，宽3.5m，上部结构传至基础顶面的竖向力为200kN，弯距为50kN·m，基础自重和基础上的土重可按综合重度20kN/m^{3}考虑，基础底面边缘的最大压力值为(　　)。

A. 141.6kPa　B. 212.1kPa　C. 340.3kPa　D. 180.5kPa

54. 岩基的承载力特征值是指(　　)。

A. 由载荷试验测定的地基土压力变形曲线线性变形段内规定的变形所对应的压力值

B. 通过理论计算得出的岩基承载力值

C. 通过现场试验测出的岩基实际承载力值

D. 通过室内试验和理论计算后得出的岩基承载力值

55. 地基、基础与上部结构共同工作是指三者之间应满足(　　)。

A. 静力平衡条件　B. 动力平衡条件

C. 变形协调条件　D. 静力平衡和变形协调条件

56. 墙下钢筋混凝土条形基础，墙厚240mm，作用在基础顶面处的中心荷载$F=280$kN/m，$d=1.0$m，基础宽度$b=2.0$m，计算验算截面的剪力，其值与接近(　　)kN/m。

A. 101.2　B. 113.2　C. 123.2　D. 143.2

57. 嵌入完整硬岩、直径为400mm的钢筋混凝土预制桩，桩端阻力特征值$q_{pa}=3000$kPa。初步设计时，单桩竖向承载力特征值R_a应为(　　)kN。

A. 377　B. 480　C. 754　D. 1508

58. 土工聚合物在地基处理中的作用不包括(　　)。

A. 挤密　　B. 加筋　　C. 反滤　　D. 防渗

59. 松砂地基宜用砂桩处理，已知松砂地基 $e_{max}=0.9$，$e_{min}=0.6$，$e_0=0.8$，砂桩为等边三角形布置，$d=0.6$m，$l=6$m，按抗震要求，加固后地基相对密度为0.7，砂桩间距 s 为(　　)m。

A. 1.62　　B. 1.71　　C. 2.31　　D. 2.18

60. 砂井堆载预压加固饱和软黏土时，砂井的主要作用是(　　)。

A. 改变地基土级配　　B. 加速排水固结

C. 挤密　　D. 置换

答案及详解

单项选择题(共60题，每题2分。每题的备选项中只有一个最符合题意)

1. **【答案】**C

【解析】材料具有连通的微孔时，孔隙率愈大，其吸水率也愈大；若是封闭的孔隙，水分不易渗入。粗大的孔隙，水分虽易渗入，仅能润湿孔壁而且而不易在孔内存留，所以具有封闭或粗大孔隙的材料，其吸水率也是较低的。

2. **【答案】**C

【解析】C项，封闭孔隙构造的材料的导热系数小，适合用作保温材料。A项，有吸声要求应选择细小连通孔隙构造的材料。B项，有隔声要求应选择密实无孔或缝隙质量大的材料。D项，有承重要求应选择较密实、少孔的材料。

3. **【答案】**D

【解析】水泥颗粒不断水化，水化物逐渐增多，水泥颗粒表面的水化物膜层愈来愈厚，颗粒间的空隙逐渐减小，而包有凝胶体的水泥颗粒逐渐接近、接触，在接触点借助于范德华力，凝结成多孔的空间网络，形成凝聚结构，水泥浆开始失去可塑性，即水泥的初凝，但这时水泥尚无强度。

4. **【答案】**A

【解析】A项，矿渣水泥全称为矿渣硅酸盐水泥，属于掺加混合材料较多的硅酸盐水泥。其性质与硅酸盐水泥、普通水泥、高铝水泥相比，凝结硬化时受环境温、湿度影响较大，故最适宜采用蒸汽养护。

5. **【答案】**D

【解析】大气稳定性是指沥青在热、阳光、氧气等因素的长期作用下，性能的稳定程度，又称抗老化性能。沥青在阳光、热、氧气等因素的综合作用下，逐渐失去流动性、塑性，从而变硬、变脆的现象称为老化现象。该现象的实质是在大气综合作用下，沥青中低分子组分向高分子组分转化，即油分和树脂逐渐减少、地沥青质逐渐增多。

6. **【答案】**B

【解析】δ表示钢材的塑性变形能力，σ_b称为抗拉强度。P表示磷，是有害杂质，含量提高，强度提高，塑性、韧性显著下降，特别是在低温下，使钢材冷脆性显著增大；S表示硫，是很有害的元素，降低钢材各种力学性能，显著降低焊接性，使钢材热脆性增大。

7. **【答案】**C

【解析】纤维饱和点是指木材的细胞壁中充满吸附水，细胞腔和细胞间隙中没有自由水时的含水率。当木材中的吸附水达到饱和、而尚无自由水时的含水率即达到纤维饱和点(一般为25%～35%)。纤维饱和点是木材含水率能否影响其强度和湿胀干缩的临界值。当含水率小于纤维饱和点时，木材强度随含水率降低而提高，而体积随含水率降低而收缩，所以纤维饱和点是木材物理力学性能发生改变的临界含水率。平衡含水率是指木材在一定空气状态(温度、相对湿度)下最后达到的吸湿或稳定含水率。

8. **【答案】**C

【解析】高斯坐标横坐标(y_M)值前冠以 2 位带号，因此 M 点位于 21 带。相对于中央子午线而言，横坐标(y_M)则应首先去掉带号，再减去 500000m，最后得 $y=-168770.25\text{m}$，为负值，所以 P 点位于中央子午线以西。

9. 【答案】D

【解析】水准仪检验和校正时，应满足：①圆水准轴平行于竖轴($L'L'_1 /\!/ VV_1$)；②十字丝横丝垂直于竖轴；③水准管轴平行于视准轴($LL_1 /\!/ CC_1$)。

10. 【答案】D

【解析】顺时针注记的度盘 $\alpha_L=90°-L=90°-35°18'30''=54°41'30''$，

指标差 $x=-\dfrac{\alpha_L-\alpha_R}{2}=01'30''$，解得：$\alpha_R=\alpha_L+03'$。

最终有上半测回角值 $x=\dfrac{\alpha_L+\alpha_R}{2}=(\alpha_L+\alpha_L+03')/2=54°43'00''$。

11. 【答案】D

【解析】地面两点间的相对位置可以根据其距离(分为水平距离和倾斜距离)、角度(分为水平角和垂直角)和高差之间的关系来确定。这三个量称为基本观测量(三个基本要素)。

12. 【答案】D

【解析】三角形内角闭合差 $A=\alpha+\beta+\gamma$。按误差传播定律，三角形内角闭合差的中误差为 $m_\Delta=\pm\sqrt{m_\alpha^2+m_\beta^2+m_\gamma^2}$。已知，$m_\alpha=m_\beta=m_\gamma=m=\pm 8.5''$，则 $m_\Delta=\pm\sqrt{m_\alpha^2+m_\beta^2+m_\gamma^2}=\pm\sqrt{3m^2}=\pm 14.7''$。以 2 倍中误差作为允许的误差极限，称为“允许误差”，又称“限差”，即 $\Delta_{\text{允}}=2m_\Delta=29.4''$。

13. 【答案】D

【解析】根据《土地管理法》第十九条的规定，土地利用总体规划按照下列原则编制：①严格保护基本农田，控制非农业建设占用农用地；②提高土地利用率；③统筹安排各类、各区域用地；④保护和改善生态环境，保障土地的可持续利用；⑤占用耕地与开发复垦耕地相平衡。

14. 【答案】C

【解析】《招标投标法》第二十四条规定，招标人应当确定投标人编制投标文件所需要的合理时间；但是，依法必须进行招标的项目，自招标文件开始发出之日起至投标人提交投标文件截止之日止，最短不得少于二十日。

15. 【答案】D

【解析】根据《建设工程安全生产管理条例》第十三条的规定，采用新结构、新材料、新工艺的建设工程和特殊结构的建设工程，设计单位应当在设计中提出保障施工作业人员安全和预防生产安全事故的措施建议。

16. 【答案】C

【解析】根据《建设工程勘察设计管理条例》第五条规定，建设工程勘察、设计单位必须依法进行建设工程勘察、设计，严格执行工程建设强制性标准，并对建设工程勘察、设计的质量负责。

17. 【答案】D

【解析】一般当基坑不大时，打桩应从中间开始分别向两边或周边进行；当基坑较大时，应分段进行打桩。打桩应避免自外向内，或从周边向中间进行。当基坑设计标高不同时，打桩顺序宜先深后浅；当桩的规格不同时，打桩顺序应先大后小，先长后短。

18. 【答案】C

【解析】根据《混凝土结构工程施工规范》(GB 50666—2011)第8.6.3条第2款规定，单向板施工缝应留设在平行于板短边的任何位置。

19. 【答案】C

【解析】脚手眼是指脚手架在搭设与使用过程中，每隔一段距离要用钢管或者木杆(根据脚手架材质)与建筑物拉结，当拉结位置为砌体时，杆件会穿过砌体形成孔洞，当拆除脚手架后，留下的这些孔洞。根据《砌体结构工程施工质量验收规范》(GB 50203—2011)第3.0.9条规定，不得在下列墙体或部分设置脚手眼：①120mm厚墙、清水墙、料石墙、独立柱和附墙柱；②过梁上与过梁成60°角的三角形范围及过梁净跨度的1/2高度范围内；③宽度小于1m的窗间墙；④门窗洞口两侧石砌体300mm，其他砌体200mm范围内；转角处石砌体600mm，其他砌体450mm范围内；⑤梁或梁垫下及其左右500mm范围内；⑥设计不允许设置脚手眼的部位；⑦轻质墙体；⑧夹心复合墙外叶墙。

20. 【答案】C

【解析】流水节拍的大小与施工段的工程量、施工队人数及劳动定额有关，计算方法为：流水节拍=施工段的工程量/(施工队人数×劳动定额)=200/(25×0.8)=10d。

21. 【答案】C

【解析】根据成倍节拍流水施工组织方法：流水步距=min[2，2，4]=2d，甲、乙、丙的施工队伍数分别为：2/2=1，2/2=1，4/2=2，总的施工队数为：1+1+2=4，则总工期 $T=(m+n-1)K+\sum Z=(6+4-1)\times 2+2=20\text{d}$。

22. 【答案】C

【解析】去掉 AC、DC 组成的二元体，此处把基础看作刚片Ⅰ，再把 BD 杆、DE 杆分别看作刚片Ⅱ和刚片Ⅲ。这三个刚片分别由铰 B、D 和 E 支座处两根链杆形成的无穷远处虚铰相连，由三刚片原则即可判别。

23. 【答案】C

【解析】分析此体系易知内部三角形接在外部三角形上，内部三角形为附属结构，而外力作用在外部三角形上，所以内部三角形内力均为0，即Ⅰ杆轴力为0。

24. 【答案】D

【解析】曲杆 BD 内力与 D 处支座反力均为零，因此图示结构与悬臂梁 AC 等效。则 A 点竖向位移即悬臂梁自由端位移为：$\Delta_{AV}=P(2l)^3/(3EI)=8Pl^3/(3EI)$。

25. 【答案】A

【解析】适筋梁受弯破坏与部分超筋的受扭构件都属于延性破坏。斜截面剪压破坏属于材料破坏，是脆性破坏。小偏心受压破坏是受压区混凝土先压碎，另一侧的钢筋可能受拉也可能受压但都不屈服。

26. 【答案】D

【解析】钢筋混凝土轴心受压构件不宜采用强度等级较高的纵向受力钢筋，否则可能出现混凝土压碎，构件破坏时钢筋尚未屈服，钢筋得不到充分利用。钢筋混凝土轴心受压构件主要由混凝土承压，故应采用较高强度等级的混凝土。配有普通钢筋的轴心受压构件正截面承载力计算公式为：$N_u = 0.9\varphi(f_cA + f_y'A_s')$。可以看出在钢筋面积不变的前提下，不论钢筋直径的粗细，构件的承载力不变。

27. **【答案】**B

【解析】A项，长牛腿的受力情况与悬臂梁相似，可按悬臂梁设计，短牛腿实质上是一变截面悬臂深梁，应力状态与普通悬臂梁不同。BC两项，单层厂房遇到的一般为短牛腿，其设计应包括截面尺寸确定、承载力验算和配筋计算。D项，设计截面尺寸时考虑到出问题后不易加固，一般以斜截面的抗裂度为控制条件，即以控制其在正常使用阶段不出现或仅出现微细裂缝为宜。

28. **【答案】**D

【解析】AC两项，钢材在正常温度范围内，随着温度的上升，一般表现为强度降低，韧性增大。但是当温度达到250°时，抗拉强度有所提高而塑性降低，表现为热脆性。BD两项，当温度降低时，钢材的冲击韧性会下降表现为冷脆性，对承受动力荷载的结构不利。

29. **【答案】**D

【解析】根据《钢结构设计标准》(GB 50017—2017)第8.2.1条规定，无侧移框架柱和两端支承的构件，无横向荷载作用时，β_{max}应按下式计算：

$$\beta_{max} = 0.6 + 0.4\frac{M_2}{M_1}$$

式中，M_1、M_2为端弯矩(N·mm)，构件无反弯点时取同号；构件有反弯点时取异号，$|M_1| \geq |M_2|$。

30. **【答案】**C

【解析】对于上弦杆，宜采用两个不等边角钢短肢相连或两个等边角钢相连的T形截面，这样能基本符合稳定性条件，便于连接支撑和放置屋面板或檩条。当上弦(或下弦)有节间荷载时，为了提高抗弯能力，宜采用两个等边角钢相连或两个不等边角钢长肢相连的T形截面。

31. **【答案】**C

【解析】处于局部受压的砌体，其抗压强度提高是因为周边砌体的约束作用会在局部受压区域起到箍紧的作用，形成核心混凝土，因而使抗压的极限强度提高，在钢筋混凝土中也存在类似现象。

32. **【答案】**D

【解析】根据《砌体结构设计规范》(GB 50003—2011)第8.1.1条第1款规定，偏心距超过截面核心范围(对于矩形截面即$e/h > 0.17$)，或构件的高厚比$\beta > 16$时，不宜采用网状配筋砖砌体构件。第8.1.3条第1款规定，网状配筋砖砌体中的体积配筋率，不应小于0.1%，并不应大于1%。故AB两项错误，砌体纵向受压，钢筋横向受拉，相当于对砌体横向加压，使砌体处于三向受力状态，间接提高了砌体的承载能力。故C项错误，D项正确。

33. **【答案】**B

【解析】由沉降缝定义可知，沉降缝将房屋从屋盖、楼盖、墙体到基础全部断开，分成若干个单独沉降的单元。为了保证沉降缝两侧房屋内倾时不互相挤压、碰撞，沉降缝应有一定的宽度。而为了避免当墙体过长，由于温差和砌体干缩会引起墙体开裂，在温度和收缩变形可能引起的应力集中、墙体产生裂缝的可能性最大的地方应设置伸缩缝。

34. 【答案】D

【解析】根据《工程岩体分级标准》(GB/T 50218—2014)第3.3.4条规定，岩体完整性指数K_v与岩体完整程度的对应关系，可按表3.3.4(见题35解表)确定。由表可知，较完整岩体的完整性指数为0.75~0.55。

题35解表　K_v与岩体完整程度的对应关系

K_v	>0.75	0.75~0.55	0.75~0.35	0.35~0.15	≤0.15
完整程度	完整	较完整	较破碎	破碎	极破碎

35. 【答案】B

【解析】根据岩石的三轴压缩试验结果的分析可以发现，当岩石处于三向应力状态且σ_s在一定范围内时，岩石的变形特性会随着围压的提高而逐渐发生改变，围压越大，岩石的塑性流动特征越明显。因此，一般将此时的岩体视为塑性体。

36. 【答案】A

【解析】液性指数是天然含水率与界限含水率相对关系的指标，用来判断土的软硬状态。该黏性土的液性指数为：$I_L=(w-w_P)/(w_L-w_P)=\dfrac{0.2-0.15}{0.35-0.15}=0.25$。

37. 【答案】D

【解析】具体计算如下：

①计算墙顶处的主动土压力强度为：

$$\sigma_{a1}=\gamma z\tan^2\left(45°-\frac{\varphi}{2}\right)-2c\tan\left(45°-\frac{\varphi}{2}\right)$$
$$=17\times0\times\tan^2(45°-14°)-2\times25\tan(45°-14°)<0$$

②计算临界深度为：

$$z_0=\frac{2c}{\gamma\tan^2(45°-\frac{\varphi}{2})}=\frac{2\times25}{17\times\tan(45°-14°)}\text{m}=4.89\text{m}。$$

③计算墙底处的主动土压力强度为：

$$\sigma_{a2}=\gamma z\tan^2\left(45°-\frac{\varphi}{2}\right)-2c\tan\left(45°-\frac{\varphi}{2}\right)$$
$$=17\times5\times\tan^2(45°-14°)-2\times25\tan(45°-14°)\text{kPa}=0.64\text{kPa}$$

主动土压力面积合力值$E_a=0.64\times(5-4.89)\times\dfrac{1}{2}\text{kN/m}\approx0.035\text{kN/m}$。

38. 【答案】B

【解析】因地下水位以下透水层中，自重应力应采用有效重度计算，而地下水位以上采用浮容重，所以地下水位下降后，原水位到变动后地下水位的容重变大所以使原水位以下变动后水位自重应力增大。

39. 【答案】A

【解析】土在无侧限条件下测得的变形模量 E_0 比有侧限条件下测得的压缩模量 E_s 数值小，而最终沉降量大小与变形模量 E_0 或压缩模量 E_s 成反比，故有 $S_1>S_2$。

40. 【答案】B

【解析】斜截面的抗剪强度 $\tau_f=\sigma\tan\varphi+c=260\times\tan30°+0=150.1\text{kPa}$，由于剪应力 $\tau=92\text{kPa}<\tau_f=150.1\text{kPa}$，故该平面未剪损。

41. 【答案】B

【解析】B项，正长石呈肉红色，板状或短柱状晶体，玻璃光泽，硬度为6，中等解理，解理面成直角。A项，斜长石为粒状或块状，颜色多呈灰白色，有时微带浅棕、浅蓝及浅红色，硬度6~6.5；C项，石英，无机矿物质，主要成分是二氧化硅，为半透明或不透明的晶体，一般乳白色，质地坚硬；D项，方解石主要为菱面体和偏三角面体，其聚形呈钉头状和犬牙状，以块状、粒状、纤维状和钟乳状集合体产出，白色、无色、灰色、红色、棕色、绿色和黑色，条痕白色到灰色，透明到半透明，玻璃到珍珠光泽或暗淡光泽。

42. 【答案】A

【解析】岩石中各种矿物的空间排列方式，称为岩石的构造。岩浆岩的构造主要有：①气孔构造，岩石上有孔洞或气孔，岩浆冷凝时气体来不及排除；②杏仁构造，岩石上的气孔被外来的矿物部分或全部填充；③流纹状构造，有拉长的条纹和拉长气孔，呈定向排列；④块状构造，矿物无定向排列，而是均匀分布。A项，层理构造属于沉积岩构造。

43. 【答案】A

【解析】地堑由两组走向近平行且相向倾斜的正断层构成。单个小型地堑在露头尺度上即可看到由两条相向倾斜正断层组成，两条断层之间的共同上盘下降，两条断层的下盘上升。B项，地垒是两走向近平行、倾向相反的正断层组成的构造，其特点是两断层间的断块抬升；C项，阶梯断层是一组相互平行且倾向相同的正断层组或的构造，断盘依次下落，形似阶梯；D项，叠瓦构造是一组相互平行且倾向相同的逆断层组成的构造，断盘上升，形似叠瓦。

44. 【答案】B

【解析】人类的出现与进化是第四纪最重要的事件之一，冰川作用是第四纪的另一重大事件。火山活动、构造运动在第四纪之前的地质时期也存在。

45. 【答案】A

【解析】影响边坡稳定性的因素很多，可以概括为：①内在因素，包括地貌条件、岩石性质、岩体结构与地质构造等；②外在因素，包括水文地质条件、风化作用、水的作用、地震及人为因素等。A项，内因在边坡的变形中起决定性的控制作用，外因起促进作用，故地貌条件对边坡稳定性有直接影响。

46. 【答案】C

【解析】当结构面完全张开时，其抗剪强度取决于充填物及胶结情况。结构面间常见的充填物质及其相对强度的次序为：钙质≥角砾质>砾质≥石膏质>含水蚀变矿物≥黏土。

47. 【答案】D

【解析】滑坡是指斜坡上的土体或者岩体受河流冲刷、地下水活动、地震及人工切坡等因素影响，在重力作用下，沿着一定的软弱面或者软弱带，整体地或者分散地顺坡向下滑动的自然现象。其主要构成要素有滑坡壁、滑动面、滑动带、滑坡床、滑坡舌、滑坡台地、滑坡周界、滑坡洼地、滑坡鼓丘、滑坡裂隙等。

48. 【答案】B

【解析】A 项，给水层是指在重力作用下能排出一定水量的岩土层；B 项，含水层是指能够饱含并透过相当数量重力水的岩层或土层；C 项，透水层是指能透过水的岩土层；D 项，隔水层主要是指不透水的岩层。

49. 【答案】B

【解析】硅酸盐水泥遇水硬化，形成氢氧化钙 $Ca(OH)_2$、水化硅酸钙 $CaOSiO_2 \cdot 12H_2O$、水化铝酸钙 $CaOAl_2O_3 \cdot 6H_2O$ 等物质，这些物质往往会受到地下水的腐蚀。根据各种化学腐蚀所引起的破坏作用，将腐蚀类型分为三种，即结晶类腐蚀、分解类腐蚀、结晶分解复合类腐蚀。B 项，溶解类腐蚀属于电化学腐蚀而非分类标准中的化学腐蚀。

50. 【答案】D

【解析】《岩土工程勘察规范》(GB 50021—2001)(2009 年版)第 9.2.4 条第 4 款规定，岩芯钻探的岩芯采取率，对完整和较完整的岩体不应低于 80%，较破碎和破碎岩体不应低于 65%。

51. 【答案】A

【解析】按某一平面滑动破坏的岩坡，滑动体后部可能出现的张拉裂缝的深度 H_{90} 的计算公式为：$H_{90}=\dfrac{2c}{\gamma}\tan(45+\dfrac{\varphi}{2})$，其表示均质垂直岩石边坡的极限高度，也表示坡顶最大张拉裂缝的最大深度。

52. 【答案】D

【解析】刚性基础是指用砖、石、灰土、混凝土等抗压强度大而抗弯、抗剪强度小的材料做成的基础(受刚性角的限制)；绝对刚性基础是指当上部结构刚度足够大时，可以假定基础为绝对刚性。对于绝对刚性基础，虽然其基底各点的压力不等，但由于其绝对刚性，各点有相同的沉降量，地基反力分布呈现为两边大、中间小的特点。

53. 【答案】A

【解析】由题意可知，单位宽度基础底面的抗弯惯性矩为：$W=\dfrac{bh^2}{6}=\dfrac{1\times 3.5^2}{6}=2.041\text{m}^3$。

则基础底面边缘的最大压力值为：

$$P_{\max}=\frac{M}{W}+\frac{F+G}{A}=\frac{50}{2.041}+\frac{200+3\times 3.5\times 1\times 20}{3.5}=141.6\text{kPa}。$$

54. 【答案】A

【解析】根据《建筑地基基础设计规范》(GB 50007—2011)第 2.1.3 条规定，地基承载力特征值是指由载荷试验测定的地基土压力变形曲线线性变形段内规定的变形所对应的压力值，其最大值为比例界限值。

55. 【答案】D

【解析】上部结构、基础及地基在传递荷载的过程中是共同受力，协调变形的，因此三者构成一个整体。三者传递荷载的过程不但要满足静力平衡条件，还应满足衔接位置的变形协调条件。因而，合理的建筑结构设计方法应考虑上部结构，基础与地基的共同作用。

56. 【答案】C

【解析】截面净反力 $P_n=\frac{F}{b}=\frac{280}{2}=140\text{kPa}$；

截面剪力 $V=P_na_1=P_n(d-\frac{h}{2})=140(1.0-0.12)=123.2\text{kN}$。

57. 【答案】A

【解析】单桩竖向承载力特征值计算公式为：$R_a=\frac{\pi d^2}{4}q_{pa}=\frac{3.14\times0.4^2}{4}\times3000=377\text{kN}$。

58. 【答案】A

【解析】土工聚合物是指岩土工程中应用的合成材料的总称，其原料主要是人工合成的高分子聚合物，如塑料、化纤、合成橡胶等。土工聚合物可置于岩土或其他工程结构内部、表面或各结构层之间，具有加强、保护岩土或其他结构的功能，是一种新型工程材料，其作用有加筋、反滤、排水、隔离、防渗、防护。

59. 【答案】C

【解析】三角形布桩时，砂桩间距 $s=0.95d\sqrt{\frac{1+e_0}{e_0-e_1}}$。设 e_1 为加固后达到的孔隙比，根据相对密度定义 $D_r=(e_{\max}-e_1)/(e_{\max}-e_{\min})$，可得：$e_1=e_{\max}-D_r(e_{\max}-e_{\min})=0.9-0.7\times(0.9-0.6)=0.69$。故间距 $s=0.95\times0.6\times\sqrt{(1+0.8)/(0.8-0.69)}=2.31\text{m}$。

60. 【答案】B

【解析】堆载预压法又称堆载预压排水固结法，通过在场地加载预压，使土体中的孔隙水沿排水板排出，逐渐固结，地基发生沉降，同时强度逐步提高。软土层中按一定距离打入管井，井中灌入透水性良好的砂，形成排水“砂井”，在堆载预压下，加速地基排水固结，提高地基承载能力，但砂井不参与承压。

56. 【答案】C

57. 【答案】A

58. 【答案】A

59. 【答案】C

60. 【答案】B